U0142306

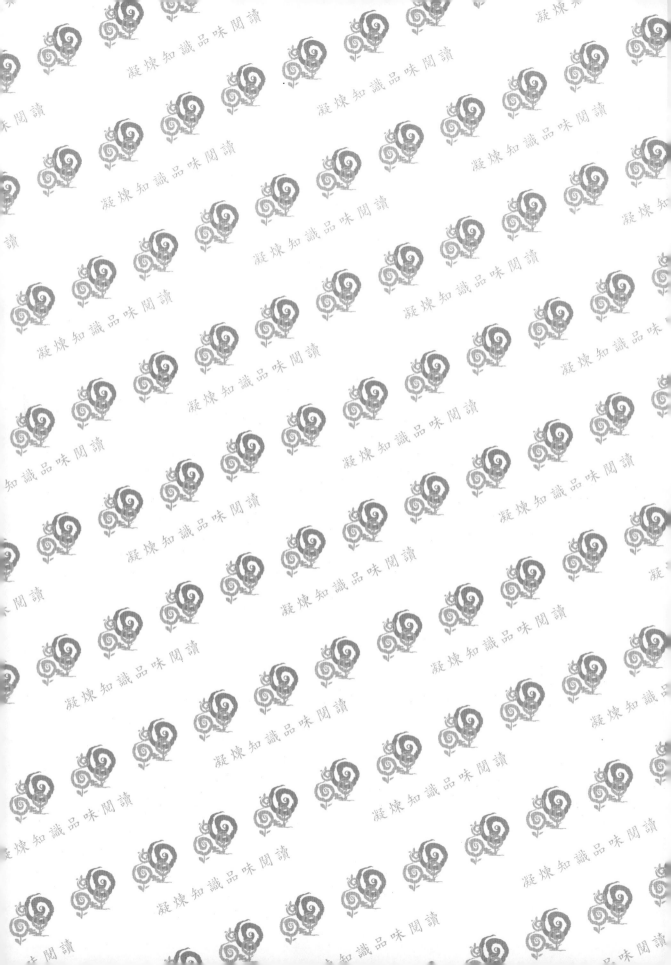

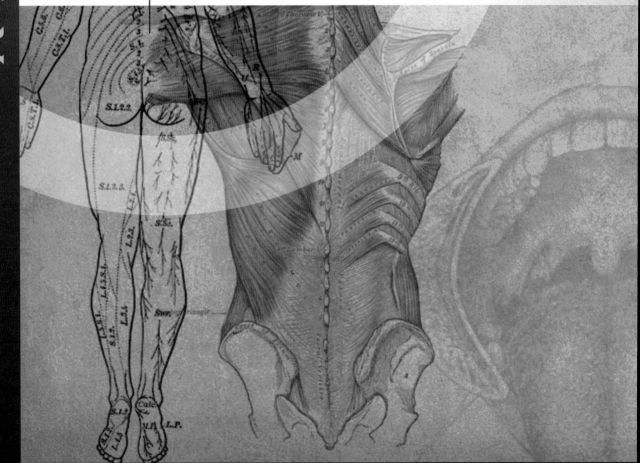

ANATOMY

解剖學

袁本治／黃經 著

自序

　　解剖學是研究人體各部位的結構與結構之間相互關係的學問。是醫學教育的基本課程，同時也是從基礎醫學邁入臨床醫學的橋梁。具有解剖學的基礎，等於擁有啟開醫學奧秘之門的鑰匙。

　　此書是針對大專院校的護理系、復健系、醫技系、藥學系等等醫事學系的解剖課程所設計。前三章將人體解剖及基本結構做概念的介紹，後面十二章將身體的各個系統做簡單但完整的分析；每章最後均有自我測驗可供老師或學生了解本章學習之後的效果。

　　本書最大特色是以深入淺出的方式，將人體解剖圖片與專有名詞放入相對應的位置；並有臨床指引的單元，將臨床醫學常識導入相關章節之中，讓學生基礎學科與臨床專業相輔相成。對於剛開始進入探索醫學領域的學生而言，本書將是您最好的幫手。

　　感謝五南出版社的琍文副總編及其編輯群，讓我不敢懈怠的撰寫整理；黃經學姐的協同編撰更促成本書的誕生。最後感謝我的家人與愛妻支持。本書雖校閱再三，但百密一疏在所難免，尚祈先進不吝批評指正。

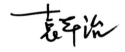

目錄

第一章　緒論

本章大綱

解剖學的定義

　　解剖學anatomy與生理學physiology皆是源自1500年前的希臘語。人體解剖學（Human anatomy）是研究人體各部分的構造及構造之間相互關係的學問，簡單的說即是研究人體身體結構的科學。而人體生理學（Human physiology）則是探討人體各部分構造功能的學問。在探討人體構造與形態的同時，也應了解每一構造的功能，兩者之間是不能完全分開的，因為一個部位的構造和功能是互相契合的。例如：扁平足會影響走路功能；心臟功能不全者會使心臟肥大因而引起衰竭，即是此道理。所以先研究解剖學再探討生理學，如此才能充分的認識和了解人體。

　　解剖學依照研究方式的不同可細分為大體解剖學、顯微解剖學、發育解剖學、病理解剖學及放射照相解剖學。

大體解剖學（Gross anatomy）

　　研究可直接用肉眼觀察的人體構造。

1. 系統解剖學（systemic anatomy）：研究身體系統結構為主的科學。例如：206塊骨骼構成骨骼系統；700多塊骨骼肌構成肌肉系統。
2. 局部解剖學（regional anatomy）：研究身體特定部位結構的科學。例如：頭部、頸部、軀幹等部位的解剖學。
3. 表面解剖學（surface anatomy）：研究身體外部形態和表面特徵在靜止和動作時的結構變化。

顯微解剖學（Microscopic anatomy）

　　研究人體不能直接用肉眼觀察的細微構造，需藉助顯微鏡幫忙的科學。

1. 組織學（histology）：研究身體的各組織構造。
2. 細胞學（cytology）：研究身體細胞內的構造。

發育解剖學（Developmental anatomy）

　　研究受精卵發展至成體的發育過程。

1. 胚胎學（embryology）：研究受精卵至第八週在子宮內的胚胎發育過程。
2. 畸形學：研究不正常的胚胎發育情形。

病理解剖學（Pathological anatomy）

研究人體因疾病導致身體構造變化的情形。

放射照相解剖學（Radiographic anatomy）

以放射線照相技術研究人體的構造。

人體組成的層次

人體構造是由數個層次組成，彼此間相互關連。如圖1-1。由最低至最高的層次依次排序為：

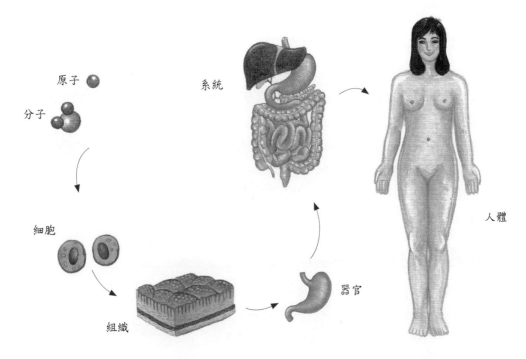

圖1-1　人體組成的層次，每個層次皆比前一個層次來得高級且繁雜。

化學層次（Chemical level）

是人體組成的最低層次，包括維持生命所必須的所有化學元素，此化學元素以不同方式組合而成許多化學化合物。人體內有26種化學元素，其中氧（O）、碳（C）、氫（H）、氮（N）即佔了96%，其他尚包括了鈣（Ca）、磷（P）及一些微量元素。

細胞層次（Cellular level）

由化學化合物組成細胞，細胞是生物體在構造上及功能上的基本單位。例如人體有肌肉細胞、神經細胞、血細胞等。

組織層次（Tissue level）

是由相同胚胎來源、功能相似的細胞及細胞間質所組成。人體內有上皮組織、結締組織、肌肉組織、神經組織等四種基本組織。

1. 上皮組織（epithelial tissue）：位於皮膚的最外層及器官、血管、淋巴管、體腔之內襯。上皮細胞彼此緊密連接形成片狀，磨損或壞死時，可產生新細胞，具保護功能。
2. 結締組織（connective tissue）：位於皮膚上皮組織的下方及構成骨骼和肌腱的主要部分，是身體分布最廣的組織，具有連結及支持身體大部分的功能。
3. 肌肉組織（muscle tissue）：有位於四肢、軀幹骨骼的骨骼肌組織；位於心臟的心肌組織；位於消化道、血管等管道中的平滑肌組織，藉著收縮產生運動。
4. 神經組織（nervous tissue）：在腦及脊髓神經中，藉各種刺激產生感覺、運動反應，再由神經衝動傳至身體各個部位。

器官層次（Organ level）

由兩種或兩種以上之不同組織所構成，具有特定形狀及功能。例如：肝臟、心臟、血管、肺、腦、胃等。以胃為例，胃的內襯有上皮細胞保護；主體的平滑肌組織可攪拌食物與消化酵素混合以助消化；神經組織則藉神經衝動調控肌肉的收縮；結締組織則將上述的組織緊密相連。

系統層次（System level）

由具有共同功能之相關器官所構成。例如：心臟血管系統具有運輸功能，是由心臟和血管等器官組成。

生物體層次（Organismic level）

人體內所有之系統彼此配合以行使功能而構成一生命體。是人體組成的最高層次。

身體系統介紹

皮膚系統（Integumentary system）

由皮膚、毛髮、指甲、汗腺、皮脂腺所組成。具有調節體溫、保護身體、排除廢物，及接受外在溫度、壓力及痛等刺激。

骨骼系統（Skeletal system）

由硬骨、軟骨、韌帶、關節所組成。能支持保護人體的軟組織、造血，並能與肌肉配合產生運動及儲存礦物質。

肌肉系統（Muscular system）

由肌肉及相關的結締組織所構成，包括骨骼肌、心肌、平滑肌，一般所講的肌肉，多指骨骼肌，具有產生運動、維持姿勢及產生能量等功能。

循環系統（Circulatory system）

由心臟、血管、血液所組成。具有運送氧氣、營養物質和廢物，以維持身體的酸鹼平衡，並能抵抗疾病、形成血塊以防止出血及幫助調解體溫。

淋巴系統（Lymphatic system）

由胸腺、脾臟、扁桃腺等淋巴器官及淋巴結、淋巴管、淋巴液所組成，能將蛋白質及血漿送回心臟血管系統；將部分脂肪由消化道送至心臟血管系統；亦能過濾體液、製造白血球、抵抗疾病。

神經系統（Nervous system）

由腦、脊髓、神經細胞、感覺器官所組成，可藉由神經衝動來調節身體的活動。

呼吸系統（Respiratory system）

由鼻腔、咽、喉、氣管、支氣管、肺所組成，可供應身體氧氣、排除二氧化碳、幫助身體維持酸鹼平衡等功能。

消化系統（Digestive system）

由口腔、食道、胃、腸、肛門、唾液腺及肝臟、膽囊、胰臟等器官所組成，具有攝

食、分解、吸收及排泄等功能。

泌尿系統（Urinary system）

由腎臟、輸尿管、膀胱及尿道所組成，能排除廢物、維持體液及電解質平衡的功能。

內分泌系統（Endocrine system）

由腦下垂體、下視丘、甲狀腺、副甲狀腺、腎上腺、卵巢、睪丸、胃腸及松果體等腺體組成，可藉由心臟血管系統輸送荷爾蒙來調節身體的活動，以維持身體的恆定功能。

生殖系統（Reproductive system）

由產生精子與卵的睪丸與卵巢，輸送精子與卵的管道及其他相關的腺體與構造所組成，具有繁殖生命的功能。

臨床探究人體的方法

過去要得到身體切面，需切割我們想要觀測的部位。但現在可藉由電腦斷層掃瞄（computer-assisted tomography (CT) scanning）、超音波（ultrasound）、核磁共振造影術（magnetic resonance imaging, MRI）等科技得到清晰的切面圖，不必真的去切割人體。

目前除了以X射線得到體內的平面圖外，尚有溫度紀錄器（thermo-graphy）根據皮膚溫度的變化來顯示發生在體內的化學反應，以偵測乳癌、關節炎、循環問題等；陽電子放射掃描術（positron emission tomography, PET scan）以消耗注入之化學物質速率來顯示被觀察組織的新陳代謝狀態；數位化血管造影減影術（digital subtraction angiography, DSA）顯示血管的三度空間影像，以觀察血流狀況。

解剖語言

解剖學姿勢

是指人體直立面對觀察者，上肢自然下垂於身體兩側，下肢合併，手掌面朝前。如圖1-2。所有解剖學的描述皆是根據解剖學姿勢來表示，如此可確保描述不會混淆不清。

表1-1及圖1-3。

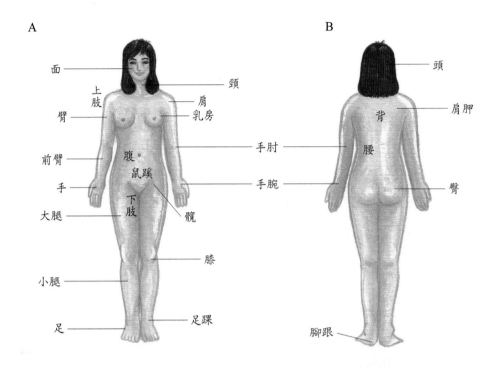

圖1-2　解剖學姿勢。A. 前面觀；B. 後面

表1-1　指示方位的術語

名　詞	定　義	例　子
上側（顱側）	靠近頭部	心臟在胃的上側
下側（尾側）	靠近足部	頸部在頭部的下側
前側（腹側）	靠近身體的前面	胸骨在心臟的前面
後側（背側）	靠近身體的後面	食道位於氣管的後面
內側	靠近身體的正中線	脛骨位於小腿的內側
外側	遠離身體的正中線	拇指在小指外側
同側	位於身體的同側	肝臟與升結腸在同側
對側	位於身體的不同側	肝臟在脾臟的對側
近側	靠近軀幹或原始起點	肱骨位於尺骨的近側
遠測	遠離軀幹或原始起點	指骨在腕骨的遠側

（續）

名　詞	定　義	例　子
淺層	靠近身體表面	肌肉位於骨骼的淺層
深層	遠離身體表面	肌肉位於皮膚的深層
壁層	貼近體腔壁	漿膜的外層
臟層	貼近內臟的被膜	漿膜的內層

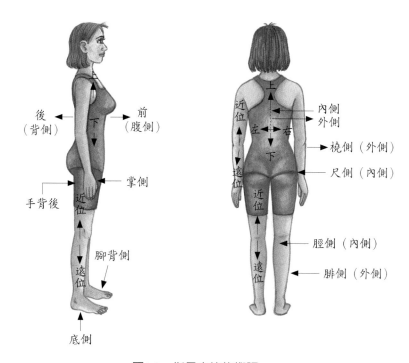

圖1-3　指示方位的術語

身體剖面

　　解剖的描述構築於通過身體解剖位置的三個常用的基本切面上，切面之間彼此互相垂直。圖1-4。

矢狀切面（Sagittal plane）

　　將身體由前後方向切開分成左右兩半，所形成的切面為矢狀切面。若切面通過身體的正中線，則為正中矢狀切面。人體可以切成無數個矢狀面。

冠狀切面
（Coronal or Frontal plane）

　　將身體由左右方向切開分成前後兩半，所形成的切面為冠狀切面，又稱額狀切面。

水平切面（Horizonal or Transverse plane）

　　將身體由水平方向切開分成上下兩半，所形成的切面為水平切面，又稱橫切面。

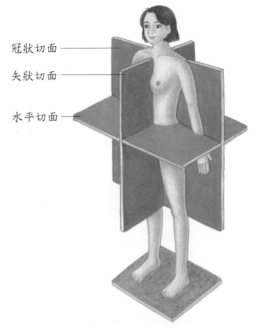

圖1-4　人體的三種基本剖面

體腔

　　指人體內含有內部器官的空間，既可保護內在器官，並允許腔室內器官大小形狀限度改變時，不影響其他器官功能。圖1-5。它可分為背側體腔與腹側體腔：

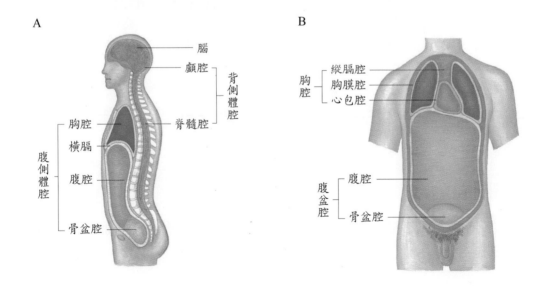

圖1-5　體腔

背側體腔（Dorsal body cavity）

位於身體背側，又稱為後腔，含腦脊髓液。分成二部分。

1. 顱腔：由顱骨圍成的空腔，內含腦，以枕骨大孔與椎管相通。
2. 脊髓腔：由脊椎骨的椎孔相連而成，內含脊髓和脊神經根。

腹側體腔（Ventral body cavity）

位於身體腹側，又稱為前腔，內有內臟器官。以橫膈隔開胸腔與腹盆腔。

1. 胸腔

(1) 胸膜腔：由胸膜壁層與臟層圍成的空腔，左右各一，內無任何器官，只有少量液體（漿液）作為潤滑之用。胸膜的臟層覆蓋於肺臟表面。

(2) 縱膈腔：位於左右肺之間，故不包含肺臟，亦即在胸骨至胸椎之間，由胸骨角至第四胸椎為界線分成上、下縱膈腔。上縱膈腔內包含了主動脈弓、上腔靜脈、迷走神經；下縱膈腔又分成前、中、後縱膈腔。前縱膈腔內含胸腺；中縱膈腔在心臟、後縱膈腔內含氣管、食道、迷走神經、交感神經。（圖1-6）

(3) 心包腔：位於心包膜壁層與臟層圍成的空腔，內無任何器官，只有少量液體（漿液）作為潤滑之用。心包膜的臟層覆蓋於心臟表面。

2. 腹盆腔

由薦骨岬至恥骨聯合連線成為腹腔與骨盆腔的分界線。

(1) 腹腔：是體內最大的體腔。位於腹膜壁層與臟層之間，包住腹腔的器官，內含胃、脾、肝、膽、小腸、部分大腸。而腎、胰、腎上腺在腹膜的後方，鄰近後壁，稱為腹膜後器官。

(2) 骨盆腔：在腹腔的下方，內含膀胱、乙狀結腸、直腸、生殖器官。

簡易體腔分法如表1-2。

表1-2 簡易體腔分法

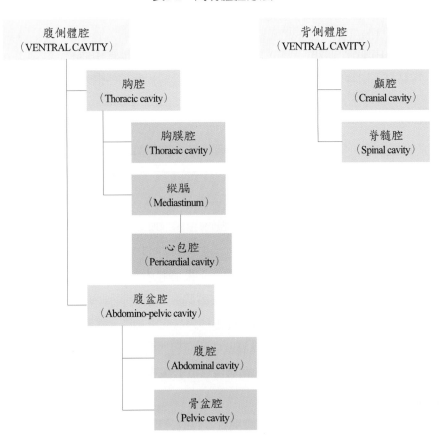

腹側體腔
（VENTRAL CAVITY）

背側體腔
（VENTRAL CAVITY）

胸腔
（Thoracic cavity）

顱腔
（Cranial cavity）

胸膜腔
（Thoracic cavity）

脊髓腔
（Spinal cavity）

縱膈
（Mediastinum）

心包腔
（Pericardial cavity）

腹盆腔
（Abdomino-pelvic cavity）

腹腔
（Abdominal cavity）

骨盆腔
（Pelvic cavity）

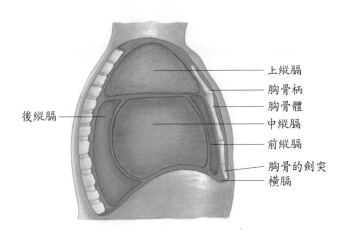

後縱膈

上縱膈
胸骨柄
胸骨體
中縱膈
前縱膈
胸骨的劍突
橫膈

圖1-6 縱膈側面觀

腹部四象限分法與九分法

四象限分法

　　一條水平線與一條垂直線交會於肚臍，將腹部分成右上象限（Right upper quadrant, RUQ）、左上象限（Right lower quadrant, LUQ）、右下象限（RLQ）、左下象限（LLQ），適合臨床醫師使用。（圖1-7）

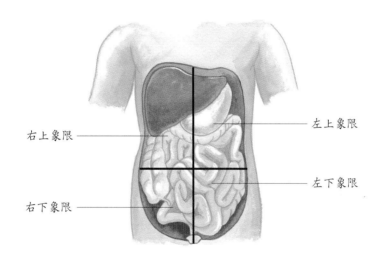

右上象限

右下象限

左上象限

左下象限

圖1-7　腹部之四象限分法

臨床指引：

　　四象限分法在臨床上使用非常普遍，讀者需特別了解。例如：急性闌尾炎（acute appenditis）會在RLQ區域發現反彈痛（rebounding pain），意即觸壓此區後再迅速放開，會產生疼痛。

九分法

　　經由兩條水平線及兩條垂直線，將身體的肚腹骨盆部位腔劃分成九個區域，以方便描述器官位置。左右肋骨下緣連線及左右腸骨結節連線形成上、下水平線；腸骨前上棘與恥骨聯合連線之中點形成左、右各一條垂直線，將腹盆腔分成九個區域（表1-3及圖1-8）。

表1-3 腹部九分法

右季肋區 （Right hypochondriac region）	腹上區 （Epigastric region）	左季肋區 （Left hypochondriac region）
肝臟右葉 膽囊 右腎臟上1/3	肝臟左葉及右葉 胃小彎及幽門部 十二指腸 胰臟頭頸體部 左右腎上腺	胃體及胃底 脾臟 左腎上2/3 胰臟尾部 左結腸曲
右腰區 （Right Lumbar region）	**臍區** （Umbilical region）	**左腰區** （Left Lumbar region）
升結腸 右結腸曲 盲腸上半部 右腎下外側部分 小腸	空腸 迴腸 腹主動脈 下腔靜脈 橫結腸中段	降結腸 小腸 左腎下1/3
右腸（髂）骨區 （Right iliac region）	**腹下區** （Hypogastric region）	**左腸（髂）骨區** （Left iliac region）
闌尾 盲腸下半部 小腸	部分的乙狀結腸 充滿尿液的膀胱 小腸	降結腸與乙狀結腸交接處、小腸

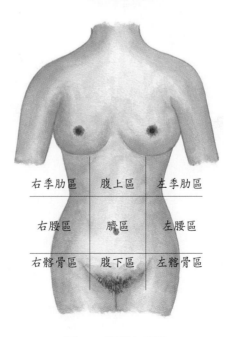

圖1-8 腹部九分法

自我測驗

一、問答題

1. 請解釋人體的各種剖面。
2. 請依最低至最高層次來敘述人體組成情況。
3. 請用簡單方式來說明人體體腔的劃分。

二、選擇題

( ) 1. 研究身體各構造與構造間相互關係的一門學問稱：
(A) 解剖學　(B) 組織學　(C) 胚胎學　(D) 生理學

( ) 2. 人體構造組成中的最低層次是：
(A) 生物體階段　(B) 系統階段　(C) 細胞階段　(D) 化學階段

( ) 3. 構成生物的基本單位，亦是生命最小單位的是：
(A) 細胞　(B) 細胞膜　(C) 粒線體　(D) 組織

( ) 4. 一群細胞，其構造和機能相同的稱為：
(A) 細胞　(B) 組織　(C) 器官　(D) 系統　(E) 個體

( ) 5. 下列那兩種系統來維持身體內、外的恆定？a.消化系統　b.神經系統　c.循環系統　d.內分泌系統
(A) ab　(B) bc　(C) cd　(D) bd

( ) 6. 依解剖學姿勢，下列何者正確？
(A) 前列腺位於膀胱上方　(B) 胸腺位於胸骨前方　(C) 氣管位於食道後方
(D) 橈骨位於尺骨外側

( ) 7. 那一種剖面可以將人體分為前、後兩部分？
(A) 內側切面　(B) 冠狀切面　(C) 矢狀切面　(D) 橫斷面

( ) 8. 心臟位於何腔隙中？
(A) 腹腔　(B) 前縱膈　(C) 中縱膈　(D) 後縱膈　(E) 心包腔

( ) 9. 腹腔與骨盆腔的假想分界線是指：
(A) 恥骨聯合與髖骨上緣　(B) 坐骨粗隆與股骨大轉子　(C) 薦骨岬與恥骨聯合　(D) 髖臼與恥骨聯合　之連線

( ) 10.肝臟的位置主要是在腹部的那兩個區域？
(A) 上腹部、臍部　(B) 上腹部、右季肋部　(C) 臍部、右季肋部　(D) 右季肋部、右腰部

（　）11.典型的急性闌尾炎會引起的腹部疼痛部位是：

(A) RUQ　(B) LUQ　(C) RLQ　(D) LLQ

（　）12.腎臟位於下列那一個腔隙中？

(A) 縱膈腔　(B) 腹腔　(C) 骨盆腔　(D) 後腹腔

解答：

1.(A)　2.(D)　3.(A)　4.(B)　5.(D)　6.(D)　7.(B)　8.(C)　9.(C)　10.(B)
11.(C)　12.(D)

第二章　**細胞的構造與功能**

本章大綱

細胞構造

　　細胞是人體內最小的生命單位，其內部是個複雜的化學工廠，可以製造許多維持生命所必需的化學物質。由於構成人體的各類細胞，其大小、形狀、內容物及功能等，皆有其差異性，為了便於敘述細胞的構造，我們以典型的細胞構造來探討。如圖2-1，細胞中央有細胞核，核外充滿了半液體狀的細胞質，胞器散布在細胞質中，細胞質的外面是細胞膜。

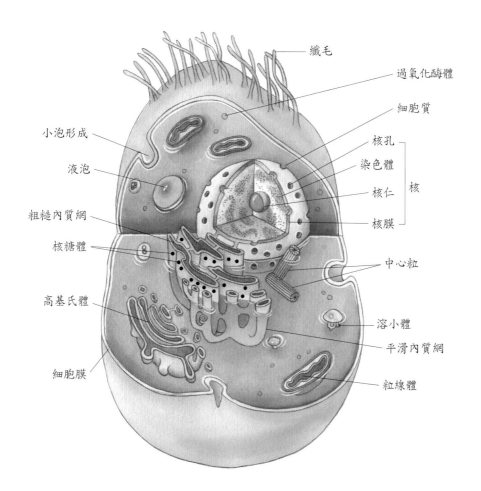

圖2-1　典型細胞構造圖 原解剖生理

細胞膜（Cell Membrane）

細胞膜是將細胞內（細胞質）與細胞外分開的膜，此膜極薄且脆弱，大約由55%蛋白質、25%磷脂質、13%膽固醇、4%各種脂質和3%碳水化合物所組成。雙層的磷脂質是細胞膜的基本架構，每個磷脂質分子有兩條脂肪酸鏈附著於磷酸根頭端，如圖2-2。磷酸根頭端具親水性，呈球狀，為水溶性，朝外側帶正電而有極性；脂肪酸鏈則具厭水性，呈波狀線條，為脂溶性，朝內側不帶電，非極性。氧及二氧化碳等脂溶性分子能通過此磷脂質雙層構造，但是胺基酸、糖、蛋白質、核酸等水溶性分子則不能通過。而膜膽固醇可增加細胞膜的穩定性，防止磷脂質的聚集而使細胞膜含有水。

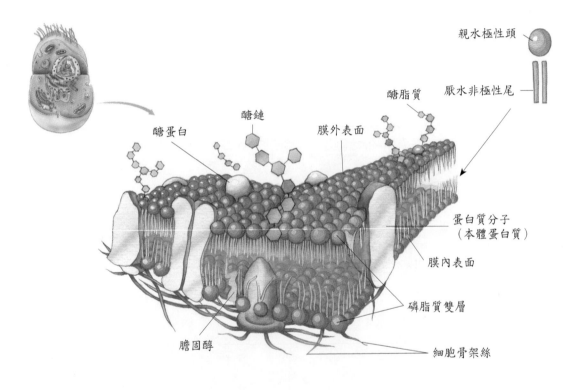

圖2-2　細胞膜的構造

細胞膜的蛋白質可分為本體蛋白質（integral protein）及周邊蛋白質（peripheral protein）兩類。本體蛋白質可位於或靠近內外膜表面，亦可整個以球狀或不規則形貫穿整個細胞膜（如圖2-2）；而周邊蛋白可藉由許多方式附著於膜的表面，可作為酵素。膜蛋白的功能敘述如下：

- ・為結構蛋白。
- ・在離子通過膜的主動運輸時，可作為唧筒（pump），例如：Na^+-K^+ pump。

- 可作為攜帶體，藉由協助性擴散，將物質沿著濃度梯度來運輸。
- 可作為離子通道：是非脂溶性分子通過細胞的徑路。
- 可作為接受體：能與神經傳遞物質或荷爾蒙、藥物結合，引發細胞內的生理變化。
- 與碳水化合物結合成醣蛋白以作為細胞標誌，可識別、區分同種或不同種細胞。
- 可作為酶，以催化一些發生於膜表面的反應。

細胞膜是動態的構造，嵌鑲在膜上的蛋白質像飲料杯中的冰塊一樣，可隨時變更位置。以其化學性質及構造來探討細胞膜在生理上的功能如下：

1. 是物理上的屏障：它可包住細胞內容物，使其與細胞外液及其他細胞相隔離。
2. 是外來訊息的接收站：細胞膜上的醣蛋白通常是接收器的位置，使細胞能識別同類細胞或外來物質，進而接納或排斥。例如：血型相容時接納及器官移植的排斥。
3. 是構造上的支持者：能使相鄰細胞間或細胞和其他構造間相連結，形成穩定的三度空間結構。
4. 是代謝上的障壁：為具有選擇性通透性的半透膜，可調節物質的進出。
5. 完整性：細胞膜的完整性是細胞生命的必須條件。

細胞質（Cytoplasm）

細胞質位於細胞膜與細胞核之間的物質，也稱為胞漿，是一種黏稠的半透明液體，其中水分佔了75～90%，其餘尚有蛋白質、脂質、碳水化合物及無機鹽類等固體成分。無機鹽類與大部分的碳水化合物溶於水中而成為溶液，大部分的有機化合物則懸浮於水中形成膠體，故細胞液同時具有為溶液和膠體的性質。

大部分的細胞都在細胞質中進行生化反應。細胞質接受外來的物質，以轉化成能量，排除細胞內廢物或合成新物質以供細胞修補或產生新構造之用。

散布於細胞質中的大型顆粒有：中性的脂肪球滴、肝糖顆粒、核糖體、分泌性顆粒；其中有四種重要胞器（organelles）：內質網、高基氏體、粒線體及溶小體等。

胞器（Organelles）

胞器是散布在細胞質中的微小構造體，這些特化的微小構造，各具形態上的特徵，在細胞上的生長、維持、修補、控制等方面分別擔任重要的角色。表2-1。

表2-1　胞器的功能

胞器名稱	功　　能
核糖體	合成蛋白質
粗糙內質網	儲存及合成蛋白質
平滑內質網	合成脂質及類固醇
高基氏體	包裝、運送及分泌
粒線體	有氧細胞呼吸
溶小體	分解、消化
過氧化酶體	減少過氧化氫之傷害
細胞骨酪	支撐細胞形狀
中心體	細胞分裂
鞭毛與纖毛	細胞運動

核糖體（Ribosomes）

核糖體是由核糖體核酸（r-RNA）與核糖蛋白以2：1的比例組成，為細小的顆粒，DNA與RNA在此合成身體所需的蛋白質。

內質網（Endoplasmic Reticulum；ER）

內質網是細胞質中一系列複雜的小管狀結構，與核膜相連續。具有運輸功能，是細胞內的循環系統。核糖體合成的蛋白質可儲存於內質網，待需要時才送至高基氏體包裝或釋放至細胞外。

內質網分為表面附有核糖體顆粒的粗糙內質網（rough ER），和表面沒有核糖體粗糙顆粒附著的平滑內質網（smooth ER）兩類，如圖2-3。通常分泌性較旺盛的細胞其顆粒性內質網也較發達。而無顆粒性內質網，雖不含核糖體，但含有脂質代謝所需的酵素，可合成中性脂肪及類固醇激素。

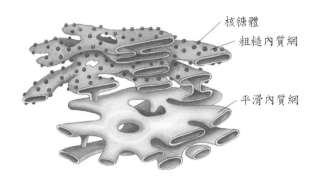

圖2-3　內質網的立體形態模式

高基氏體（Golgi Complex）

　　高基氏體是由義大利科學家Camillo Golgi第一個發現其存於細胞中而命名的。此體是由4～8個大的扁平膜性囊所構成，位於細胞核附近。扁囊排列緊密且平行呈疊盤狀，如圖2-4。

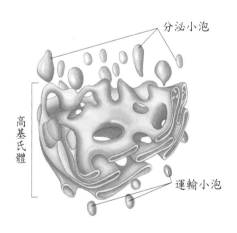

圖2-4　高基氏體

　　高基氏體具有處裡、分類、包裝、運送、分泌蛋白質的功能，其作用過程如圖2-5。核糖體合成的蛋白質先運送至粗糙內質網，蛋白質被粗糙內質網所形成的小泡包起來，離開內質網送往高基氏體，經高基氏體的扁囊作用，被分類包裝成小泡，有些小泡變成分泌顆粒，移至細胞膜邊，經胞泄作用送出細胞外。故高基氏體是包裝、分泌部門。

　　高基氏體包裝、分泌由內質網送來的蛋白質、醣蛋白及脂質等，有的小泡所攜帶的內含物含有特別的消化酶，若保存於細胞質內即成溶小體（lysosome）。所以，分泌黏液能力很強的細胞，皆具有發達的高基氏體及粗糙性內質網。

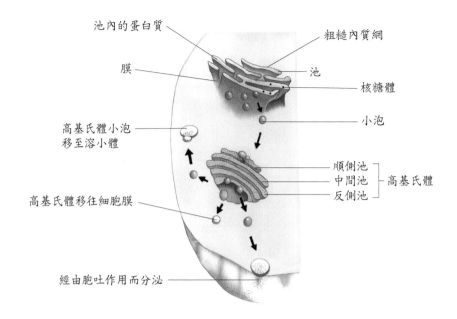

圖2-5　高基氏體進行分類、包裝、運送、分泌的過程

粒線體 （Mitochondria）

　　粒線體是由兩層雙脂層的膜所圍成的橢圓形或圓形的構造（如圖2-6），兩層間有液體隔開。外膜光滑，內膜則有許多稱為嵴的皺褶，嵴提供了大面積來進行化學反應。粒線體的中央稱為基質，嵴上富含合成腺核苷三磷酸（ATP）所需的酶藉以產生高能量的ATP，故有細胞的發電廠之稱。通常活動量較大的細胞，如肌肉、肝、腎等，需要消耗大量能量，所以這些細胞含有大量的粒線體，達細胞體積20%。

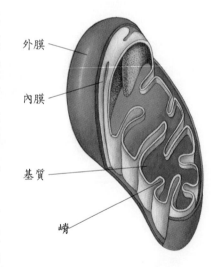

圖2-6　粒線體

　　粒線體產生ATP的方式稱為有氧代謝，即細胞呼吸作用。來自消化系統的葡萄糖分解成丙酮能進入粒腺體，同時肺中氧氣也運送至細胞的粒腺體，兩者作用後產生二氧化碳、水及ATP；水及二氧化碳會離開細胞。所以粒線體有氧呼吸作用簡單就是：醣＋氧＝二氧化碳＋水＋ATP。也因為有氣交換，所以粒線體就是有氧細胞及呼吸的地方，故粒線體對缺氧最敏感。通常一分子的葡萄糖經粒線體代謝後可產生38個ATP。ATP是生物使用的能量來源，粒線體利用有氧代謝提供細胞近95%的能量。

　　粒線體可自行複製，複製過程是由粒線體內的DNA控制。自行複製時細胞需ATP的量增加。

溶小體（Lysosomes）

溶小體是由高基氏體所形成，為內含強力消化酶的小囊泡。當微生物侵入人體細胞時，溶小體的膜會被活化釋出消化酶，以分解微生物，如吞噬細菌的白血球即含有大量的溶小體，故溶小體有細胞內的消化系統之稱。

當細胞受傷或死亡時，溶小體也會釋出酶，促使細胞分解，是為自體分解（autolysis），所以有人稱溶小體為自殺小包。

臨床指引：

　　若服用過量的維生素A會使溶小體活性增加，使骨骼組織的破骨（蝕骨）細胞分泌酶來溶解骨骼，因而易引起自發性骨折。缺乏溶小體是新生兒一種遺傳性疾病（Tay Sache disease），此病能使含導致細胞中的溶小體失去分解能力，嚴重時會導致新生兒死亡。

過氧化酶體（Peroxisomes）

過氧化酶體比溶小體小，是一種微小體，含有觸酶。在肝細胞與腎細胞中含有許多與過氧化氫（H_2O_2）代謝有關的催化酶（觸酶），這與解毒作用有關，可以減少過氧化氫對身體的傷害。

細胞骨骼（Cytoskeleton）

細胞質內有一些纖維狀的蛋白質，它們互相聚合組成微絲、中間絲、微小管的構造，在細胞質中交織成網狀，支撐細胞維持成一固定形狀，故稱為細胞骨骼。如圖2-7。

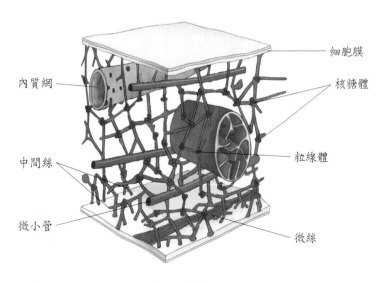

圖2-7　細胞骨骼

微絲在肌肉細胞內是由肌動蛋白或肌凝蛋白所組成，與肌肉收縮有關。在非肌肉細胞內，微絲提供支持與保持細胞形狀，藉著微絲的收縮與鬆弛可改變網狀架構的形狀，使細胞外形也隨之改變，協助細胞移動，故為一動力構造。

中心體與中心粒（Centrosome and Centrioles）

中心體內有一對中心粒，每一個中心粒是由九個微小管三元體（三個一組）排列成環形結構（如圖2-8），兩個中心粒之長軸互相垂直。中心體與細胞有絲分裂時染色體的移動有關，在有絲分裂之初，中心體會自行複製，然後成對的中心粒互相分離，形成有絲分裂紡錘絲的兩極，所以中心粒可控制紡錘體的形成。成熟的中樞神經細胞沒有中心體，故不能分裂。

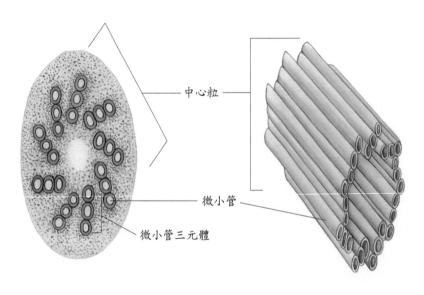

中心粒

微小管

微小管三元體

圖2-8　中心粒

鞭毛與纖毛（Flagella and Cilia）

有一些細胞具有突起，可使整個細胞運動，或使一些物質沿細胞表面移動。如果突起的數目少且長，稱為鞭毛。在人體內唯一具鞭毛的是精蟲細胞，可供細胞運動。如果突起的數目多且短，像毛髮一般，即為纖毛，如人類呼吸道的纖毛細胞可撥動黏在組織表面的異物顆粒。以電子顯微鏡觀察鞭毛與纖毛，兩者並無結構上的差異，皆與中心粒相似，有九個管狀構造排列，但管壁中央多了一對微小管，而且九組周圍構造的每一束中，含有二個而非三個微小管。但在基體，各纖毛固著處的構造卻和中心粒一樣，有九組環繞的三元體（圖2-9）。

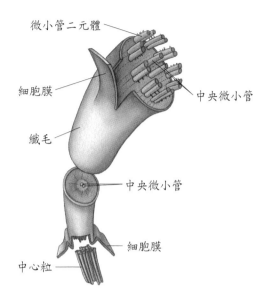

微小管二元體

細胞膜

纖毛

中心粒

中央微小管

中央微小管

細胞膜

圖2-9　纖毛的構造

細胞核（Nucleus）

　　細胞核多呈球形或卵圓形，是細胞內最大的胞器，內含有基因的遺傳因子，故為細胞運轉的主要控制中心。大部分細胞含有一個核，但有的細胞，像成熟的紅血球、血小板就沒有細胞核；像骨骼肌細胞就含有多個核。細胞核具有核膜、核仁及染色質等三種明顯構造（如圖2-10）。核膜內的膠狀液為核質，核仁及染色質懸浮於其中。

1. 核膜：是一雙層膜構造，細胞核藉此膜與細胞質隔開。核膜的雙層膜間的空隙稱為核周池（perinuclear cisterna）。每一層核膜皆與細胞膜類似，為磷脂質雙層結構。雙層膜在很多點會彼此融合形成核孔，核孔與內質網相通，是物質進出細胞核的主要門戶。

2. 核仁：為球體構造，通常含有一或二個，沒有膜包圍，由DNA、RNA及蛋白質所組成。DNA控制RNA在核仁形成，RNA則控制蛋白質在細胞中的合成。

3. 染色質（chromatin）：為散布在核質中的顆粒性物質，是由DNA組成的遺傳物質。細胞生殖前，染色質會變短並捲曲成桿狀體，稱為染色體（chromosomes），故染色體成分與染色質完全相同。人類細胞內含有23對（46條）染色體，但精子與卵子則各為23條染色體。而基因是染色體上的遺傳基本單位。

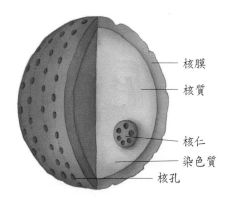

圖2-10 細胞核的構造

蛋白質與核酸的構造

蛋白質結構

蛋白質以胜肽鏈（peptid bond），將兩個胺基酸聯接起來，多胜肽鏈（poly peptides），可接幾百個胺基酸，具有四種層次的結構組態（圖2-11）。

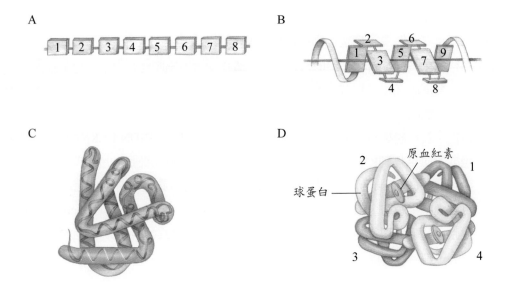

圖2-11 蛋白質的構造

1. 初級結構：組成蛋白質的胺基酸，按照特定的順序，成線狀排列，例如血型蛋白。

2. 次級結構：線狀的多胜肽分子沿二度空間纏繞呈螺旋狀。屬纖維性蛋白質，不溶於水。例如：角蛋白、胰島素。

3. 三級結構：是由次級結構再纏繞成三度空間的球狀蛋白質，可溶於水。若加熱，三度空間結構就被破壞而鬆開，形成混亂無次序的結構，而使蛋白質失去活性，此為變性，例如肌紅素。

4. 四級結構：二個或二個以上的三級結構蛋白質相互作用所形成更複雜的蛋白質。例如胰島素由二條多胜肽鏈組成，圖2-11的血紅素分子則由四條多胜肽鏈構成。

蛋白質分類

蛋白質是許多身體細胞的構造成分，且與許多生理活動有關。依功能分類有下列六種：

1. 結構性蛋白質：構成身體架構。例如：結締組織中的膠原蛋白、指甲、皮膚之角蛋白。

2. 調節性蛋白質：以荷爾蒙形式調解生理功能。例如：生長激素可促進生長；胰島素、升糖素。

3. 收縮性蛋白質：作為肌肉組織中的收縮成分。例如：肌動蛋白、肌凝蛋白。

4. 免疫性蛋白質：作為抗體，以抵抗入侵的微生物。例如：γ - 球蛋白。

5. 運輸性蛋白質：運送物質至全身。例如：血紅素在血液中運送氧及二氧化碳。

6. 分解性蛋白質：以酶為生化反應。例如：唾液澱粉酶可將多醣類分解成雙醣類。

核酸（Nucleic Acid）

核酸在細胞核內，含有元素碳(C)、氫(H)、氧(O)、氮(N)和磷(P)的大分子有機化合物，具有去氧核糖核酸（DNA，deoxyribonucleic acid）及核糖核酸（RNA，ribonucleic acid）兩類。我們的遺傳基因（genes）是由DNA核酸所組成。因此DNA存有遺傳密碼資料，並和RNA一起來執行細胞內蛋白質的合成，DNA與RNA之異同之處在於表2-2。

表2-2　DNA 與 RNA 的比較

比　較	DNA	RNA
分布	大部分在細胞核的染色體，少量見於粒線體、中心粒	90% 在細胞質，10% 在核仁
構造	雙股螺旋狀	單股直線狀

（續）

比　較	DNA	RNA
五碳糖	去氧核糖	核糖
氮鹼基	腺嘌呤（A）、鳥嘌呤（G）、胸腺嘧啶（T）、胞嘧啶（C） A與T配對，C與G配對	腺嘌呤（A）、鳥嘌呤（G）、尿嘧啶（U）、胞嘧啶（C） A與U配對，C與G配對
功能	是遺傳訊息儲存所在，控制生殖、生理，並進行轉錄作用	進行轉譯作用，控制蛋白質的合成

　　構成核酸的基本單位是核苷酸，單一核苷酸有三個基本單位組成，即五碳糖、氮鹼基（nitrogen base）和一個磷酸根（phosphate group）。見圖2-12。

1. 五碳糖：分為核糖（組成RNA）及去氧核糖（組成DNA）。
2. 氮鹼基：有腺嘌呤（adenine）、鳥嘌呤（guanine）、胸腺嘧啶（thymine）、胞嘧啶（cytosine）及尿嘧啶（uracil）。尿嘧啶（U）只存在於RNA；胸腺嘧啶（T）則侷限於DNA中。氮鹼基附著於五碳糖上即造成核苷（nucleoside），其名稱則是根據所含的氮鹼基而來，例如附著有腺嘌呤（A）的稱為腺嘌呤核苷。（圖2-13）
3. 磷酸根結合到核苷的五碳糖上即形成核苷酸。

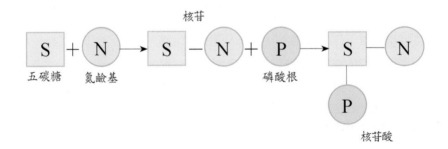

圖2-12　核酸之構造

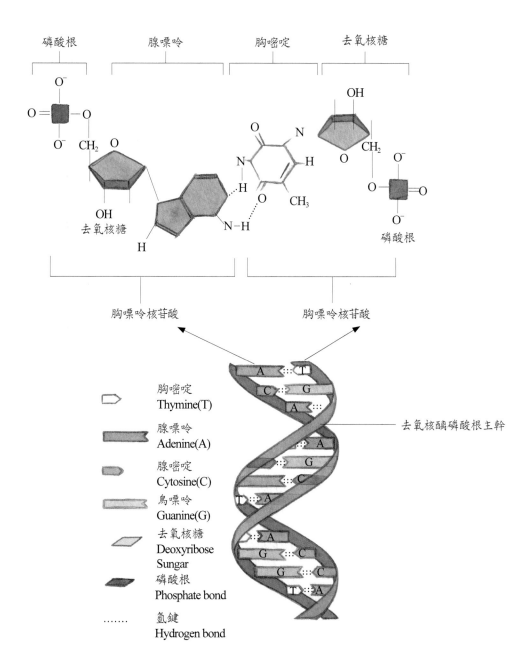

圖2-13 DNA的構造

由雙股組成，中間有橫木，扭曲成雙螺旋狀。階梯的垂直部分含有彼此相間的磷酸根與核苷酸的去氧核糖部分，階梯的橫木含有一對以氫鍵相結合的氮鹼基。

基因作用（Gene Action）

　　基因位於細胞核的染色質內，儲存生物所有的遺傳訊息，它能將遺傳密碼轉錄給RNA，RNA即遵循密碼的指令製造各種型式的蛋白質，這些蛋白質不但決定了細胞架構，也決定了細胞的特殊生理功能。所以基因被視為細胞營運的主宰。

蛋白質的合成（Protein Synthesis）

　　製造蛋白質的遺傳指示存在於細胞核的DNA內，細胞藉信息RNA（mRNA）攜帶遺傳密碼，決定胺基酸的排列順序，再經傳送RNA（tRNA）攜帶遺傳密碼至細胞質的核醣體，合成多胜肽的蛋白質。經過的步驟有轉錄與轉譯。

1. 轉錄：是指DNA攜帶的遺傳密碼被複印的過程，亦即以DNA的特定部分作為鑄模，使儲存在DNA氮鹼基序列的遺傳訊息被複寫在mRNA的氮鹼基上。例如：DNA鑄模有一個胞嘧啶（C）經過mRNA即製造一個鳥嘌呤（G）；一個腺嘌呤（A）經過mRNA即製造一個尿嘧啶（U），因為RNA上不含胸嘧啶（T）。見表2-3。mRNA上三個氮鹼基形成一個密碼，如果DNA的鑄模氮鹼基序列為CATATG經mRNA轉錄的氮鹼基序列即成GUAUAC。DNA除了可作為mRNA的鑄模外，尚可合成核糖體RNA（rRNA）及tRNA。mRNA、rRNA、tRNA三者被合成後，即離開細胞核，進入細胞質進行轉譯步驟。

2. 轉譯：是指mRNA氮鹼基序列內的核糖體之訊息，指令蛋白質的胺基酸序列過程。當mRNA攜帶了密碼會與攜帶特定胺基酸（反密碼）的tRNA以氫鍵配對，因為tRNA會將mRNA上的胺基酸序列密碼解譯。配對的過程是在核醣體中進行，完成蛋白質的合成。如表2-3。

表2-3　DNA 三氮鹼基序列與 mRNA 密碼合成胺基酸

DNA 氮鹼基序列	mRNA 密碼	tRNA 反密碼	合成的胺基酸
TAC	AUG	UAC	轉譯起始
AAA	UUU	AAA	苯丙胺酸
AGG	UCC	AGG	絲胺酸
ACA	UGU	ACA	半胱胺酸
GGG	CCC	GGG	脯胺酸
GAA	CUU	GAA	白胺酸
GCT	CGA	GCU	精胺酸

（續）

DNA 氮鹼基序列	mRNA 密碼	tRNA 反密碼	合成的胺基酸
TTT	AAA	UUU	離胺酸
TGC	ACG	UGC	酥胺酸
CCG	GGC	CCG	甘胺酸
CTC	GAG	CUC	麩胺酸
ATC	UAG	—	轉譯終止

3. 蛋白質的合成步驟：許多胺基酸接連產生，便可合成蛋白質。此過程由DNA開始，在細胞核轉錄，在核醣體轉譯，最後成為胺基酸，再合成蛋白質。其合成步驟可簡化為下列方式

$$\text{DNA（基因）}\xrightarrow[\text{細胞核}]{\text{轉錄}}\text{mRNA}\xrightarrow[\text{核醣體}]{\text{轉譯}}\text{胺基酸}\longrightarrow\text{合成蛋白質}$$

細胞分裂（Cell Division）

　　細胞分裂是指細胞自行生殖的過程，分裂的過程包括細胞核分裂及細胞質分裂兩個步驟，通常是細胞核分裂完畢後，才開始產生細胞質的分裂。細胞核的分裂又有體細胞分裂（有絲分裂）及生殖細胞分裂（減數分裂）兩種方式。

有絲分裂（Mitosis）（見圖2-14）

　　有絲分裂是指體細胞（身體一般組織細胞）的生殖方式，分裂前母細胞將自己複製，分裂完成後，兩個子細胞所含有的遺傳物質及遺傳潛能，皆與母細胞完全相同。

減數分裂（Meiosis）

　　減數分裂是生殖細胞的分裂方式，子細胞只含母細胞一半的遺傳物質及染色體數目。經減數分裂產生的子細胞稱為配子，女生的配子是卵子，男生的配子是精子，兩者結合受精後稱結合子，在子宮內發育成新的個體。結合子內所含的基因雖來自父母雙方，但生殖細胞在減數分裂過程中，基因可能產生交叉互換的現象，所以結合子孕育而成的子代，其表現的遺傳特性與父母任何一方均不可能完全相同。

臨床指引：

　　癌的形成就是正常細胞產生基因突變，開始不正常分裂，使細胞增生繁殖導致細胞癌化。P53基因產生P53蛋白質，與DNA連接，而防止細胞失控倍增；細胞若有P53基因不正常，就會有許多癌症的產生。所以，P53基因又稱為抗癌基因。

A

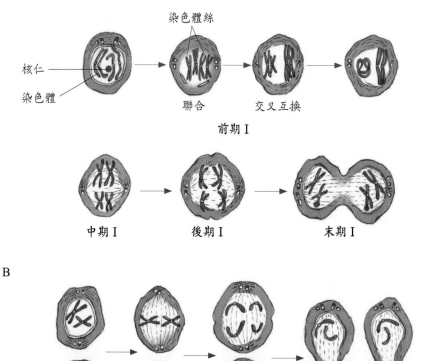

核仁

染色體

染色體絲

聯合　　　交叉互換

前期 I

中期 I　　　　後期 I　　　　末期 I

B

前期 II　　　中期 II　　　後期 II　　　　末期 II

圖2-14　減數分裂

自我測驗

一、問答題

1. 簡述細胞膜的構造。

2. 蛋白質如何合成？

3. 何謂有絲分裂？

4. 敘述核苷酸的組成。

5. 列舉DNA與RNA的差異。

二、選擇題

（　）1. 下列那一項氮鹼基不存在於RNA分子中？

(A) 胞嘧啶　(B) 鳥嘌呤　(C) 腺嘌呤　(D) 胸嘧啶

（　）2. 下列何者為非DNA核苷酸組成的化學物質？

(A) 去氧核糖　(B) 磷酸根　(C) 氮鹼基　(D) 磷脂質

（　）3. DNA中含有四個不同的氮鹼基，它們是腺嘌呤（A）、鳥嘌呤（G）、胸嘧啶（T）、胞嘧啶（C），在形成雙螺旋氮鹼基的配對時，下列何者正確？

(A) A配T、C配G　(B) G配T、A配C　(C) A配A、C配G、T配T　(D) G配T、A配A、C配C

（　）4. 支配人體遺傳性的物質是：

(A) DNA　(B) RNA　(C) ATP　(D) 粒線體

（　）5. 細胞膜的主要成分為：

(A) 碳水化合物、蛋白質　(B) 磷脂質、纖維素　(C) 蛋白質、磷脂質　(D) 纖維素、碳水化合物

（　）6. 細胞內最大的胞器是：

(A) 細胞核　(B) 核醣體　(C) 高基氏體　(D) 粒線體

（　）7. 下列何者為組成細胞內核糖體的重要成分？

(A) DNA　(B) r-RNA　(C) m-RNA　(D) t-RNA

（　）8. 下列那一種胞器與細胞內的蛋白質製造有關？

(A) 核糖體　(B) 粒線體　(C) 高基氏體　(D) 溶小體

（　）9. 有核醣體附著的胞器是：

(A) 高基氏體　(B) 內質網　(C) 粒線體　(D) 溶小體

（　）10.下列那一種胞器負責分類、包裝及釋出蛋白質？

(A) 粒線體　(B) 細胞核　(C) 核糖體　(D) 高基氏體

（　）11.可參與細胞的氧化反應，產生能量，並有細胞發電廠之稱的是：

(A) 高基氏體　(B) 內質網　(C) 粒線體　(D) 溶小體

（　）12.細胞內具有消化作用的胞器是：

(A) 高基氏體　(B) 溶小體　(C) 葉綠體　(D) 內質網

（　）13.以下何者非微小管組成之構造？

(A) 內質網　(B) 纖毛　(C) 紡錘絲　(D) 中心粒

（　）14.無中心體構造的細胞是下列何者？

(A) 肝細胞　(B) 成熟的神經細胞　(C) 胃黏膜　(D) 造血細胞

（　）15.下列何者具有纖毛，且能作纖毛運動？

(A) 肺泡　(B) 腎小管　(C) 歐氏管　(D) 輸卵管

（　）16.負責攜帶密碼到核糖體以合成蛋白質的核酸為：

(A) 去氧核糖核酸（DNA）　(B) 傳訊者核糖核酸（mRNA）　(C) 核糖體核糖核酸（rRNA）　(D) 轉運者核糖核酸（tRNA）

（　）17.DNA是由核苷酸所組成，每一分子核苷酸是由下列何項之化學物質組成？

a.磷酸根　b.氮鹼基　c.五碳糖　d.六碳糖　e.醛基

(A) abc　(B) bcd　(C) cde　(D) ade

（　）18.對於DNA 的敘述，下列何者正確？　a.基因之成分　b.為雙股螺旋狀　c.二條鏈間藉共價連接　d.由許多核糖核酸彼此以共價鍵連成　e.有細胞複製及細胞功能的遺傳訊息

(A) abc　(B) abd　(C) abe　(D) bcd

解答：

1.(D)　2.(D)　3.(A)　4.(A)　5.(C)　6.(A)　7.(B)　8.(A)　9.(B)　10.(D)

11.(C)　12.(B)　13.(A)　14.(B)　15.(D)　16.(B)　17.(A)　18.(C)

第三章　身體的組織

本章大綱

上皮組織
特徵

分類

結締組織
固有結締組織

軟骨

硬骨

血液

肌肉組織
平滑肌

骨骼肌

心肌

神經組織
神經細胞

神經膠細胞

身體膜組織
皮膜

黏膜

漿膜

滑液膜

腦脊髓膜

　　組織（tissue）是由一群源自於胚胎內胚層及構造相似的細胞，共同執行相同生理功能而組成的構造。人體的組織依構造與功能可分為：上皮組織、結締組織、肌肉組織、神經組織四大類型。

上皮組織（Epithelial Tissue）

　　上皮組織簡稱上皮（epithelium），可分為覆蓋身體表面及器官內襯體腔的上皮和組成腺體分泌部分的腺體上皮兩大類。

特徵（Special Characteristics）

　　上皮具有下列之特徵：

1. 細胞性（cellularity）：上皮幾乎全由細胞組成，且緊密相連，細胞外間質很少。
2. 緊密接觸（tight junction）：上皮緊密相連，形成連續片狀。細胞與細胞間的相接，可限制物質轉移，形成良好的保護構造，然而又可與其他細胞相通。
3. 無血管（avasculanity）：上皮可能有很好的神經分布，但血管未延伸至上皮層。其養分是經由上皮下的結締組織內之微血管擴散而來。
4. 表面特化性（surface specializations）：上皮有的外露，有的襯於內臟器官空腔的游離面，有的表面光滑，有的形成纖毛或微絨毛。在消化道、泌尿道等吸收、分泌功能較旺盛的上皮即具有特別多的微絨毛，以使細胞表面積增加20倍以上；內耳內的特化細胞立體纖毛即可偵測平衡感覺；呼吸道的纖毛上皮即可撥動黏液向外移動。
5. 基底膜（basement membrane）：基底膜不含細胞，具基底層和由蛋白纖維形成的網狀纖維層組成，它介於上皮與結締組織之間，可強固上皮，防止被扯破撕裂。
6. 再生（regeneration）：上皮為了能維持結構的完整性必須經常修復與更新，故能分裂增生，具有高度的再生能力。

分類（Classification）

覆蓋與內襯上皮（Covering and lining Epithelium）

　　上皮組織依細胞層數的多寡，可分成單層和複層上皮；依細胞形狀的不同又可分為鱗狀、柱狀、立方上皮，故依細胞層數與形狀綜合分類而成下述各類：

1. 單層上皮（simple epithelium）：是指基底膜上的細胞為單一層，所以很薄，不具有機械性的保護作用，只存在於體內受保護的區域。

　　⑴單層鱗狀上皮（simple squamous epithelium）：是由單層扁平的魚鱗狀細胞所組

成，故又稱為單層扁平上皮。如圖3-1。細胞核位於細胞中央。由於這種上皮只有一單層細胞，非常適合進行擴散、滲透、過濾等方式之物質交換，例如：襯於肺泡，可使氧與二氧化碳進行交換；襯於腎臟腎小體，可過濾血液。

襯於心臟、血管、淋巴管或微血管壁的單層鱗狀上皮，稱為內皮；若單層鱗狀上皮形成漿膜的內襯，例如在心包膜、肋膜、腹膜、鞘膜等處的內襯則稱為間皮。

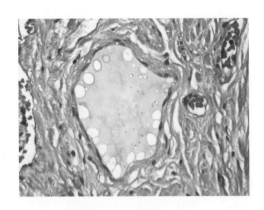

圖3-1　單層鱗狀上皮

(2)單層立方上皮（simple cuboidal epithelium）：由立方形細胞緊密排列而成，細胞核在細胞中央。具有吸收、分泌的功能。例如：卵巢表面、眼球水晶體的前表面、視網膜的色素上皮、腎小管上皮、甲狀腺濾泡細胞等處皆是此種上皮。如圖3-2。

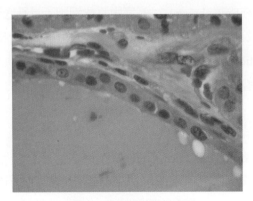

圖3-2　單層立方上皮

(3)單層柱狀上皮（simple columnar epithelium）：由一層長柱狀細胞形成，細胞核在細胞的基部。如圖3-3。柱狀上皮常具有一些特化構造：

- 分泌黏液的杯狀細胞：在腸胃道，杯狀細胞所分泌的黏液可作為食物與消化道管壁間的潤滑劑。
- 可排除異物的纖毛：在子宮、輸卵管、脊髓中央管、某些副鼻竇、上呼吸道等處皆有，可藉纖毛運動將物質往前推送。上呼吸道的柱狀上皮細胞間散布有杯狀細胞，分泌的黏液可捕捉異物顆粒。
- 可增加吸收表面積的微絨毛：例如小腸。

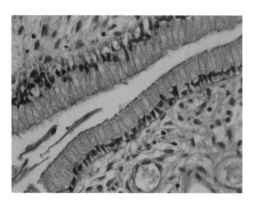

圖3-3　單層柱狀上皮

2. 偽複層柱狀上皮（pseudostratified columnar epithelium）：由單層長短不一的柱狀上皮細胞所構成，細胞核位於不同高度，看似多層但只有單層結構。如圖3-4。主要分布在腺體的分泌管道、男性尿道、耳咽管等處。這類組織有的表面含有特化的纖毛與杯狀細胞，大都襯於上呼吸道、男性生殖系統管道，具有保護功能。

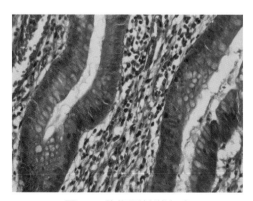

圖3-4　偽複層柱狀上皮

3. 複層上皮（stratified epithelium）：是指基底膜上至少含有兩層細胞，較堅韌，能保護下面組織，防止裂損。通常存在於需承受較大機械性或化學性壓力的地方。

⑴複層鱗狀上皮（stratified squamous epithelium）：此種上皮表層細胞為鱗狀，深層細胞則由立方形變化到柱狀。其基底細胞分裂增殖，新細胞會將表面細胞往外推，舊細胞脫落，新細胞取代。所以這類上皮多分布於磨損較大的管腔黏膜或皮膚表面。如圖3-5。

 ‧非角質化複層鱗狀上皮：見於表面潤濕、是受磨損、不負責吸收功能的部位，例如：口腔、食道、肛門、陰道的內襯。

 ‧角質化複層鱗狀上皮：表層有角蛋白，可防水、抗摩擦，助抵抗細菌的侵襲，例如：皮膚表皮。

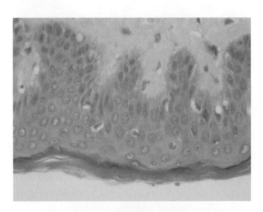

圖3-5　複層鱗狀上皮

⑵複層立方上皮（stratified cuboidal epithelium）：這種上皮在體內含量較少，具保護作用，它存在於：汗腺導管、眼結膜及男性尿道海綿體等處。如圖3-6。

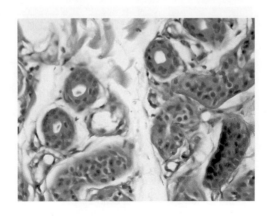

圖3-6　複層立方上皮

⑶複層柱狀上皮（stratified columnar epithelium）：這種上皮最表層為柱狀，底層

通常由短而不規則的多角形細胞所組成。部分上皮細胞特化，具有分泌功能。它存在於：唾腺及乳腺導管、肛門黏膜、食道與胃的交接處等地方。如圖3-7。

⑷變形上皮（transitional epithelium）：此種上皮又稱移形上皮，其伸縮性極強，完全伸張時，表層細胞呈扁平鱗狀上皮細胞的形態，可使表面積增加許多；當緊縮時，表層上皮細胞會轉變成立方上皮細胞，以使表面積變小。故襯於會受張力拉扯的中空構造，例如：泌尿道、膀胱等處，以防器官破損。如圖3-8。

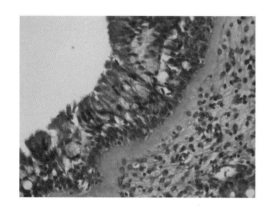 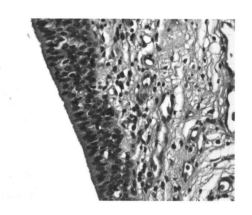

圖3-7　複層柱狀上皮　　　　　　　圖3-8　複層變形上皮

臨床指引：

子宮頸癌是女性最常見的生殖道惡性腫瘤。最常見的病因是感染尖銳濕疣（Condyloma acuminatum），俗稱菜花。因為其病原體（人類乳頭瘤病毒）能使子宮頸鱗狀上皮產生變異，最後導致子宮頸癌。Pap smear是醫師以棉花棒擦下子宮頸上皮細胞，在顯微鏡下檢查是否有上皮細胞癌症病變，使患者得以及時治療。近30年來，由於Pap smear的檢查，使子宮頸癌病發率及死亡率下降5～7成。

腺體上皮（Glandular Epithelium）

腺體上皮是由一群具有分泌能力的腺細胞聚集而成，可分成內分泌腺及外分泌腺。

1.內分泌腺（endocrine glands）

例如：腦下垂體、甲狀腺、腎上腺、性腺、胰島等內分泌腺無導管，又稱為無管腺，所分泌的激素，藉由血液運輸來影響身體活動。

2.外分泌腺（exocrine glands）

例如：汗腺、皮脂腺、乳腺、唾液腺等腺體，所分泌之物質會經由導管送至皮膚表面或中空器官的器官內。此類分泌腺可因功能及構造上的不同來做區分，其說明如下：

以功能分類可分成（圖3-9）：

(1)部分分泌腺體（merocrine glands）

腺體分泌時，將分泌物經由胞吐作用釋出，整個過程其細胞仍為完整的。例如：唾液腺、胰腺。

(2)頂漿分泌腺體（apocrine glands）

腺體分泌物先聚集於分泌細胞的游離端，分泌物釋出時，細胞的頂端一起脫出，細胞留下的部分會自行修復，可再行分泌。例如：乳腺。

(3)全漿分泌腺體（holocrine glands）

腺體分泌物聚集於細胞質中，分泌時，細胞會死亡與其內容物一起釋出，釋出的細胞會被新細胞取代。例如：皮脂腺。

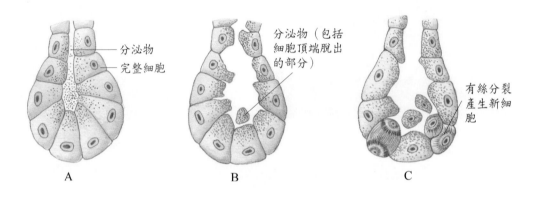

圖3-9 多細胞腺體的功能性分類

以構造分類可分成：

(1)單細胞腺體（unicellular glands）

例如：位於消化道、呼吸道及泌尿生殖系統內襯上皮的杯狀細胞，即為體內的單細胞外分泌腺，它能分泌黏液，潤滑黏膜表面。

(2)多細胞腺體（multicellular glands）

由於導管的有無分枝而分為單式、複式腺體；由於分泌部的構造狀不同，又分為管狀、泡狀、管泡狀腺體，將其綜合即成表3-1及圖3-10。

表3-1　多細胞腺體的構造性分類

種　類	特　徵	例　子
單式腺體	導管沒有分枝	
管狀	分泌部爲直的管狀	腸腺
螺旋管狀	分泌部爲螺旋狀	汗腺
分枝管狀	分泌部爲管狀有分枝	胃腺、子宮腺、食道、舌
泡狀	分泌部爲燈泡狀	精囊腺
分枝泡狀	分泌部爲燈泡狀有分枝	皮脂腺
複式腺體	導管有分枝	
管狀	分泌部呈管狀	尿道球腺、肝臟、睪丸曲細精管、口腔黏腋腺體
泡狀	分泌部呈燈泡狀	舌下腺、頜下腺、乳腺
管泡狀	分泌部呈管狀及燈泡狀	耳下腺、胰臟

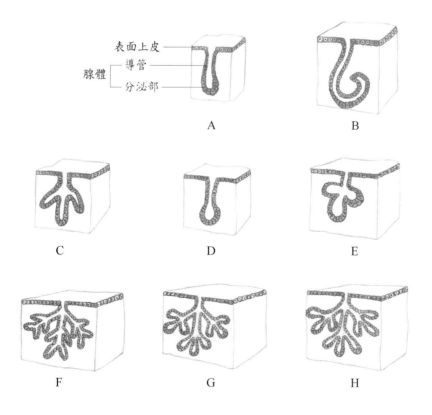

圖3-10　多細胞腺體的構造性分類

結締組織（Connective Tissues）

結締組織是體內含量最多、分布最廣的組織。不同於上皮組織，結締組織有大量細胞外纖維，可將其他組織相接在一起，並支持組織內細胞。細胞間質（基質）、纖維（膠原、彈性、網狀纖維）為其主要的基本構造。結締組織除支持的功能外，還有填補間隙、癒合傷口、維持器官的形狀、保護體內器官、儲存能量和礦物質、吞噬入侵的微生物及細胞殘餘物質等功能。

結締組織依所含細胞及基質的種類或比例可分為固有結締組織、軟骨、硬骨、血液四大類。除了軟骨不含血管外，其餘結締組織富含血管且血液供應充足。

所有結締組織皆有下列三種基本組成：

1. 特化的細胞：結締組織細胞有固定細胞及游走細胞兩類，像成纖維細胞、脂肪細胞是固定細胞；漿細胞、肥胖細胞、顆粒性白血球則是游走細胞；而巨噬細胞既可固定亦可游走。

2. 蛋白纖維：結締組織通常根據其細胞外纖維及自然組成的基底膜來分類，纖維埋藏在基底質裡，有膠原纖維、網狀纖維及彈性纖維三種。

   ⑴膠原纖維：膠原纖維是由成束膠原蛋白組成的白色纖維，長直沒有分枝，強健、可彎曲、不伸長的纖維，可抗拉力，是結締組織中最常見的支持性纖維，它由一束平行的微纖維組成。

   ⑵網狀纖維：網狀纖維具有與膠原纖維相同的分子構造及化學組成，只是形成纖細分枝的網狀結構，有支持、強固的功能。

   ⑶彈性纖維：黃色的彈性纖維形成網狀結構，富含彈性素（elastin），具伸展性，使其有如橡皮圈，用力拉時極易伸長，放鬆時又回復原狀。

3. 基底質：結締組織的基底質是均勻的細胞外物質，具可改變黏度的液體。纖維賦予結締組織強度及彈力，基底質則提供其適合的媒介，使營養物質與代謝廢物在細胞與血流之間通行。基底質的主要成分是醣蛋白及蛋白澱粉（含玻尿酸、硫酸軟骨素及其他特殊的硫酸鹽），它不只是營養物質與代謝廢物交換所需之物，也是潤滑劑及震盪吸收物。

固有結締組織（Connective Tissue Proper）

固有結締組織含有各種細胞、纖維及黏性的基質。所含的細胞主要如下：

- 成纖維細胞：為細長或星形細胞，負責結締組織纖維的合成及分泌基底質，使基質具有黏性，並能幫助傷口癒合。是疏鬆結締組織的主要細胞類型。也是肌腱內唯一種類的細胞。

- 巨噬細胞：是活化的吞噬細胞，散布於纖維間，可吞噬受傷的細胞及入侵的病原體。巨噬細胞正常是沿膠原纖維束固定，發炎時即離開膠原纖維束，以類似阿米巴原蟲的方式移動，成為游走的清道夫來清除血液和組織中的外來物質。
- 脂肪細胞：可儲存堆積脂肪，並將細胞核與細胞質推擠至細胞邊緣且變成扁平，形成一層薄膜狀環繞在細胞邊緣。
- 幹細胞：當組織受傷或受細胞感染時，則可分裂而增生並分化成其他種類的結締組織細胞。
- 肥胖細胞：是相對較大的細胞，有著不規則的形狀，小而淡染的細胞核，能製造肝素及組織胺，肝素可防止血液凝固；組織胺可增加到達該區的血流量。肥胖細胞也是對抗長期感染及發炎反應之細胞。
- 漿細胞：由B淋巴球轉變形成，呈卵圓形，有大而深染的細胞核，可製造抗體，以助身體防禦及對抗微生物的感染及癌症。

類型（Type）

1. 疏鬆結締組織（loose connective tissue）

　　疏鬆結締組織亦稱為蜂窩組織，此處遭受細菌感染產生發炎時則為蜂窩組織炎。它是體內最多的結締組織。疏鬆結締組織在皮下可將皮膚和肌肉連接在一起；也能填充實體構造間的腔隙，提供襯墊和保護；也能將神經、血管黏附於周圍構造；儲存脂質。此類組織含有固有結締組織中所有的細胞和纖維，由於膠原纖維和彈性纖維疏鬆交織排列於膠狀基質中，較具伸展性，但也較易被撕裂。見圖3-11。

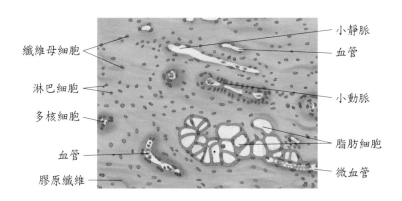

圖3-11　疏鬆結締組織

2. 緻密結締組織（dense connective tissue）

　　緻密結締組織的特性是纖維緊密排列，組織的韌性極佳，具良好張力。見圖3-12。

⑴當纖維束互相交織排列，緻密方向不規則，通常形成肌膜、皮膚真皮層、骨外膜、器官被膜。

⑵當纖維整齊平行排列，只承受一個方向的張力，相當堅韌。而形成肌腱、腱膜、韌帶的主要成分，由於呈銀白色，又稱為白色纖維組織。

3. 彈性結締組織（elastic connective tissue）

彈性結締組織是由帶黃色含分枝的彈性纖維組成，能牽張後彈回原狀。它是喉軟骨、彈性血管壁、氣管、支氣管、肺的組成分子。由彈性纖維組成的黃色彈性韌帶，形成脊椎的黃韌帶、陰莖的懸韌帶、真聲帶亦屬此類。見圖3-13。

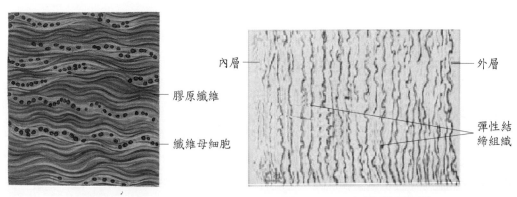

膠原纖維

纖維母細胞

內層

外層

彈性結締組織

圖3-12　肌肉的緻密結締組織　　　圖3-13　血管之彈性結締組織

4. 網狀結締組織（reticular connective tissue）

網狀結締組織由交織的網狀纖維組成，內含大量吞噬細胞，具有良好的防禦功能，形成網狀內皮系統，見於肝、脾、淋巴結、骨髓。見圖3-14。

5. 脂肪組織（adipose tissue）

脂肪組織是由許多儲存脂肪小滴的細胞所構成，此脂肪細胞內含的油滴將細胞質和胞器擠到細胞邊緣，細胞核佔據之處形成突起，有如印章戒指。只要有疏鬆結締組織的地方就有脂肪組織，特別在皮膚的皮下層、黃骨髓、腎臟周圍、心臟基部及表面等處。脂肪組織是熱的不良導體，可減少皮膚的熱損失；也是主要的能量來源；並能對臟器提供支持與保護。見圖3-15。

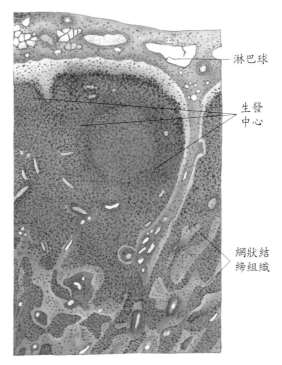

　　淋巴球

　　生發
　　中心

　　網狀結
　　締組織

圖3-14　淋巴結之網狀結締組織

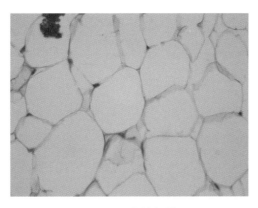

圖3-15　脂肪組織

臨床指引：

　　Marfan's Syndrome（馬凡氏症候群）乃人體第15對染色體異常的顯性遺傳疾病，會使身體結締組織較正常人脆弱，導致心臟血管、骨骼、眼睛等部位出現病變。Marfan's Syndrome的病人骨瘦如柴、高瘦而手腳指特長，胸廓異常（雞胸或漏斗胸）。眼睛深度近視，甚至視網膜剝離，嚴重者因主動脈結締組織脆弱，常引起血管破裂而死亡。

軟骨（Cartilage）

軟骨只含一種細胞——軟骨細胞（chomdrocyte）而位於骨隙（lacuane）內。由於軟骨細胞產生的一種化學物質會阻止血管形成，所以軟骨是無血管的，需靠基質的擴散作用產生，因此軟骨細胞的再生與修復速度較慢。軟骨有纖維性軟骨膜（perichondrium）與周圍組織分開。軟骨膜有兩層，外層是緻密不規則結締組織，內層是細胞層。軟骨因為纖維的種類、數量及內含膠狀基質三種組成的不同，而分成下列三類軟骨：

1. **透明軟骨**（hyaline cartilage）

透明軟骨是體內最多的軟骨，含緊密排列不易染色的膠原纖維，其纖維含量使此類軟骨強韌且易屈，例如身上的肋軟骨、關節軟骨、氣管C型軟骨、骨骺板、鼻中膈軟骨、甲狀軟骨等皆屬此類軟骨。見圖3-16。可見透明軟骨是形成胚胎骨骼的主要部分；可增大呼吸通道；幫助關節自由運動；幫助長骨的生長及呼吸時可助肋骨支架移動，提供了彈性與支持，減少骨骼間的摩擦。

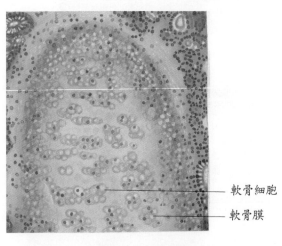

軟骨細胞
軟骨膜

圖3-16　透明軟骨

2. **纖維軟骨**（fibro cartilage）

纖維軟骨基質甚少，但有成束具彈性易彎曲的膠原纖維，具有強固與固定之功能，以抵抗壓縮；避免骨頭與骨頭間的摩擦；限制部分活動。在恥骨聯合、脊柱的椎間盤、膝蓋的關節盤等處，屬於此種軟骨。見圖3-17。

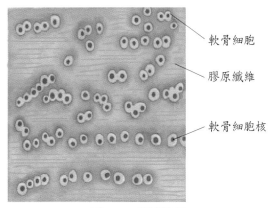

圖3-17 纖維軟骨

3. 彈性軟骨（elastic cartilage）

彈性軟骨含有無數彈性纖維，使軟骨具有彈性及可屈性，軟骨細胞在彈性纖維組成的線狀網上，比透明軟骨更具彈性與彎曲性，以提供支持及維持器官形狀。在外耳殼、鼻尖、會厭軟骨、耳咽管等處，屬此類軟骨。見圖3-18。

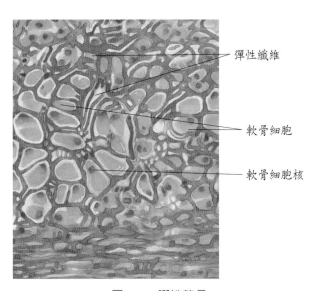

圖3-18 彈性軟骨

硬骨（Bone）

骨骼系統是由軟骨和硬骨所構成，主要功能為支持軟組織、保護體內器官、與骨骼肌一起產生運動、儲存鈣與磷、紅骨髓還能製造紅血球等。它與軟骨不同，是由礦物鹽

（鈣）形成最堅硬的結締組織；骨組織佈滿血管，骨細胞間有許多小管相互連繫，可與血液交換養分與廢物。見表3-2。

表3-2　軟骨與硬骨之比較

特徵	軟骨	硬骨
細胞	骨隙內含軟骨細胞	骨隙內含骨細胞
基質	硫酸軟骨素（澱粉蛋白）溶於水中	不溶性之磷酸鈣和碳酸鈣之結晶
纖維成分	膠原、彈性、網狀纖維	膠原纖維
氧需求	相當低	相當高
血管	無	有，分布廣
營養供應	經由基質擴散	經由小管內胞漿擴散
生長方式	間質和堆積生長	只有堆積生長
修復能力	有限	旺盛
覆蓋骨面	軟骨膜	骨膜
骨骼強度	有限	強力

由於間質與細胞的排列不同，硬骨可分為緻密骨與疏鬆骨。緻密骨的基本單位為骨元，亦即哈氏系統（Harversian system），每一個骨元由骨板、骨隙、骨小管、中央管所組成；疏鬆骨則是由骨小樑組成網洞狀，洞內充滿骨髓，由於樣子像海綿，又稱為海綿骨。詳細敘述見第五章。

血液（Blood）

血液是一種黏稠的紅色液狀結締組織，由細胞間質液（血漿）和定形成分（血球細胞、血小板）所組成。在抗凝劑的處理下，血液不凝固，離心沉澱可將血漿與定形成分分開；若未用抗凝劑，沉於試管底的血凝塊是定形成分，而飄浮在上層的淺黃色液體是血清。

紅骨髓是專門製造血球細胞的地方，紅骨髓主要存在於如肋骨、胸骨、脊椎骨、髖骨等的海綿骨中。由於血球細胞的存活期不長，需靠造血組織不斷製造新的血球細胞來替換死去的血球細胞。所有的血球細胞皆來自於未分化的血胚細胞（hemocytoblast），先分化成五類細胞，這五類細胞再各自經多次分裂後產生新的血球細胞，其中最重要的是：紅血球、白血球、血小板。其詳細敘述見第九章。

肌肉組織（Muscle Tissue）

　　肌肉組織由肌動蛋白（actin）及肌凝蛋白（myosin）的肌肉纖維所組成的彈性組織，受刺激時具有收縮功能。在構造與功能的特性下，肌肉可分為平滑肌、骨骼肌、心肌三類。詳細敘述見第六章。

平滑肌（Smooth Muscle）

　　平滑肌位於體內中空的構造，例如：血管、胃、腸、膽囊、膀胱、子宮等的壁上。平滑肌是不隨意肌，且不具橫紋。平滑肌細胞小，呈梭狀，一個細胞核位於中央。見圖3-19。

　　平滑肌纖維的肌蛋白，在肌漿內呈網狀排列，如此構造可使收縮緩慢。平滑肌纖維藉不同的面貌，分布於人體不同部位，例如在毛球中，則形成毛髮的豎毛肌；在腸壁中，內層肌纖維呈橫向排列，外層肌纖維呈縱向排列，可藉蠕動將內容物往前推進。

骨骼肌（Skeletal Muscle）

　　骨骼肌細胞的收縮成分是肌原纖維（myofibrial），肌原纖維含有寬的暗帶與窄的明帶，使肌細胞呈橫紋外貌。骨骼肌與骨骼相連，可由意識控制收縮而移動身體的部分，故為隨意肌。骨骼肌可移動或穩定骨骼的位置，並藉運動產熱。

　　骨骼肌細胞細長，由於呈長條狀，而稱為肌纖維，在組織中呈平行排列。骨骼肌細胞為多核性，核的位置靠近肌漿膜。見圖3-20。

心肌（Cardiac Muscle）

　　心肌構成心臟的厚壁，雖具橫紋，但與骨骼肌不同，它的收縮是自動自發，不受意識控制的，其節律性是由心壁上的竇房結所控制。在顯微鏡下，可看到心臟是由分枝成網狀的肌纖維所組成，在兩條肌纖維相連處有橫向加厚的肌漿膜，此為間盤（intercalated discs），可強化組織並幫助神經傳導，此為心肌所獨有。見圖3-21。

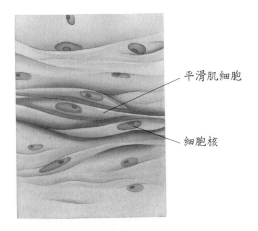

平滑肌細胞

細胞核

圖3-19　平滑肌

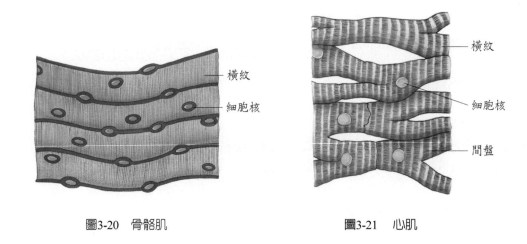

橫紋

細胞核

圖3-20　骨骼肌

橫紋

細胞核

間盤

圖3-21　心肌

神經組織（Nervous Tissue）

　　神經組織具有發動及傳導神經衝動的功能，神經衝動會沿著神經纖維傳送至身體各處，以調節各項生理活動。神經組織主要由神經細胞及神經膠細胞所組成。其詳細敘述請見第七章。

神經細胞（Nerve Cell）

　　神經細胞又稱神經元（neuron），是神經系統的結構與功能性的單位，具有接收和傳送神經衝動的特性。典型神經元具有細胞體、樹突、軸突三部分，細胞體含有核及其他胞器；樹突是細胞體極度分支的一個或數個短突起，能將神經衝動傳向細胞體；軸突只有一條，是細胞體延長的突起，能將神經衝動傳至另一神經元，或肌纖維與腺體。

神經膠細胞（Neuroglia）

神經膠細胞具有支持與保護的作用，並能提供神經元所需的營養物質。它比神經元小，數目比神經元多。神經膠細胞有星狀膠細胞、寡突膠細胞、微小膠細胞、室管膜膠細胞、許旺氏細胞等各具不同功能的細胞。

身體膜組織（Body Membrane）

上皮層與其下的結締組織層合併形成上皮膜（epithelial membrane），主要的上皮膜有皮膜、黏膜、漿膜。滑液膜是另外一種不含上皮層的膜。腦脊髓膜則是保護腦與脊髓的特有構造。

皮膜（Cutaneous Membranes）

皮膜又稱皮膚（skin），覆蓋於人體表面，包括複層鱗狀上皮及其下的結締組織，與黏膜、漿膜不同的是，皮膜本身是乾燥而防水的。詳細敘述請見第四章皮膚系統。

黏膜（Mucous Membranes）

黏膜襯於身體內部直接對外開口的通道中，如口腔、消化道、呼吸道、生殖泌尿道。黏膜的表面組織可能不同，例如：在食道是複層鱗狀上皮，在腸道則是單層柱狀上皮。

黏膜的上皮層能分泌黏液，保持管道濕潤；在呼吸道可補捉塵埃顆粒；在消化道能潤滑食物，並能分泌消化酶助食物消化、吸收。

黏膜的結締組織層稱為固有層（lamina propria），它將上皮及下層結締組織連結，使黏膜具有一些彈性。固有層能固定血管，並保護其下的肌肉避免磨損或刺傷，同時也提供上皮層的氧氣與營養，並移除廢物。

漿膜（Serous Membranes）

漿膜襯於不直接對外開口的體腔中，並覆蓋於體腔內器官。漿膜含有很薄的疏鬆結締組織，外覆一層間皮，此間皮為單層鱗狀上皮。漿膜具有雙層，貼於體腔壁的部分為壁層；覆蓋於器官表面的是臟層。襯於胸腔，包覆肺臟的漿膜是胸膜（pleura）；襯於心包腔，覆蓋心臟的漿膜是心包膜（pericardium）；襯於腹盆腔，包覆腹腔器官及部分骨盆腔器官的漿膜是腹膜，腹膜是體內最大的漿膜。

漿膜的上皮層分泌漿液，以減少腔壁和內部器官表面間的摩擦。若漿膜因外科手術

或感染受損，漿液生成可能停止，造成壁層與臟層間互相摩擦受損，受損的間皮會吸引纖維細胞，而將膜與膠原纖維網結合在一起來減少摩擦，此為黏連（adhesions），因而影響了器官的功能。

滑液膜（Synovial Membranes）

滑液膜襯於關節腔及滑液囊中，不含上皮層，但含有疏鬆結締組織、彈性纖維和脂肪。滑液膜分泌滑液，當骨骼在關節運動時可潤滑骨端，並能營養關節軟骨。

腦脊髓膜（Meninges）

腦與脊髓是軟而脆弱的器官，分別位於顱腔與脊椎管，並被腦脊髓膜及腦脊髓液所包圍，以茲保護。腦膜（cerebral meninges）包圍腦部，脊髓膜（spinal meninges）包圍脊髓，兩者相連於枕骨大孔。由內至外，腦脊髓膜分為軟膜、蜘蛛膜、硬膜三層。詳細敘述請見第七章神經系統。

自我測驗

一、問答題

1. 人體有那四種基本組織？
2. 上皮組織有那些共同特性？並將分類情形列表說明。
3. 說明各種結締組織的特徵、分布與功能。
4. 說明神經細胞與神經膠細胞的不同。
5. 說明皮膜、黏膜、漿膜、滑液膜及腦脊髓膜的分布情形及功能。

二、選擇題

（　）1. 下列何者不是人體四種組織之一？

(A) 上皮　(B) 結締　(C) 骨骼　(D) 神經

（　）2. 覆蓋於身體或組織外表，形成體腔內襯或構成腺體的是：

(A) 結締組織　(B) 上皮組織　(C) 肌肉組織　(D) 神經組織

（　）3. 關於上皮組織，下列敘述何者正確？

(A) 細胞間質較結締組織多　(B) 身體內含量最多的組織　(C) 無保護作用

(D) 構成皮膚的表皮　(E) 無分泌作用

（　）4. 下列何種組織組成肺泡及血管的內膜？

(A) 單層扁平上皮　(B) 單層立方上皮　(C) 單層柱狀上皮　(D) 複層扁平上皮

（　）5. 微血管的內皮是屬於：

(A) 單層扁平上皮　(B) 複層扁平上皮　(C) 偽複層上皮　(D) 變形上皮

（　）6. 覆有間皮的器官是：

(A) 子宮內膜　(B) 空腸漿膜　(C) 輸尿管外膜　(D) 支氣管黏膜

（　）7. 下列構造中具有杯狀細胞的是：a. 小腸　b.大腸　c.血管內皮　d.肺泡

(A) ab　(B) cd　(C) abc　(D) bcd

（　）8. 下列何者具單層柱狀上皮？

(A) 肺泡　(B) 膀胱　(C) 胃　(D) 食道

（　）9. 下列何器官之內襯細胞屬於纖毛上皮？

(A) 胃　(B) 食道　(C) 輸尿管　(D) 支氣管

（　）10.下列那種器官不具黏膜的襯裡？

(A) 口腔　(B) 鼻腔　(C) 腸腔　(D) 胸腔

（　）11.出現在易摩擦的部位之上皮組織屬於：

(A) 單層鱗狀上皮　(B) 複層鱗狀上皮　(C) 變形上皮　(D) 複層柱狀上皮

（　）12.下列對上皮組織的敘述，何者為誤？

(A) 口腔內襯之上皮為複層鱗狀上皮　(B) 肺泡之上皮為單層鱗狀上皮

(C) 小腸內襯之上皮為單層柱狀上皮　(D) 膀胱內襯之上皮為複層鱗狀上皮

（　）13.身體內含量最多，分布最廣的組織是：

(A) 神經組織　(B) 肌肉組織　(C) 結締組織　(D) 單層扁平皮膜組織

（　）14.下列何者不是結締組織？

(A) 血液　(B) 硬骨　(C) 脂肪組織　(D) 肌肉

（　）15.下列何者不是脂肪組織的功用？

(A) 保護作用　(B) 收縮作用　(C) 絕緣作用　(D) 支持作用

（　）16.肌腱、韌帶外表均呈銀白色，故屬於下列何種組織？

(A) 疏鬆結締組織　(B) 脂肪組織　(C) 緻密不規則結締組織　(D) 緻密規則結締組織

（　）17.結締組織中所含的細胞，何者能製造組織胺及肝素？

(A) 巨噬細胞　(B) 肥大細胞　(C) 成纖維細胞　(D) 網狀細胞

（　）18.肺、耳殼、支氣管、主動脈等構造中，它們共同的物質是：

(A) 彈性纖維　(B) 軟骨　(C) 複層上皮細胞　(D) 網狀細胞

（　）19.會厭軟骨屬於何種軟骨？

(A) 彈性軟骨　(B) 纖維軟骨　(C) 透明軟骨　(D) 網狀軟骨

（　）20.椎間盤是何種性質的軟骨？

(A) 透明軟骨　(B) 彈性軟骨　(C) 纖維軟骨　(D) 透明及纖維軟骨

（　）21.下列各膜中具有固有層的是：

(A) 黏膜　(B) 腹膜　(C) 心包膜　(D) 滑液膜

（　）22.具有杯狀細胞的膜是：

(A) 黏膜　(B) 漿膜　(C) 滑膜　(D) 鞘膜

（　）23.體腔內襯有漿液性薄膜者是下列何處？

(A) 顱腔　(B) 腹腔　(C) 口腔與食道　(D) 心房與心室

（　）24.下列何者具有滑膜的構造？

(A) 鼻腔、口腔　(B) 咽、喉　(C) 腱鞘、關節囊　(D) 胸腔、腹腔

（　）25.下列何者不具上皮組織的構造？

(A) 黏膜　(B) 皮膚膜　(C) 漿膜　(D) 滑液膜

解答：

1.(C)　　2.(B)　　3.(D)　　4.(A)　　5.(A)　　6.(B)　　7.(A)　　8.(C)　　9.(D)　　10.(D)

11.(B)　　12.(D)　　13.(C)　　14.(D)　　15.(B)　　16.(D)　　17.(B)　　18.(A)　　19.(A)　　20.(C)

21.(A)　　22.(A)　　23.(B)　　24.(C)　　25.(D)

第四章　皮膚系統

本章大綱

　　皮膚系統是由皮膚及其衍生的附屬構造（毛髮、指甲、各種多細胞腺體）所組成。皮膚是人體最大的器官，表面積約為2平方公尺，也是人體直接由肉眼可觀察到的器官。皮膚覆於體表，構造複雜，在身體不同部位厚度各異，如眼瞼少於0.5mm；上背部中間部分則超過5mm。它能執行數種維持生命所必須的功能。

功能（Functions）

保護（Protection）

1. 皮膚覆蓋體表，對外形成天然屏障，可以隔絕外界的灰塵、粒子、光、熱及雜質，而且皮脂腺分泌的皮脂有抗細菌、抗黴菌的功能，能阻止一部分的微生物生長；同時，皮脂也能維持皮膚的酸鹼度，抑制部分致病菌的生長。
2. 皮膚含黑色素，可保護皮下細胞，避免被紫外線傷害。
3. 雖然皮膚外層的角蛋白可防水，但它的多孔易使某些化學物質，如金屬鎳、汞、殺蟲劑、除草劑、有毒長春藤及橡樹內的漆酚等皮膚刺激物，經皮膚吸入血流。此時可藉由汗腺的汗水由導管末端開口至皮膚表面微孔排出。

調節體溫（Thermoregulation）

　　在正常情況下，皮膚可調節體內熱量的產生與喪失，以維持人體體溫的恆定。體溫過高時，汗腺分泌汗液，並調節到皮膚的血流量，以助降低體溫；天冷時，微血管收縮，減少體熱喪失。

感覺（Sensation）

　　皮膚含有無數的感覺接受器及神經末梢，能接受碰觸、壓力、溫度及痛的刺激，並將其傳至相關的神經結構，以產生感覺的認知及適當的反應。例如：碰到過冷、過熱、尖銳的東西，身體會自然迴避。

分泌及排泄（Secretion）

　　皮脂腺分泌皮脂，汗腺分泌汗液，經由排汗排除代謝廢物、水分及鹽類。例如每小時約有1公克的廢物氮可經由皮膚排出。

維生素D的合成（Vitamin D Production）

　　皮膚內含有維生素D的先質去氫膽脂醇（dehydrocholesteral），經陽光中的紫外線照

射後，轉變成不具活性的維生素D₃，再經由肝及腎臟，才轉變成能被人體利用具有活性的維生素D來助腸道吸收鈣質。因此，體內合成具有生物功能的維生素D，需經由皮膚、肝臟、腎臟共同作用。

儲存血液

皮膚密佈血管，含大量血液。當體內其他器官需要較多的血液供應時，皮膚血管會收縮，增加其所需的血液。

構造（Structure）

表皮是由角質化複層鱗狀上皮組成，真皮則是較厚的結締組織組成。皮膚主要是由表皮及真皮組成（圖4-1）。皮膚底下是皮下組織，稱為皮下層或淺層筋膜，由疏鬆結締組織及脂肪組織所組成，它連接皮膚及底下的深層肌膜。

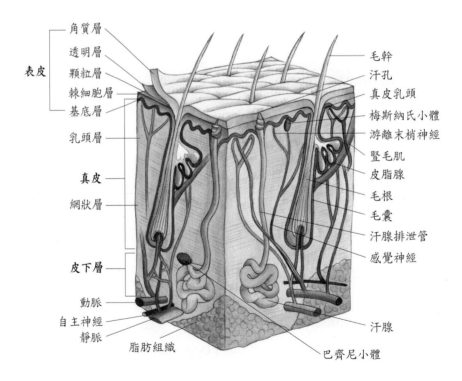

圖4-1 皮膚與皮下層的構造

表皮（Epidermis）

　　表皮沒有血管分布，但有神經到達。表皮具有角質細胞（keratinocyte），可產生防水及保護功能的角蛋白；有來自骨髓具免疫功能的蘭氏細胞（Langerhans'cell）；也含有可產生黑色素決定膚色的黑色素細胞（melanocyte）；也具有Merkel's細胞與神經末梢形成碰觸式接受器。表皮依位置的不同，組成的細胞層數亦不同，通常在磨擦劇烈的部位，如手掌及腳掌，即含五種細胞層，其他部位則缺乏透明層，只有四種細胞層。表皮的五種細胞層，如圖4-2，由深層至表層依序說明如下：

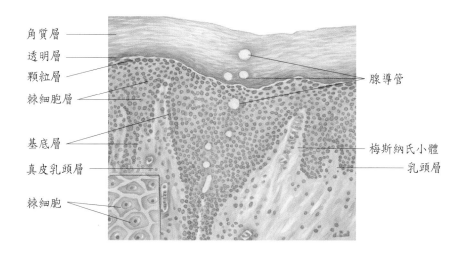

圖4-2　表皮細胞層

基底層（Stratum basele）

　　基底層是表皮的最底層，細胞附著於基底膜（basement membrane）上，下接真皮，是表皮中唯一具有分裂能力的細胞，並可直接攝取微血管內的養分，補充細胞分裂複製之所需。分裂增生的細胞會往上推擠，變成其他細胞層，因漸離開血液供應而退化死亡，最後由表層脫落。此層含有黑色素細胞及Merkel's細胞。

　　基底層深入真皮層中會形成表皮嵴（epidermal ridges），可增加表皮與真皮的接觸面積，方便養分的運送。此皮膚嵴在手掌及腳掌處形成指紋，可增加握物時的摩擦力，增加抓物的能力和皮膚的敏感度。每個人的指紋是獨一無二且終生不變的。

棘細胞層（Stratum Spinosum）

　　此層含有8～10層緊密連接的多邊形細胞。此層細胞稍具分裂能力，與基底層合稱為生發層（stratum germinativum）。此層間含蘭氏細胞，可吞噬病毒、細菌。

顆粒層（Stratum Granulosum）

老化的細胞繼續被推送到顆粒層裡，此時細胞質內充滿角質透明顆粒，此透明顆粒與角蛋白的形成有關，故表皮的角質化即由此層開始，細胞也因角質化而死亡。

透明層（Stratum Lucidum）

透明層只見於手掌與腳掌的厚皮膚。此層含有幾層清晰、扁平的死細胞，內有透明的油粒蛋白滴（eleidin），此油粒蛋白滴是由角質透明質而來，最後變成角蛋白。

角質層（Stratum Corneum）

角質層是表皮的最上層，由25～30層完全角質化的死細胞所構成。這些緊密相連的死細胞，是抗光與熱、細菌及許多化學物的有效屏障，並可限制體內水分的喪失。在角質化的過程中，細胞自基底層形成，升到表面角質化，然後脫落，所需時間約2～4週。所以皮膚表面持續更新的四個過程是：細胞再生、分化（角質化）、細胞死亡、剝落。

眞皮（Dermis）

真皮位於表皮下方，由含有膠原纖維及彈性纖維的緻密結締組織所組成。手掌與腳掌的真皮很厚，但全身最厚的地方是背部，厚度有5mm，其次是大腿及腹部，而眼瞼、陰莖、陰囊處的真皮就很薄。在真皮的纖維間有血管、淋巴管、毛囊、皮脂腺、汗腺、神經末梢及觸覺小體。

乳頭層（Papillary Layer）

乳頭層在真皮的上五分之一處，由含有彈性纖維的疏鬆結締組織所組成。含有觸覺小體，即梅斯納氏（Meissner）小體，對觸覺敏感。

網狀層（Reticular Layer）

網狀層位於真皮的下五分之四處，由緻密不規則結締組織組成，其內含有互相交織的膠原纖維束及粗的彈性纖維形成強韌的彈性網狀，提供了皮膚強度、伸展性與彈性。如果年齡增加、荷爾蒙減少和紫外線破壞下，使真皮內的彈力素量減少，因此皮膚會鬆弛且產生皺紋。網狀層的厚度會影響皮膚的厚度。市面上製造的動物皮革，即是使用動物皮膚的網狀層，所以很堅韌。

網狀層的膠原纖維束會讓上方乳頭層的纖維束滲入，所以兩層間無明顯界限，同時網狀層的膠原纖維也延伸到下面的皮下層，把真皮牢固地附著於身體其他部分。在生殖部、乳頭區域及毛囊底部的網狀層最深的地方含有平滑肌纖維。

雖然真皮具有彈性及高度的回復性，但伸展也有其極限，例如：懷孕時，膠原纖維及彈性纖維可能被撕裂而形成妊娠紋。

臨床指引：

真皮含有血管可供應皮膚。

長期維持固定姿勢的臥床病人，因壓力導致真皮及組織缺乏血液循環，而引起褥瘡（bedsores）的形成。通常褥瘡是由深層表皮組織開始，進而形成一個圓椎形的潰瘍，且常位於骨骼較突出的部位，如薦骨、股關節、腳跟等。

治療需以外科手術將壞死組織切除，或將凸起骨頭切除以避免再發。由於褥瘡復發率可高達95%，所以切除壓力、控制感染及傷口照護能有效降低褥瘡復發而使傷口成功癒合。

皮下層（Subcutaneous）

皮下層位於真皮的下方，由疏鬆結締組織及脂肪組織所組成，真皮的網狀層即藉皮下層與其下之器官，例如骨骼或肌肉相接觸。皮下層含脂肪、蜂窩組織、血管、神經組織，也含有對壓力敏感的巴齊尼（Pacinian）小體。

皮下層的脂肪細胞構成體脂肪，可避免體溫的流失，也能儲存能量和吸收外界環境對身體產生的過度震動。在人體的成長過程中，男性的皮下脂肪分布偏向於頸部、上肢、沿著下背部直至臀部，而女性則偏向於胸部、臀部和大腿。

皮下層本身並無器官分布，血管量少，很適合皮下用藥的注射。

膚色（Skin Color）

控制膚色的因素有三：

1. 表皮的黑色素：黑色素細胞所製造的黑色素量及分布情形而產生不同膚色，黑人皮膚的黑色素含量高。黑色素是由基底層的正下方或其細胞間之黑色素細胞所合成。黑色素細胞在酪氨酸酶（throsinase）存在下，可將酪氨酸合成黑色素。若暴露在紫外線輻射下，會增加黑色素細胞的酪氨酸酶活力，導致黑色素量增加。同時腦下垂體前葉所產生的黑色素細胞刺激素（MSH）會促進黑色素的合成，並分布至整個表皮。

   ⑴白化症（albinism）：是在缺乏酪氨酸酶的情況下，使酪氨酸無法轉變成黑色素，導致其毛髮、皮膚變白。

   ⑵白斑（vitiligo）：皮膚區域的一部分或全部喪失黑色素細胞，所產生的白色斑塊。

   ⑶雀斑（freckles）：由於日曬使黑色素在某區形成的斑塊。

2. 真皮內的胡蘿蔔素：真皮內的胡蘿蔔素與表皮的黑色素組合成黃種人的膚色。

3. 真皮乳頭層的微血管血液構成白種人的粉紅色膚色

臨床指引：

　　和陽光中紫外線有關的皮膚病：

1. 曬傷

　　曬傷是因過度的日光照射所引起，輕微的曬傷呈現紅腫疼痛，嚴重的曬傷則會起水泡，一星期後紅腫消退，開始脫皮，之後可能會有黑色素沈著。要預防曬傷的方法，除了儘量避免在紫外光最強的上午十點到下午兩點之間出門，也要作好完善的防曬工作。

2. 黑斑

　　紫外光和皮膚變黑及臉上肝斑、雀斑的關係密不可分。雀斑是臉上常見界限明顯的棕色小點，日曬後顏色會變深；肝斑則是在女性兩頰、額頭、及下巴常見的棕黑色斑塊，因為顏色有點像煮熟的豬肝，又稱為「肝斑」，和肝功能好不好並沒有直接關係。要預防及治療黑斑的前提，還是作好完善的防曬，並在皮膚科醫師診斷後，使用退斑藥膏、美白保養品，及接受脈衝光或雷射的治療。

3. 如何作好防曬工作

　　防曬其實很簡單，最重要的就是選用適當的防曬用品，目前全世界的皮膚科醫師都在推展廣效型防曬的觀念，也就是同時防護紫外線A光及B光，要具有如此能力的防曬乳液，SPF一定要大於15，此外游泳戲水時也要注意防曬乳液是否具防水性，正確的塗抹方式及適時的補充也很重要，防曬乳液要在每天出門前15～30分前使用，每兩小時或流汗碰水時要隨時補充，另外大家也要準備適當的防曬衣物、帽子、口罩、洋傘。

灼傷（Burn）

　　當體表受到熱、電、輻射線或化學物質的傷害，細胞蛋白質受破壞，造成細胞受傷或死亡的情形，稱為灼傷或燒傷。皮膚在40℃以上的溫度，就會造成細胞及組織上的破壞，受傷害的程度會隨著接觸熱源的時間與溫度之高低呈正比。

　　皮膚是身體最大的器官，有防止感染、調節體溫、保持體液、分泌排泄、感覺、產生維生素D及確立自我心像的功能，所以灼傷不但直接對皮膚造成傷害，也對身心產生影響。

灼傷深度與級數

灼傷的傷口由於深度的不同，可分成四級。

一級灼傷（First-degree Burn）

通常只損及表皮或極淺之真皮，無皮膚破損、無水泡，只有局部紅腫熱痛的現象。例如曬傷就是最常見的一級灼傷，在沒有感染的情形下，約3～7天可自行痊癒。

二級灼傷（Second-degree Burn）

是指傷及表皮及不同程度的真皮層，例如：被熱水燙到。又細分為：淺二級及深二級。

1. 淺二級灼傷：傷及表皮及大於1/3以上之真皮，有水泡產生，有血清分泌物，傷口潮濕，極其疼痛，若未感染，約7～14天會自行癒合。通常不會出現增生的疤痕，不太會影響肢體的功能。

2. 深二級灼傷：傷及全部的表皮及真皮層，但汗腺及毛囊仍完整，皮膚呈暗紅色，無微血管反應，或呈灰白色，有水泡、局部水腫，疼痛感較差，約需21～28天才會痊癒，且有疤痕產生。但若感染，則變為三及傷口，癒合情況會更差。

三級灼傷（Third-degree Burn）

是指表皮、真皮及皮下組織皆受損，皮膚顯現乾硬灰白或焦褐碳化，無水泡、無彈性、傷口不痛，除非傷口四周有二級灼傷傷口的牽扯，才會有痛的感覺。最常見的原因是火燄燒傷，這類傷口不會自行癒合，需做擴創術或皮膚移植來修補或關閉傷口。

四級灼傷（Fourth-degree Burn）

是指燒傷的範圍擴及全身皮膚、皮下組織及肌肉骨骼，傷口不會自行癒合，必須經由多次手術來處理傷口，日後常有肢體畸形及功能缺損的問題。一般而言，深二級以上的傷口都會留下疤痕。

灼傷注意事項

體液的喪失（Fluid Loss）

灼傷患者因皮膚的喪失，會造成體液及電解質的外漏，其體液失去的速率是正常程度的五倍。再加上灼傷後6～8小時微血管通透性的增加，造成體液分布的障礙，使血管中的血漿移至組織間，因此有效循環量減少，而造成血比容降低及組織水腫。

體溫喪失（Heat Loss）

當灼傷患者喪失大面積皮膚時，體液流失的增加，表示蒸發冷卻作用也增加，身體必須消耗更多的能量才能保持體溫在可被接受的範圍內。故遇灼傷患者時，應適時給予患者主動回溫的措施。

細菌感染（Bacterial Infection）

潮濕的表皮表面本來就會增進細菌生長，再加上灼傷處的血流較慢，營養供應不良，且又有很多的血塊及焦痂，而血流無法穿透焦痂，使白血球、抗體、甚至抗生素都無法到達焦痂的部位，所以細菌感染是最常見的合併症。最常見的感染菌種是鏈球菌，其他如金黃色葡萄球菌、綠膿桿菌、大腸桿菌等也常見。因此灼傷患者一定要預防敗血症的出現。

移除受損組織（Removal of Damaged Tissue）

灼傷後首要處理的是讓患者盡快遠離灼傷源，以免造成更大的傷害，例如：立即將著火或含有化學物質的衣服除去，被灼傷處或接近灼傷處的手錶、戒指或飾物皆應移除。並利用微溫流動清潔的水持續沖洗傷口，不要用很冷或很冰的水長時間沖洗傷口，以防體溫過低。若灼傷處有類似焦油或柏油黏附，不要急著移除，應先評估傷口，至醫院後再做處理。

九分定律（Rule of Nine）

嚴重灼傷的治療需快速補充流失的體液，而流失的體液量可間接以九分定律計算出來，九分定律是將體表劃分成幾個區域，每一區域的大小佔整個體表的百分比為九的倍數。圖4-3。

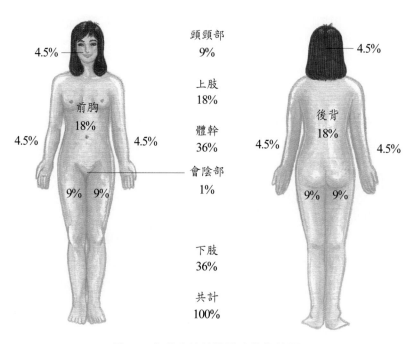

圖4-3　九分定律估算體表灼傷範圍

傷口癒合（Wound Healing）

傷口癒合的過程牽涉到表皮、真皮及皮下組織的功能和特性，通常癒合可分成炎症反應期、增生期及變異期三步驟。炎症反應期主要是清除傷口上的碎屑及異物；增生期主要是在重建破損的皮膚；變異期是將不成熟的疤痕組織轉變成成熟的疤痕。三期間並沒有明顯界限且互相重疊，但會依一定的發生順序。現分述如下：

炎症反應期（Inflammatory Phase）

炎症反應期是癒合過程中的第一步，它會產生紅、腫、熱、痛等現象，來刺激癒合過程。此時灼傷處的血管會收縮，並釋出腎上腺素；同時血小板會分泌血清胺（serotonin），除使血管收縮外，尚能形成血小板栓子，以防繼續出血。急性的炎症反應期大約24～48小時，若要完全完成炎症反應期則需2週時間。

增生期（Proliferative Phase）

通常於受傷後48小時後開始增生期，這時血管新生作用（angiogensis）、皮膚上皮化（epithelialization）及傷口收縮（wound contraction）。由於有新血管、新表皮的產生，又稱為新生期（regenerative phase），此時傷處會有癢的感覺；由於有纖維母細胞變為纖維細胞時產生的膠原使傷口往中間拉攏，故又稱為纖維增生期（fibroplastic phase）。炎症反應期越長，纖維母細胞越多，疤痕越明顯。

變異期（Differentiation Phase）

通常發生於受傷後第21天，此期有疤痕形成。成熟的疤痕是顏色較淺、較平、質地較軟、且不會痛。整個癒合過程見圖4-4。

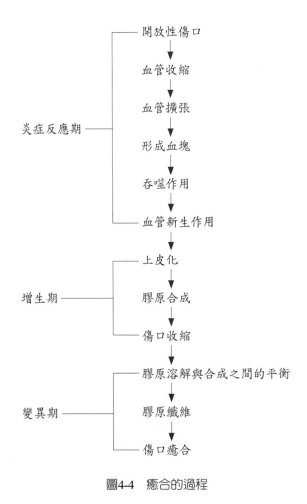

圖4-4　癒合的過程

皮膚的發育（DevelopmentalofSkin）

皮膚的表皮源自於表面外胚層（上皮組織），而真皮源自於中胚層的間葉（結締組織）。在懷孕後七週，表面外胚層的細胞形成單層鱗狀上皮的表面層，稱為胎皮（periderm）。胎皮細胞歷經角質化，然後開始脫落，由來自基底層的細胞更新，基底層稍後形成生發層。約11週時，在真皮內的間葉細胞開始產生膠原纖維及彈性纖維，這些纖維向上移行形成真皮乳頭，突出進入表皮，至第四個月時，表皮不同的五層即可被辨別出來。

黑色素細胞由黑色素母細胞形成，並向上移行至真皮與表皮的接合處，在出生前即開始生產黑色素。胎皮細胞繼續更換至21週後消失。出生時，皮膚各層皆已成熟。

皮膚的附屬構造（Accessory Structures）

　　表皮衍生出毛髮、指甲及腺體等附屬構造，它們各具功能，例如：毛髮及指甲可保護身體，汗腺可幫助調解體溫。

毛髮（Hair）

　　除了在足側和足底部，手指和足趾、手指旁側，口唇和部分外生殖器官上方外，毛髮幾乎在身體任何地方的皮膚上突出。通常頭髮可保護頭皮避免日光曬傷及承受頭部打擊；睫毛與眉毛可防止異物進入眼睛；在鼻孔和外耳道的毛可阻止昆蟲或灰塵進入。

　　每一根毛髮皆是由露出體表的毛幹和埋於皮膚內的毛根所組成（圖4-5）。毛幹由外至內包括外皮、皮質、髓質三部分，外皮是由單層角質化的鱗狀細胞所構成，可被游泳池水中的氯軟化、分解，若長時間在水中，因氯的累積而造成損傷；皮質構成毛幹主體，由含有色素顆粒的長形細胞組成；髓質位於毛幹的中心，由多數有油粒蛋白的多邊形細胞及含空氣的空隙所組成。髮色則與毛髮皮質內黑色素顆粒的多寡來決定，當色素生成隨年齡減少，髓質充滿空氣時，髮色就變為灰色，白髮則是不含任何色素顆粒，而色澤是由髮細胞間停留空氣的反光所致。毛根構造與毛幹相同，由外皮、皮質、髓質三部分組成，只是有毛囊包裹，毛囊是由內根鞘、外根鞘及結締組織鞘所組成，內根鞘是由基質的增殖細胞形成；外根鞘則是由表皮的基底層與棘狀層向下延伸而成，內、外根鞘形成毛囊壁。

　　毛囊基部有含基質（matrix）的毛球，可進行分裂製造新毛髮。毛囊底部凹槽處是含有許多微血管和神經的小結締組織毛乳頭（hair papilla），它伸入毛球，可供毛髮生長。毛囊外繞有感覺神經末梢，稱為毛根叢，所以毛幹一動即會有感覺。毛囊開口的形狀決定了毛髮長出是直的、波浪狀或捲毛的，橫切面呈圓形開口的毛囊產生直髮；卵圓形開口的毛囊產生波浪髮；螺旋狀開口的毛囊則產生捲髮。

　　豎毛肌（arrector pili）是平滑肌，與毛囊相連，受交感神經支配。人在受到恐懼、寒冷、情緒波動時，豎毛肌收縮會使毛髮呈垂直，並壓迫皮脂腺擠出皮脂分泌物，使皮膚表面出現乳頭狀突起稱雞皮疙瘩（goose flesh）。

　　胎兒在第三個月時，表皮開始向下伸入真皮，此時毛髮開始發育，向下生長形成毛囊，至第五個月時全身胎毛出現，第五個月末，可以明顯看到眉毛、頭髮。出生前胎毛脫落，出生後五至六個月大的嬰兒全身出現細緻的柔毛，至青春期柔毛被終毛取代，出生後毛髮雖經更換，但並無新毛囊發育。

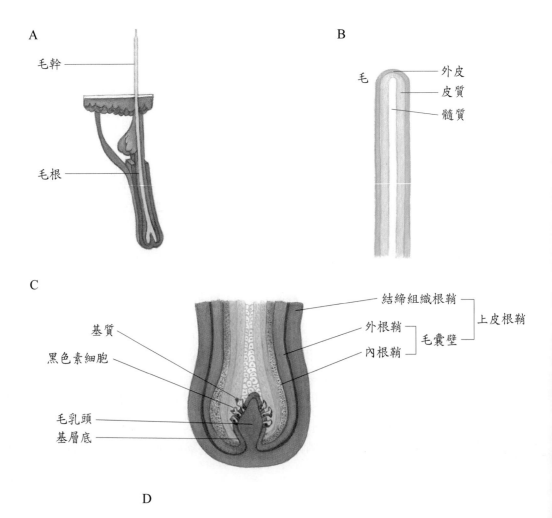

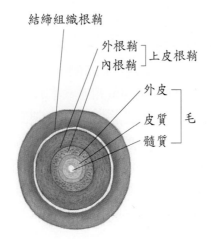

圖4-5　毛髮與毛囊的構造

指甲（Nail）

硬的角質化細胞稱為指甲，覆蓋在手指和腳趾末端的背側面。如圖4-6，指甲體覆蓋於指甲床上，指甲生成是在指甲根處稱為指甲基質的上皮，通常手指甲長的比腳趾甲快。指甲外側緣延伸到指甲上的一條狹窄表皮，稱為甲床表皮，甲床表皮前的白色半月狀區，稱為指甲弧（lunula）。未覆蓋於指甲床上的指甲為游離緣。指甲是透明的，顏色由下面的血管組織所呈現，指甲弧會呈微白色是因基底層較厚，使微血管血色無法顯現。

指甲可助抓握東西，並能操縱小物品，及防指尖受傷。

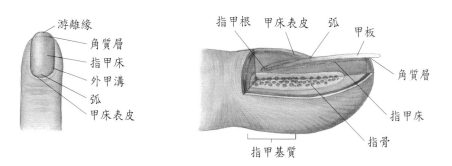

圖4-6　指甲構造

腺體（Glands）

皮脂腺（Sebaceous Glands）

位於乳頭、口唇、陰莖龜頭、小陰唇、眼瞼的瞼板腺之皮脂腺，未連接毛囊，直接開口於皮膚表面；其餘的皮脂腺接於毛囊，腺體的分泌部分位於真皮，開口於毛囊頸部（圖4-1）。但手掌和腳掌缺乏皮脂腺。

皮脂腺分泌的油狀物稱為皮脂（sebum），它可防止毛髮變的乾燥脆弱，並能形成保護膜防止水分過度由皮膚蒸發，保持皮膚柔軟及抑制某些細菌生長。當臉部皮脂腺管道受阻皮脂堆積後，即發生粉刺（comedos），其顏色是由黑色素與油脂氧化造成，若被細菌感染就會形成膿皰或瘡子。

洗澡時，因為手掌和腳掌沒有皮脂線，缺乏皮脂，表皮易吸收水分，真皮並不會膨大，所以手指、腳趾暫起皺紋，等離開了浴缸，表皮過量的水分開始蒸發，即恢復正常。

汗腺（Sweat Glands）

依構造與位置的不同，可將汗腺分為兩類，其比較如下：

種類	腺體特徵	分布位置	分泌部位	排泄管開口	分泌物
頂漿汗腺（大汗腺）	單式分枝管狀	腋窩、恥骨部、乳暈	真皮與皮下層	毛囊	濃稠
排泄汗腺（小汗腺）	單式螺旋管狀	手掌、腳掌最多	皮下層	皮膚表面	稀薄

汗腺位於真皮層，所分泌的汗液，不但可排除廢物，還能幫助維持體溫。

乳腺是屬於頂漿分泌型的腺體，腺細胞在分泌時會失去一部分的細胞質，這些細胞質會隨著分泌物被排出，是頂漿（泌離）汗腺的變形特化腺體。

耵聹腺（Ceruminous Glands）

耵聹腺是外耳道皮膚頂漿汗腺的變形，屬於單式螺旋管狀腺體，其分泌部位於皮脂腺深部的皮下層，排泄管直接開口於外耳道表面或進入皮脂腺導管。耵聹腺與皮脂腺之混合分泌物稱為耳垢（cerumen），可防止外物進入。

自我測驗

一、問答題

1. 請說明皮膚的主要功能。
2. 比較表皮與真皮的構造。
3. 比較皮脂腺與汗腺在構造上的差異。
4. 皮膚如何調節體溫？
5. 請比較兩種汗腺的差異。

二、選擇題

（　）1. 人體最大的器官是：

(A) 皮膚　(B) 肝臟　(C) 胰臟　(D) 骨骼

（　）2. 下列那一項沒有血管的分布？

(A) 表皮　(B) 真皮　(C) 三角肌　(D) 硬骨　(E) 視網膜

（　）3. 下列對皮膚的敘述何者正確？

(A) 皮下層是由蜂窩組織及脂肪組織所構成　(B) 顆粒層只見於手掌和腳底的表皮　(C) 透明層位於表皮生發層的底下　(D) 真皮層中的網狀區佔了整個真皮層的

（　）4. 表皮的構造由深層至最表面，依序為下列何項？a.角質層　b.棘狀層　c.基底層　d.顆粒層　e.透明層

(A) adecb　(B) eabdc　(C) cbdea　(D) bdcae

（　）5. 在表皮各層中，可進行細胞分裂者是：

(A) 基底層　(B) 顆粒層　(C) 透明層　(D) 角質層

（　）6. 手掌或腳掌比其他部位的表皮多了一層：

(A) 基底層　(B) 棘狀層　(C) 透明層　(D) 角質層

（　）7. 在表皮層中具有抗光、熱、細菌及限制體內水分喪失的是：

(A) 基底層　(B) 棘狀層　(C) 透明層　(D) 角質層

（　）8. 下列各部分的皮膚，何處最厚？

(A) 眼瞼　(B) 手掌　(C) 陰莖　(D) 陰囊

（　）9. 下列何者不是真皮內的構造？

(A) 梅氏小體　(B) 毛囊　(C) 汗腺　(D) 角質細胞

（　）10.位於真皮乳頭下面的梅斯納氏小體主司何種功能？

(A) 痛覺　(B) 觸覺　(C) 壓覺　(D) 溫覺

（　）11.皮膚的膠質纖維和彈性纖維主要位於下列何處？

(A) 基底層　(B) 棘狀層　(C) 乳頭層　(D) 網狀層　(E) 皮下層

（　）12.有一患者因臉面、胸腹部、左上肢灼傷入院，請問其受傷的體表面積有多少？

(A) 36%　(B) 31.5%　(C) 27%　(D) 22.5%

（　）13.位於毛球能製造新毛髮的是：

(A) 毛乳頭　(B) 毛囊　(C) 基質　(D) 外根鞘

（　）14.有關汗腺的正確敘述是：

(A) 汗腺是真皮的衍生物　(B) 黑頭粉刺是外泌腺的排泄管阻塞所致　(C) 體臭主要是外泌腺的分泌物造成　(D) 汗腺是捲曲的單一管狀腺體

（　）15.外耳道有一種類似汗腺的腺體，稱為：

(A) 耳液腺　(B) 骨膜腺　(C) 耵聹腺　(D) 外耳腺

（　）16.有關指甲的敘述，下列何者為非？

(A) 指甲有保護的作用　(B) 指甲呈粉紅色是因甲床上微血管的顏色　(C) 指甲弧負責指甲的生長　(D) 指甲由數層扁平、退化的細胞所組成

（　）17.維持正常體溫的產熱機轉是：

(A) 血管擴張　(B) 骨骼肌收縮　(C) 副交感神經興奮　(D) 促進小腸吸收脂肪

解答：

1.(A)　2.(A)　3.(A)　4.(C)　5.(A)　6.(C)　7.(D)　8.(B)　9.(D)　10.(B)

11.(D)　12.(B)　13.(C)　14.(D)　15.(C)　16.(C)　17.(B)

第五章　骨骼及關節系統

本章大綱

人體的骨骼是由骨頭藉著關節相互連接而成，並與肌肉配合來產生運動。骨骼系統由206塊骨骼及關節，加上軟骨及關節韌帶所組成的。

骨骼的功能（Functions of Skeleton）

1. 支持：構成全身的支架和外形，並提供肌肉的附著，使身體能維持姿勢。
2. 運動：肌肉附著於骨骼上，當肌肉收縮時，骨骼當作槓桿以產生有效的動作。
3. 保護：骨骼保護內在器官。例如：大腦受顱骨保護；脊髓受脊椎骨保護；心、肺受胸廓保護；內生殖器受骨盆保護。
4. 造血：骨骼內含有紅骨髓，可製造紅血球、血小板及部分白血球。
5. 儲存：骨骼儲存許多鹽類，主要為磷酸鈣；骨髓腔儲存脂質。

骨骼的構造（Structures of Skeleton）

長骨（Long Bone）

長骨是指長度比寬度大，多指四肢骨骼，例如肱骨、脛骨、股骨、指骨、趾骨等，其構造如下（圖5-1）：
1. 骨幹：是長骨的主要部分，由緻密骨組成。
2. 骨骺：在長骨的兩端，其外為薄的緻密骨，中間為疏鬆的海綿骨。
3. 骨骺線：於未成年時，在骨幹與骨骺間有稱為骨骺板的透明軟骨，能助骨骼生長，至成人時即骨化成骨骺線而停止生長。在生長過程中，生長激素會刺激骨骼生長，但動情素（estrogen）會加速骨骺板變成骨骺線。
4. 關節軟骨：於關節處覆蓋於骨端的透明軟骨即為關節軟骨，此處沒有骨外膜。
5. 骨外膜：是覆蓋於關節軟骨以外之骨骼表面的緻密白纖維，外層為纖維層，含血管、淋巴管及神經的結締組織；內層為生骨層，含血管、造骨細胞及蝕骨細胞，對骨骼的營養、生長、修復很重要。骨外膜有成束的膠原纖維，即夏氏纖維（Sharpey's fiber），將骨外膜延伸至骨基質內。骨外膜也是肌腱、韌帶附著的地方。
6. 骨髓腔：位於骨幹中，在成年人，其內含有脂肪是為黃骨髓。在骨骺的海綿骨空腔內則含有紅骨髓，有造血功能。
7. 骨內膜：含有一層造骨細胞襯於骨髓腔，其中有散落的蝕骨細胞。造骨細胞可使斷骨面形成新骨，也能使骨骼的橫徑增加；蝕骨細胞則負責骨骼基質鈣化的溶

解，以利骨骼重塑。所以人在年輕時，造骨細胞多於蝕骨細胞；成年時，兩者相等；等到老年時，造骨細胞就比蝕骨細胞少，因此容易骨質疏鬆、骨折。

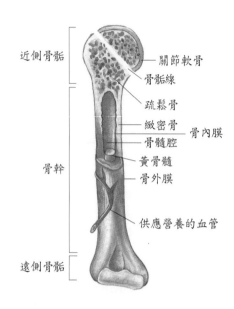

近側骨骺
  關節軟骨
  骨骺線
  疏鬆骨
  緻密骨——骨內膜
  骨髓腔
  黃骨髓
  骨外膜
骨幹
  供應營養的血管
遠側骨骺

圖5-1　長骨（肱骨）的構造

扁平骨

例如：頭蓋骨、胸骨、肋骨、肩胛骨皆為扁平骨，是由兩層緻密骨板夾著中間稱為板障的海綿骨（圖5-2），骨表面覆蓋有骨外膜，其內的空腔亦襯有骨內膜。海綿骨的空腔中含有造血功能的紅骨髓。

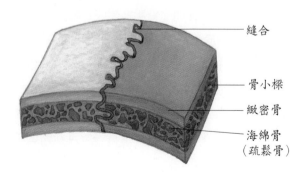

縫合
骨小樑
緻密骨
海綿骨
（疏鬆骨）

圖5-2　扁平骨的構造見

緻密骨（Compact Bone）

　　緻密骨相當密實，在骨幹位置比骨骺厚，有支持保護的作用，並能幫助長骨抵抗加諸於上的壓力。當骨頭中鈣鹽或膠原纖維含量減少時，骨頭變的較易彎曲，對抗外界壓縮和張力的能力即會降低。

　　緻密骨的構造單位是哈維氏系統（Haversian system）或稱骨元（osteon）。如圖5-3。每一個哈氏系統的中央含有一條與骨骼長軸平行的哈維氏管，又稱中央管，被排列成同心圓的硬骨板所環繞，骨板間的小空隙是骨隙（lacunae），內含成熟的骨細胞。骨隙間有骨小管（canaliculi）相通，內含骨細胞突起，使骨元內的骨細胞得以相連通往中央管內的血管，使能穫得營養物質及排除所產生的廢物。

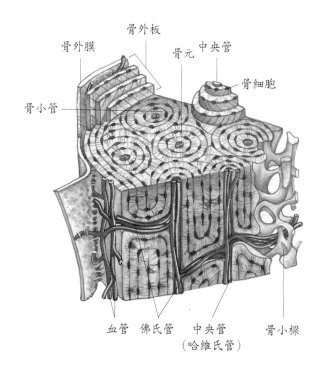

圖5-3　緻密骨的構造見

　　佛氏管（Volkman's canal），為橫走管腔與骨骼長軸垂直，使分布至骨外膜的血管及神經通到中央管及骨髓腔。所以血液供應骨細胞營養的順序是：骨外膜→佛氏管→中央管→骨小管→骨隙→骨細胞。

　　骨元間的不完整骨板，為間質骨板，是硬骨重塑時，舊骨元被破壞所留下的片斷。而沿著骨幹外圍排列的是周邊骨板。

海綿骨（Spongy Bone）

　　海綿骨（疏鬆骨）不含哈維氏系統，是由骨小樑（trabeculae）的不規則骨片所構成的網狀結構。見圖5-2。骨小樑是沿著最大壓力線形成，以最小的重量提供最大的強度。骨小樑具有骨隙、骨細胞、骨小管，血管由骨外膜穿入至海綿骨內，骨細胞直接由髓腔中循環的血液穫得營養。海綿骨在骨小樑的空間中充滿了有造血功能的紅骨髓。它構成了短骨、扁平骨、不規則骨及大部分長骨骨骺的骨組織。

骨骼的發育（Development of Bone）

　　骨骼在受精成胚胎後第六週內開始持續成長，此時骨骼完全由纖維膜及透明軟骨所構成；再過六週骨骼即由膜內骨化及軟骨內骨化形成。兩種方式所產生的骨骼並沒有構造上的差異，只是形成的方法不同而已。骨骼的發育持續生長到青春期，有些成年人甚至生長到25歲為止，成年以後，骨化目的在於重塑（remodeling）或修補（骨折癒合）。如圖5-4紅色區域是10週大胎兒膜內骨化的位置，藍色區域是軟骨內骨化的位置。

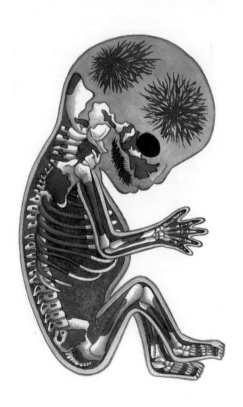

圖5-4　10週大胎兒的骨化情形

膜內骨化（Intramembranous Ossification）

膜內骨化是骨骼在纖維膜形成，比較單純直接。此纖維膜是胚胎結締組織，

也是間葉組織發育而成。例如：頭顱中的扁平骨、鎖骨即是經由此方式形成。膜內骨化的過程如圖5-5。

間質細胞分化而來的造骨細胞聚集於纖維膜內，形成骨化中心。再加上鈣鹽的堆積，造骨細胞形成骨小樑。隨著骨骼的繼續鈣化使造骨細胞喪失造骨能力，變成骨細胞。空隙充滿血管及骨髓，並重塑成緻密骨。

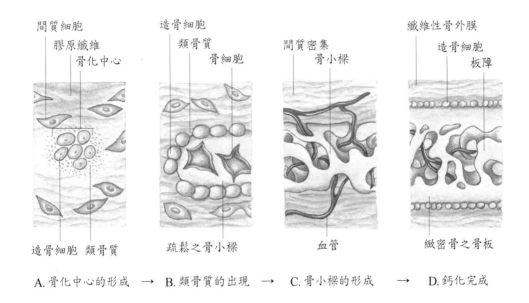

A. 骨化中心的形成　→　B. 類骨質的出現　→　C. 骨小樑的形成　→　D. 鈣化完成

圖5-5　膜內骨化過程見

軟骨內骨化（Endochondral Ossification）

人體內大多數骨骼是在透明軟骨內形成，整個骨化過程以長骨為例，如圖5-6。

1. 骨環形成：在胚胎早期，外面覆有軟骨外膜的透明軟骨模子，當血管穿過骨外膜刺激內層的軟骨母細胞變成造骨細胞，這些造骨細胞圍繞軟骨模子骨幹處形成一圈緻密骨，此即為骨環的形成。

2. 骨幹形成空腔：在骨環形成的同時，軟骨骨幹的中心形成初級骨化中心，此中心使軟骨基質鈣化，由於無血管供應營養，使細胞間質退化形成空腔。

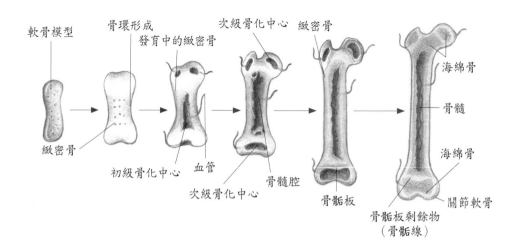

軟骨模型

緻密骨

骨環形成

發育中的緻密骨

初級骨化中心

血管

次級骨化中心

次級骨化中心

緻密骨

骨髓腔

骨骺板

海綿骨

骨髓

海綿骨

關節軟骨

骨骺板剩餘物
（骨骺線）

圖5-6　長骨的軟骨內骨化見

3. 海綿骨形成：空腔形成後，骨外膜的血管、淋巴管、神經纖維、造骨細胞、蝕骨
   細胞進入，造骨細胞分泌類骨質圍繞殘留的軟骨碎片形成骨小樑，進而海綿骨形
   成。

4. 骨髓腔的形成：初級骨化中心向兩端延伸，同時蝕骨細胞破壞新形成的海綿骨，
   使骨幹中央形成骨髓腔，此為骨幹骨化的最後階段。在整個胚胎時期，透明軟骨
   模隨著軟骨細胞的分裂增生而增長，所以，骨化亦沿著骨幹的長軸進行。

5. 骨骺之骨化：血管進入骨骺端形成次級骨化中心，其骨化作用與初級骨化中心所
   產生的幾乎完全相同。唯一不同的是骨骺內保留了疏鬆骨，未產生骨髓腔。次級
   骨化中心完全骨化後，只有關節軟骨和骨骺板未被骨化。

骨骼的生長（Bone Growth）

　　骨幹能增加長度是靠骨骺板的活性，骨骺板的軟骨細胞藉有絲分裂增生，然後被破
壞，同時軟骨也被骨骺板骨幹端的硬骨取代，以使骨骺板維持一定厚度，骨幹也因而增
長，直至成年（女性約18歲、男性約20歲），骨骺板軟骨細胞停止分裂，被硬骨取代而
成為骨骺線。鎖骨是最後停止生長的硬骨。

　　骨骼直徑的生長與長度的生長是同時發生的，由蝕骨細胞將原先襯於髓腔表面的硬
骨破壞，髓腔直徑加大；同時，骨外膜的造骨細胞圍著骨骼外表面加入新的硬骨組織。

骨骼的恆定（Homeostasis of Bone）

　　骨骼由開始生長至成熟後，都不斷地在進行重塑（remodeling），也就是不斷的有新的骨基質（主要鈣質）堆積到骨骼，同時也不斷的有舊的骨基質被再吸收（即分解）到血液中，堆積與再吸收的速率相當，而使骨骼的結構維持恆定。

　　新骨基質的堆積是由造骨細胞負責，而舊骨基質的分解是蝕骨細胞的作用，兩者的活性要維持平衡。若新骨質形成太多，骨骼會變得厚重，甚至形成骨刺等，而影響關節運動或壓迫鄰近神經；若太多的骨基質被分解，骨骼會變脆弱，易造成骨折。

　　骨骼的重塑會受下列因素的影響：

1. 鈣與磷：使骨骼堅硬的主要鹽類是磷酸鈣，因此在正常的重塑過程中，必須由飲食中攝取足夠的鈣與磷。血鈣的正常濃度應維持在每100毫升的血液中，應含9～11毫克的鈣。由此可見，胎兒在母親體內由母親血液獲取鈣與磷的量，易使母親在懷孕時的骨質流失。

2. 維生素：維生素D會控制十二指腸對鈣質的吸收，所以缺維生素D會造成佝僂症；維生素C能幫助骨骼保留細胞間質，促進膠原蛋白分泌填充骨質；維生素A能幫助控制造骨細胞與蝕骨細胞的活性和分布。

3. 內分泌激素：腦下垂體分泌的生長激素可促進骨骼生長；甲狀腺分泌的降鈣素能抑制蝕骨細胞的活性，加速鈣質堆積到骨骼上，而降低血鈣濃度；副甲狀腺分泌的副甲狀腺素可增加蝕骨細胞的數目和活性，加速骨骼的分解，而增高血鈣濃度；性激素能促進造骨細胞的活性，促進骨骼生長，但同時也能使骨骺板的軟骨細胞退化，而成骨骺線。所以，過早進入青春期，會引起骨骺軟骨提早退化，而無法長到一般成年人的高度。

4. 壓力與重力：骨骼承受較大的壓力與重力時，會使重塑的速率較快，骨骼較堅厚，所以規律的運動對正常骨的結構也是一重要的刺激。如果一個人體重過重，增加了骨骼的負荷，即會使鈣鹽沉積增加，使骨骼變粗；相反的情形若一腿受傷上石膏固定，一個月不活動，受傷的腿不但肌肉萎縮，骨骼也會脫鈣30%，使腿部變細。但當骨骼重新承受正常壓力時，骨骼重塑也相當快。

骨骼的老化（Aging of Bone）

　　年齡增長，由於性激素的減少，使鈣質由骨質中流失；再加上合成蛋白質的速率降低，使骨骼形成有機基質的能力下降，兩者皆會造成骨質疏鬆，骨骼變脆，而易發生骨

折。

臨床指引：

　　骨質疏鬆症（osteoporosis）是一種骨骼疾病，35歲後骨骼鈣質逐漸流失，使骨質慢慢變得脆弱，最後發生骨折。

　　骨質疏鬆症患者最容易發生骨折部位是髖骨、股骨、前臂骨及脊椎骨。通常營養異常（鈣及維他命缺乏）、體質異常（早期停經、有家族史）、罹患其他疾病（副甲狀腺機能亢進、女性荷爾蒙減少、肝腎疾病）及生活習慣不正常（高鹽飲食、菸酒、咖啡、久坐不動等）均容易造成此症。多運動、陽光照射、多攝取鈣質及維他命等，可以預防或延緩骨質疏鬆症發生。

骨骼的分類（Types of Bones）

1. 人體骨骼依其形狀分成六大類，如圖5-7。
   (1)長骨：長骨的長度較寬度大，並由一個骨幹和二個骨端所組成。大部分的四肢骨屬於長骨。例如：上肢的肱骨、尺骨、橈骨、掌骨、指骨及下肢的股骨、脛骨、腓骨、趾骨。
   (2)短骨：短骨的長度與寬度相似，略呈立方形，例如：上肢的腕骨和下肢的跗骨。
   (3)扁平骨：扁平骨較薄，由兩層緻密骨板夾著一層海綿骨所構成，例如：頭蓋骨、胸骨、肋骨、肩胛骨。
   (4)不規則骨：形狀複雜，例如：脊椎骨及一些顏面骨之，中耳腔的聽小骨屬於此類。
   (5)種子骨：位於肌腱或韌帶的小骨頭，膝蓋骨（髕骨）是體內最大的種子骨。
   (6)其他：如位於頭蓋骨關節間的小骨頭的縫間骨，骨內有空氣的鼻竇篩骨，顳骨乳突部等。

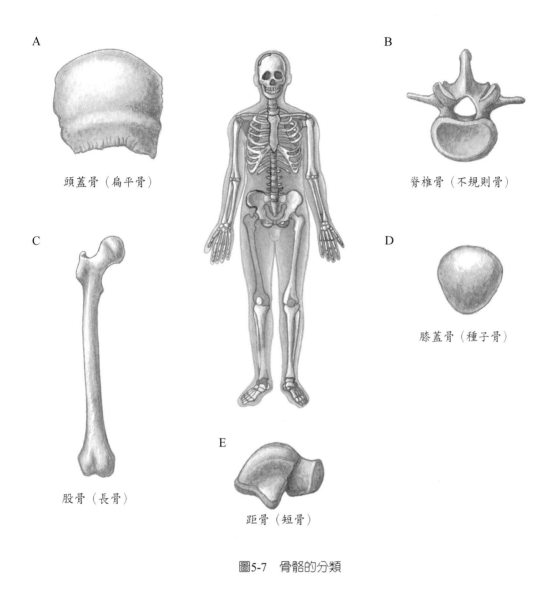

A

頭蓋骨（扁平骨）

B

脊椎骨（不規則骨）

C

股骨（長骨）

D

膝蓋骨（種子骨）

E

距骨（短骨）

圖5-7 骨骼的分類

人體的骨骼（Body Skeleton）

　　成年的人體骨骼通常由206塊所組成，大致可分為中軸骨骼及附肢骨骼兩部分。中軸骨骼80塊，形成身體長軸，其架構可以支持、保護頭頸部、胸腔與腹腔之器官，且能提供穩定或安置附肢骨骼126塊。

中軸骨骼（Axial Skeleton）

　　中軸骨骼包括頭顱(22)、聽小骨(6)、舌骨(1)、脊柱(26)、肋骨(24)和胸骨(1)共80塊。

頭顱（Skull）

中軸骨骼的頂端是頭顱，頭顱包含顱骨(8)和顏面骨(14)共22塊，位於脊柱上端，以保護腦部、眼睛、內耳及鼻通道，並藉副鼻竇空腔使重量變輕。顱骨由額骨、頂骨(2)、顳骨(2)、枕骨、蝶骨、篩骨等六種8塊骨骼所組成。顏面骨構成顏面部的支架，由鼻骨(2)、顴骨(2)、上頜骨(2)、下頜骨、淚骨(2)、腭骨(2)、下鼻甲(2)、犁骨等八種14塊骨骼所組成。見圖5-8。

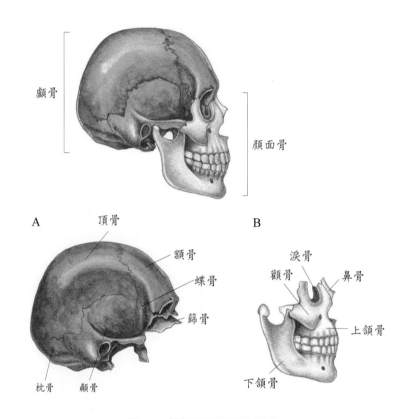

圖5-8　顱骨和顏面骨的區分

頭顱的22塊骨骼，有八種成對，除了下頜骨外，皆是藉由骨縫接合。在顱骨間四種較明顯的不動關節骨縫，見圖5-9。

1. 冠狀縫（coronal suture）：位於額骨與頂骨之間。
2. 矢狀縫（sagittal suture）：位於兩塊頂骨之間。
3. 人字縫（lambdoidal suture）：位於頂骨與枕骨之間。
4. 鱗縫（squamosal suture）：位於頂骨與顳骨之間。

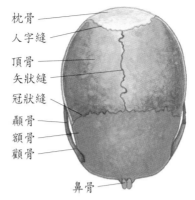

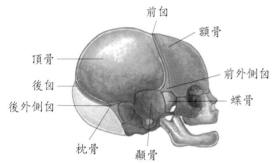

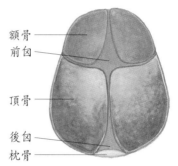

圖5-9　初生嬰兒的頭顱

　　初生嬰兒的顱骨間為膜所填充的空間為囟門，是骨化尚未完成的部分，以便在生產時顱骨能被壓縮順利通過產道，同時有助於決定胎兒出生前的頭部位置，以利助產。有四種六個囟門。

1. 前囟（anterior fontanel）：位於額骨與頂骨及冠狀縫與矢狀縫交會處，又稱為額囟，是最大的囟門，菱形，通常在出生後18～24個月閉合，也是最晚閉合的囟門。在額囟處可感覺腦部動脈的血流搏動。

2. 後囟（posterior fontanel）：位於頂骨與枕骨及矢狀縫與人字縫之間，又稱為枕囟，呈三角形，比前囟小，通常於出生後2個月閉合，是最早閉合的囟門。

3. 前外側囟（anterolateral fontanel）：左右成對，位於額骨、頂骨、顳骨及蝶骨的交會處，又稱為蝶囟，通常在出生後3個月閉合。

4. 後外側囟（posterolateral fontanel）：左右成對，位於頂骨、枕骨、顳骨交會處，又稱乳突囟，在出生後12個月才完全閉合。

顱骨（Cranium）

額骨（Frontal Bone）

額骨形成前額、眼眶頂部、顱底前半部的大部分（顱前凹），見圖5-8及5-10。出生時，額骨左右由骨縫相連，於6歲前，骨縫逐漸消失。若未消失，稱為額縫（metopic suture）。眼眶間額骨的深部有額竇（frontal sinuses），是聲音的共鳴箱。

頂骨（Parietal Bones）

兩塊頂骨形成顱腔頂部、兩側的大部分和背面的小部分。頂骨介於額骨、枕骨、顳骨之間，往前延伸至耳道同高度的位置。

枕骨（Occipital Bone）

枕骨位於頭顱的後下部（顱後凹），見圖5-11，在枕骨底部有枕骨大孔，延腦與脊髓在此相連，且有副神經的脊髓根、椎動脈、脊髓動脈通過。

在枕骨大孔兩側之橢圓形突起為枕骨髁（occipital condyle），與第一頸椎的上關節突形成枕寰關節，可產生點頭的動作。在枕骨髁的基部有舌下神經管（hypoglossal canal）是舌下神經通過的地方。在枕骨大孔的正上方有枕外粗隆，每個人的大小不同。枕外粗隆是頭部後方、枕骨中央的一個淺層凸點，介於兩塊斜方肌附著點之間，是項韌帶的上連接處。

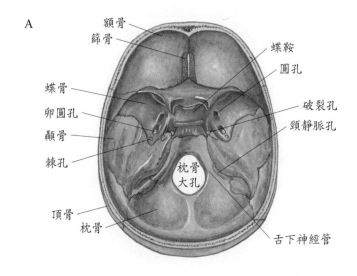

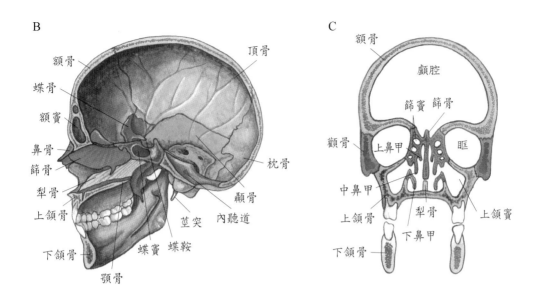

圖5-10　頭顱的切面圖。A.水平切面　B.矢狀切面　C.冠（額）狀切面

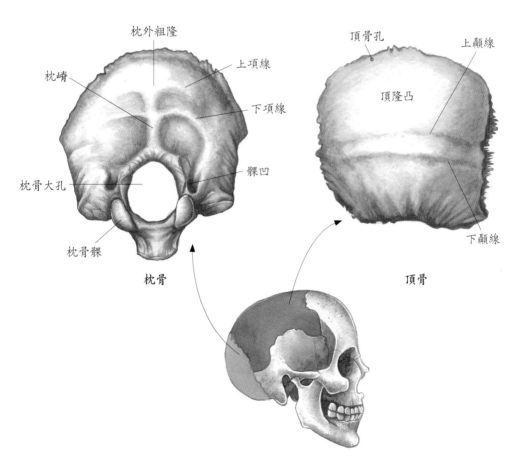

圖5-11　枕骨和頂骨

顳骨（Temporal Bones）

兩塊顳骨構成顱底（顳中凹）及顱腔側壁的一部分，圍繞在耳朵周圍，與頂骨間沿著鱗縫相關節，並由鱗部、鼓室部、乳突部及岩部四部分組成。

如圖5-12的側面觀可看到鱗部（squamous portion）在最上面，是一單薄而廣大的骨片，下方往前突出的部分是顴突（zygomatic process），它與顴骨的顳突形成顴弓（zygomatic arch），在臉頰顴骨的外側部分。

在外耳道周圍的部分是鼓室部（tympanic portion），內部有鼓室（tympanic cavity），外面向下突出的是莖突（styloid process），有舌、咽部的肌肉及韌帶附著。

外耳道的後下方是乳突部（mastoid portion），男性乳突比女性大，內有很多小氣室，與中耳相通，所以中耳炎與乳突炎常一起發生。乳突與莖突之間有莖乳孔（stylomastoid foramen），有顏面神經分支由此穿出，分布到顏面表情肌。

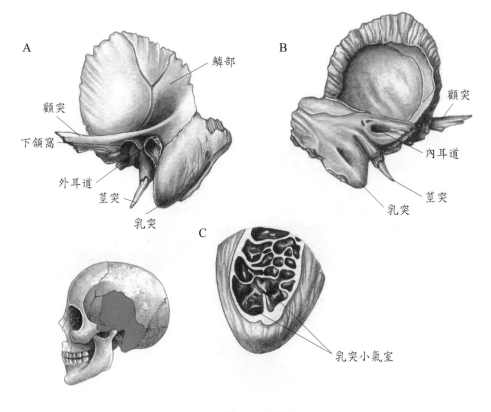

圖5-12　顳骨

在顱底內面的是岩部（petrous portion），它含有聽覺器官的主要部分內耳，也含有頸動脈管，有內頸動脈通過。在頸動脈管上方的內耳道（internal auditory meatus）有顏面神經、前庭耳蝸神經、內耳動脈通過；在頸動脈管後面，枕骨前面的是頸靜脈孔（jugular foramen），有內頸靜脈、舌咽神經、迷走神經及副神經通過。

　　在鱗部與岩部之間，顴弓的後面，外耳道口前有一凹處有下頜窩（mandibular fossa）及關節結節，它與下頜骨的髁突形成顳頜關節，是頭骨中唯一可動的關節。

蝶骨（Sphenoid Bone）

　　蝶骨位於顱底中央（顱中凹），形狀似伸展翅膀的蝴蝶，與所有顱骨皆成關節，為顱底楔石（圖5-10）。

　　蝶骨體位於篩骨與枕骨間，內含一對蝶竇（sphenoid sinuses），可引流至鼻腔。蝶骨體上面的鞍狀凹陷稱為蝶鞍（sella turcica），是腦下垂體存在的位置。蝶骨體下面形成鼻腔頂部的一部分。

　　蝶骨大翼（greater wing）由蝶骨體部向外側突出，形成顱底的前外側底部及側壁。大翼上由前往後有三個孔，依序為圓孔（三叉神經的上頜枝通過）、卵圓孔（三叉神經的下頜枝通過）、棘孔（中腦膜動脈通過）。大翼的前上部是蝶骨小翼（圖5-13），形成部分顱底和眼眶後部。在蝶骨體與小翼間可見視神經孔及管（optic foramen and canal），有視神經及眼動脈通過。在小翼及大翼間的三角形裂縫是眶上裂（superior orbital fissure），有動眼神經、滑車神經、三叉神經的眼枝及外旋神經通過。在蝶骨的下部可見一對翼突（pterygoid processes），形成鼻腔側壁的一部分。

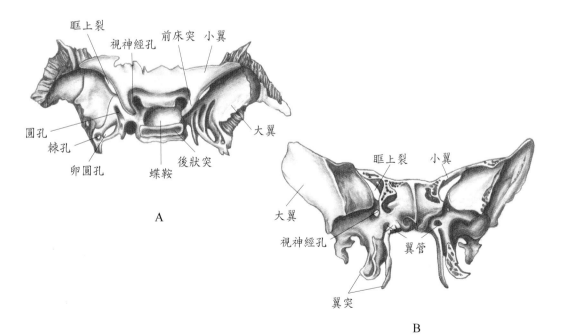

圖5-13　蝶骨

篩骨（Ethmoid Bone）

篩骨位於顱底前部（顱前凹），介於左右眼眶間，前為鼻骨，後為蝶骨。構成眼眶內側壁、鼻中膈的上部、鼻頂側壁的大部分（圖5-10），可分成水平板、垂直板、外側塊三部分。

水平板構成部分顱底前部及鼻腔頂部。篩板（cribriform plate）位於水平板，上有許多嗅神經孔，有嗅神經通過，若水平板骨折，可使嗅覺喪失。水平板向上突出的部分是雞冠（crista galli），有腦膜附著。

垂直板構成鼻中膈的上部。

外側塊又稱篩骨迷路，構成眼眶內壁及鼻腔外壁，含有許多氣室，稱為篩竇（ethmoid sinus）。內側面含有兩塊突向鼻腔的上鼻甲及中鼻甲（圖5-14、15），鼻甲使空氣在進到氣管、支氣管及肺之前得到充分的循流及過濾。

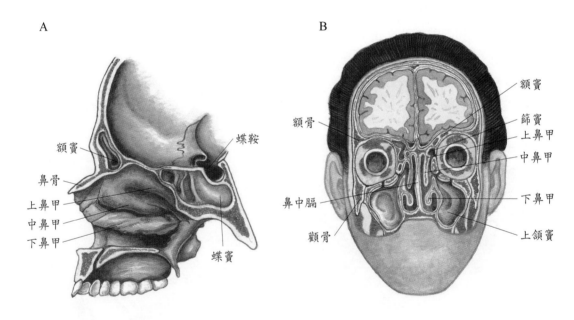

圖5-14　頭顱的矢狀切及冠狀切面

顏面骨（Facial Bones）

鼻骨（Nasal Bones）

兩塊鼻骨連合構成鼻樑的上半部，下半部主要是由軟骨所構成。見圖5-14，鼻骨上與額骨相連，後與上頜骨相連。

上頜骨（Maxillae）

成對的上頜骨構成眼眶底部、部分口腔頂部、鼻腔底部和側壁的部分。它可分為體部、齒槽突、腭突、額突、顴突（圖5-16）。

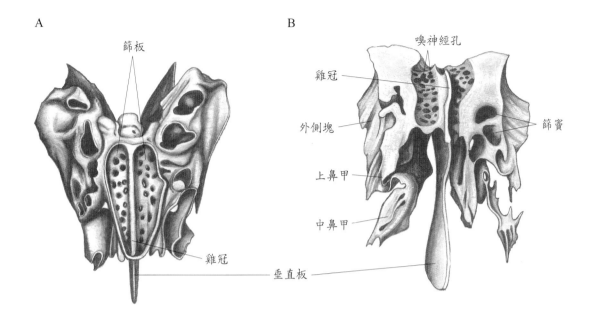

圖5-15　篩骨

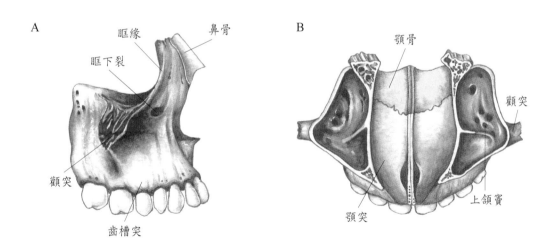

圖5-16　上頜骨

體部含有上頜竇（maxillary sinus），是最大的鼻竇，開口於鼻腔中。

齒槽突含有上齒槽，內有牙根。

腭突是水平的突出構造，形成硬腭的前面四分之三，亦即口腔頂部的前半部。於出生時，左右兩部分會完全接合，若未接合，即成腭裂。

額突與額骨、淚骨、鼻骨相連。

顴突與顴骨相連。在上頜骨、顴骨、蝶骨大翼間有眶下裂，是三叉神經的上頜分

枝、眶下血管及顱神經通過的地方。

　　*副鼻竇（Paranasal Sinuses）

　　鄰近鼻腔的骨頭含有副鼻竇（圖5-14），即額竇、蝶竇、篩竇、上頜竇。副鼻竇與鼻腔相通，其內襯黏膜也與鼻腔的黏膜相連續，例如：蝶竇注入蝶篩隱窩；篩後竇注入上鼻道；篩前竇、篩中竇、額竇、上頜竇皆注入中鼻道。副鼻竇的功能可產生黏液、減輕顱骨重量、作為聲音的共鳴箱，若因感染或過敏引起發炎，即為鼻竇炎。

下頜骨（Mandibular Bone）

　　下頜骨是顏面骨中最大、最強狀的骨骼，也是顱骨中唯一能動的骨骼（圖5-17），由體部和下頜枝構成，兩者交會的地方為下頜角（angle）。下頜枝具有髁突（condylar process）與冠狀突（coronoid process），前者與顳骨的下頜窩形成顳頜關節，後者有顳肌附著。在髁突與冠狀突之間的凹陷是下頜切跡。

　　在下頜枝的內側有下頜孔，有下齒槽神經及血管通過；在體部的第二前臼齒下有頦孔，有頦神經及血管通過，下頜孔及頦孔皆為牙科醫師打麻醉的地方，兩者相通成為下頜管。

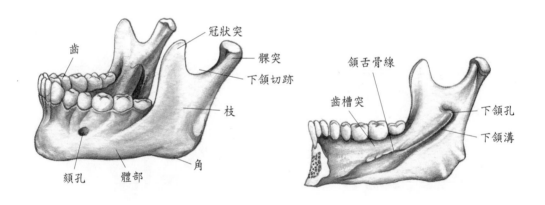

圖5-17　下頜骨

淚骨（Lacrimal Bones）

　　成對的淚骨是顏面骨中最小者，位於鼻骨的後外側（圖5-8），構成眼眶內側壁的一部分，有鼻淚管通過。淚溝與上頜骨形成淚窩，為淚囊所在。

腭骨（Palatine Bones）

　　成對的腭骨呈L字型，形成硬腭的後四分之一、鼻腔外側壁及底部、眼眶底的一部分。腭骨水平板形成部分硬腭，隔開鼻腔、口腔（圖5-16）。

顴骨（Zygomatic Bones）

兩塊顴骨形成臉頰的突出部分，並構成部分局眼眶底部和側壁（圖5-8）。顴骨的顳突與顳骨的顴突形成顴弓；額突與額骨、上頜骨相連。

下鼻甲（Inferior Nasal Conchae）

成對的下鼻甲是一種渦捲形骨骼（圖5-10及14），形成鼻腔側壁，並延伸進入鼻腔中。下鼻甲是分離的骨頭而非篩骨的一部分，其功能與上、中鼻甲相同。

犁骨（Vomer）

犁骨呈三角形，形成鼻中膈後部（圖5-10）。犁骨、篩骨的垂直板及鼻中膈軟骨共同構成鼻中膈（nasal septum）。

舌骨（Hyoid Bone）

舌骨是中軸骨骼中獨特的一塊，不與其他骨頭形成關節，而是以韌帶及肌肉懸於顳骨的莖突（圖5-18）。舌骨位於頸部，大約第三頸椎的位置，在下頜骨與喉之間，它支持舌頭並提供一些舌頭肌肉的附著點。當下巴上舉時，在甲狀軟骨上的舌骨可被感覺到。

舌骨是由一水平的體部及一對大、小角所構成，肌肉、韌帶即附在這些突出的角上。舌骨支撐舌頭及提供說話與吞嚥肌肉的附著位置。在吞嚥時，舌骨會跟著做向前、向上、向後及向下的移動，若用食指和拇指將舌骨夾於中間，可感覺其輕微的移動。

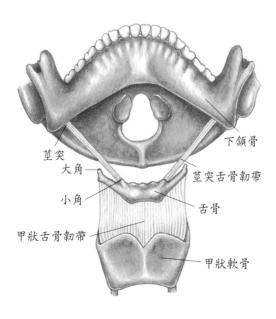

圖5-18　舌骨

脊柱（Vertebral Columm）

脊柱是由一串脊椎骨所組成，在成人平均長度約為61～71公分。它可向前後及兩側運動，並保護脊髓、支持頭部及支撐體重助維持身體直立姿勢，也做為肋骨及體幹背部肌肉的附著點。出生時，頸椎7塊、胸椎12塊、腰椎5塊、薦椎5塊、尾椎3～5塊，共33塊，成年後，薦椎5塊合成1塊，尾椎3～5塊合成1塊，共26塊。

脊椎骨串連形成的椎孔，有脊髓通過；相鄰的脊椎骨間有椎間孔，是脊神經通過的地方。由第二頸椎至薦椎，其相鄰的脊椎骨間有纖維軟骨形成的椎間盤（intervertebral discs），共23個。每一個椎間盤由纖維環及中間的髓核所構成，可吸收垂直的震動。當脊柱負荷增加時，椎間盤能讓脊椎骨互相沒有損害的運動。若將椎間盤全部合在一起，長度約占脊柱的四分之一，它在頸椎及腰椎部位最厚且運動程度最大。當上了年紀身高減少就和椎間盤的厚度減少有關。在睡覺時脊柱卸下了承受的壓力，椎間盤得以獲得充分的休息，所以早起時身高會比前晚睡前多1.5公分。

由側面觀看如圖5-19有四個彎曲，向前凹的胸彎曲與薦彎曲，在胎內產生的，為原發性彎曲；出生後第三個月開始抬頭產生頸彎曲，第十二個月開始走路、站立而產生腰彎曲，此為次發性彎曲。四個彎曲的作用是要增加脊柱強度、幫助維持站立姿勢時的平衡、吸收走路產生的震動、避免脊柱產生骨折。

腰彎曲女性比男性明顯，尤其在懷孕末期彎曲呈度會增加，以維持重力的平衡，但腰部過度增大的彎曲常會造成背痛。

不同部位的脊椎骨，其大小、形狀及細部構造有很大的差異，但基本構造卻是相同的（圖5-20），所以一個典型的脊椎骨具有下列部分：

1. 椎體：位於椎骨前面，粗厚而呈圓盤形的部分，可承受重力。
2. 椎弓：由椎體向後延伸而成，是由椎弓根和椎板構成。相鄰椎板間有黃韌帶連接，椎弓和椎體共同形成椎孔，椎骨串連即成椎管，內含脊髓；上、下椎弓根形成椎間孔，有脊神經通過。
3. 椎弓上有四種七個突起：
   ⑴橫突：由椎弓根與椎管之交界處向兩側突出，有一對。
   ⑵棘突：由椎板交界處向後下方的單一突起。
   ⑶上關節突：與相鄰的上位椎骨形成關節，有一對。
   ⑷下關節突：與相鄰的下位椎骨形成關節，有一對。

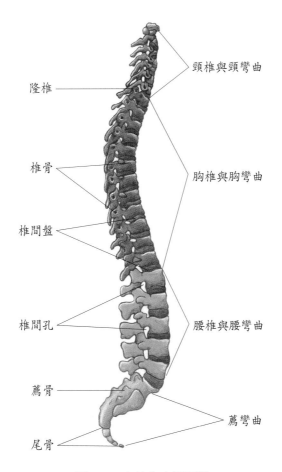

圖5-19　脊柱的右側面觀

頸椎與頸彎曲

隆椎

椎骨

椎間盤

胸椎與胸彎曲

椎間孔

腰椎與腰彎曲

薦骨

薦彎曲

尾骨

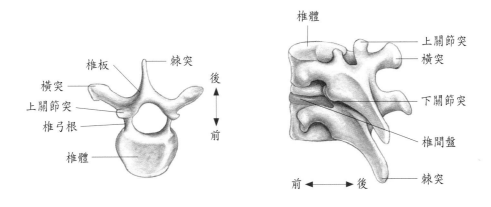

圖5-20　典型椎骨構造

椎板　棘突

橫突

上關節突

椎弓根

椎體

後

前

椎體

上關節突

橫突

下關節突

椎間盤

棘突

前　　後

頸椎（Cervical Vertebrae）

第三至第六頸椎是典型的頸椎，如圖5-21，頸椎的椎體是所有脊椎骨中最小的，相

對之下椎弓就顯的較大。通常第二至第六頸椎棘突有分叉；第一至第六頸椎橫突有橫突孔，有椎動脈及伴隨的靜脈、神經通過。

第一頸椎稱為寰椎（atlas），因為沒有椎體、棘突，由前弓、後弓及外側塊構成環狀，外側塊上的上關節突與枕骨髁形成枕寰關節，產生點頭動作。

第二頸椎稱為軸椎（axis），因椎體上有齒狀突（odontoid process）向上穿過寰椎的環形構造（圖5-21），形成寰軸關節，使頭部可以左右轉動。齒狀突被寰椎的橫韌帶限制在前弓的位置，絞刑或猛烈的汽車事故常會因為橫韌帶斷裂及齒狀突壓碎造成死亡。

第七頸椎稱為隆椎（vertebra prominens），因為棘突大而不分叉，低頭時可觸摸得到。

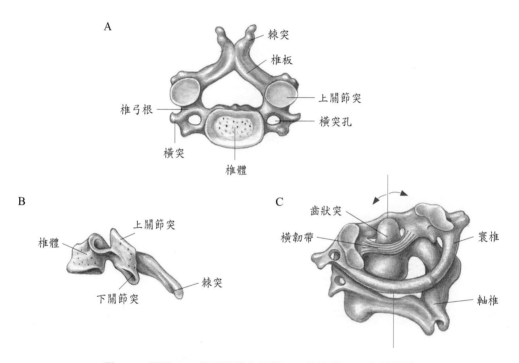

圖5-21 頸椎。A.典型頸椎上面觀 B.側面觀 C.寰軸關節

胸椎（Thoracic Vertebrae）

胸椎較頸椎強大（圖5-22），棘突長且朝下。除了第十一、十二胸椎外，其他胸椎的橫突都具有與肋骨結節形成關節的關節面，而椎體則與肋骨頭形成關節面。第二胸椎棘突在肩胛上角的高度，第七胸椎棘突在肩胛下角的高度。

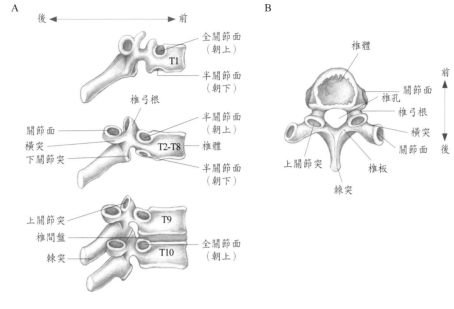

圖5-22　胸椎

腰椎（Lumbar Vertebrae）

　　腰椎是脊柱中椎體最大、椎孔最小、最強狀的部分。如圖5-23。尤以第五腰椎最大。其上關節突朝內，下關節突朝外，以增加向前、向後之最大彎曲限度；棘突呈方形、厚且寬，直向後方突出，適合背部大肌肉的附著。

　　年紀越大，椎間盤內的髓核開始退化，纖維環失去彈性，壓力使椎間盤突出而造成椎間盤脫出（herniated disc），突出的質塊壓迫經過椎間孔的神經，而造成坐骨神經痛（sciatica）。

　　脊髓末端在第一、二腰椎之間，所以腰椎穿刺在此點之下是安全的。在兩個髂嵴頂端畫一條直線，此直線會通過第四腰椎的棘突。

薦骨和尾骨（Sacrum and Coccyx）

　　薦骨又稱骶骨，是由五塊薦椎癒合而成的三角形骨骼，其間無椎間盤，它與兩塊髖骨形成骨盆帶。如圖5-24。凹面朝向骨盆腔，有四對前後骶孔；凸面正中有棘突癒合而成的正中骶嵴（median sacral crest），兩側有橫突癒合而成的外側骶嵴。骶管是脊椎管的延續，在第四、第五骶椎的椎板沒有癒合，使骶管的下端留有骶裂孔（sacral hiatus），裂孔的兩側有骶角（sacral cornua）。脊尾麻醉法即是將麻醉劑注入骶裂孔，讓藥劑向上擴散並直接作用於脊神經。

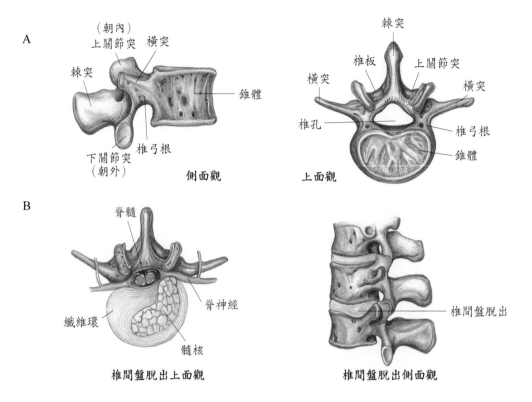

圖5-23　腰椎

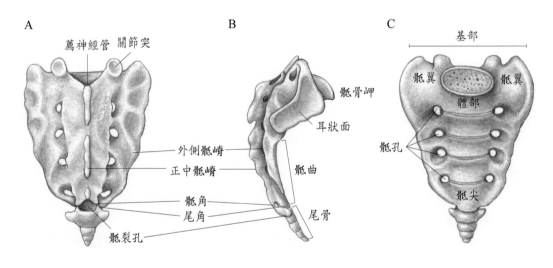

圖5-24　骶骨和尾骨

　　骶骨上端突出的前緣是骶骨岬（promontory），由恥骨聯合上緣至骶骨岬畫一假想線，可分開腹腔和骨盆腔，也是產科上測量骨盆大小的標記。骶骨外側有大的耳狀面，

是與髖骨中的腸（髂）骨相關節。骶骨與第五腰椎形成腰骶關節。

　　三至五塊的尾椎癒合而成三角形的尾骨，是胚胎末期的退化器官，位於臀溝頂端，約為2.5公分的長度，上與骶骨相關節。尾骨背側有尾骨角，由第一尾椎的椎弓根和上關節突所組成。尾骨的尖端可能彎向身體，或稍微向左或向右彎曲。

胸廓（Thoracic Cage）

　　胸廓是由胸骨、肋軟骨、肋骨、胸椎之椎體所組成（圖5-25），上部狹小，下部寬大，呈圓錐狀，可保護胸腔的內臟器官，並提供呼吸肌肉的附著，也支持肩帶及上肢的骨骼。

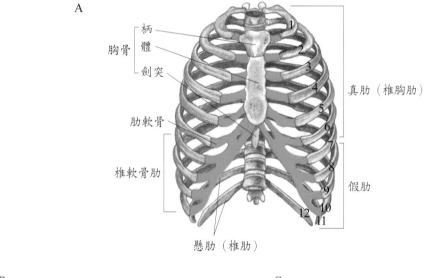

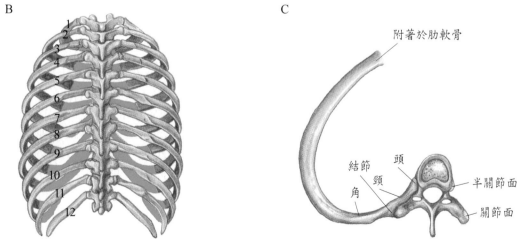

圖5-25　胸廓。(a)前觀　(b)後觀　(c)肋骨與胸椎間關係

胸骨（Sternum）

胸骨是扁平骨，長約15公分，位於前胸壁正中線，由胸骨柄、胸骨體、劍突三部分構成（圖5-26）。

胸骨柄（manubrium）上緣有頸靜脈切跡，兩旁有鎖骨切跡，與鎖骨的胸骨端形成胸鎖關節；並與第一、第二肋軟骨相關節。雖然沒有肌肉直接與頸靜脈切跡連接，但胸鎖乳突肌在其上方通過，舌骨下肌則在底下與它相連。頸靜脈切跡與第二胸椎棘突同高度。

胸骨體（body）直接或間接與第二至第十肋軟骨相關節。胸骨柄與胸骨體相連處的突起是胸骨角（sternal angle），此為左、右氣管分叉高度，亦為上、下縱膈分界點高度，相當於第二肋骨高度，也是第四至第五的椎間盤高度。可由皮膚觸摸到。

胸骨劍突（xiphoid process）位於第十胸椎體的正對面，沒有肋骨附著，但提供一些腹部肌肉腱膜的附著。在嬰兒及小孩時是軟骨，直至40歲時才完全骨化。在做心肺甦醒術（CPR）時，若施救者的手壓於劍突，會使骨化的劍突骨折插入肝臟。

胸骨位於淺層，上面只覆蓋著筋膜和胸大肌。胸骨終生具有紅骨髓，可經由胸骨穿刺（sternal puncture）做骨髓檢查。

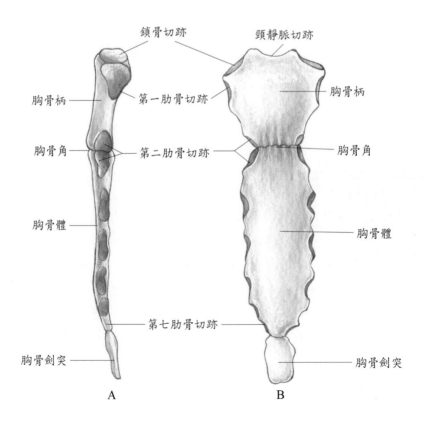

圖5-26　胸骨。A.前面觀　B.側面觀

肋骨（Ribs）

　　構成胸廓的主要部分是12對肋骨（圖5-25），第一對至第七對長度逐漸增長，第七對至第十二對又逐漸變短，每一肋骨後面皆與相對應的胸椎相關節。

　　第一至第七對肋骨直接以肋軟骨與胸骨相連，稱為真肋（true ribs）或椎骨胸骨肋骨。其他五對為假肋（false ribs），其中第八至第十對以肋軟骨連接至上位肋軟骨，故稱為椎骨軟骨肋骨（vertebrochondral ribs）；第十一、十二肋骨有一端是游離的，故稱為懸肋（floating ribs）或椎骨肋骨（vertebral ribs）。第一肋骨很難在胸廓前側找到，但在由鎖骨、胸鎖乳突肌和斜方肌所形成的頸後三角處可觸摸到。頸後三角處有如扇形的斜角肌，並附著於第一、二肋骨上。臂神經叢和鎖骨下動脈通過第一肋骨和鎖骨。

　　肋骨結構可分成頭、頸、體部三部分，頭部與胸椎的椎體相關節；頸部位於頭部外側，在頸部與體部交會處有肋骨結節，與胸椎的橫突相關節；體部是肋骨的主要部分，距離結節不遠處，有一角度很大的轉彎，是為肋骨角（angle），在肋骨的下內側有肋骨溝（costal groove），有靜脈、動脈、神經通過。介於肋骨間的為肋間，有肋間肌、肋間血管及神經通過。

附肢骨骼（Appendicular Skeleton）

　　附肢骨骼包括肩帶(4)、骨盆帶(2)以及四肢骨骼(120)，共126塊。

肩帶（Shoulder Girdle）

　　肩帶是由肩胛骨和鎖骨組成，它使上肢骨骼與中軸骨骼連結在一起，以助穩固手臂和活動手臂，但未與脊柱相關節。

肩胛骨（Scapula）

　　肩胛骨位於胸部背側，為一大的倒三角形扁平骨骼（圖5-27），它沒有骨骼或韌帶與胸廓連繫，是靠骨骼肌來幫忙支持和定位。

　　肩胛骨體部的背側有一突出的嵴，稱為棘（spine），棘的末端突出的部分為肩峰（acromion），與鎖骨形成肩鎖關節，也是斜方肌和三角肌的連接點。肩峰下有一凹陷，稱關節盂（glenoid cavity），與肱骨的頭部形成肩關節。

　　每一塊肩胛骨都有一個棘（spine）及以下的特徵：肩峰突（acromion process），可與鎖骨相關節；喙突（coracoid process）位於鎖骨骨幹下方，可提供上肢和胸部肌肉的肌腱與韌帶附著處；關節盂（glenoid cavity），可與上肢骨（肱骨）的頭部形成關節。肩帶的柔軟性亦是因關節盂比肱骨頭來得小的緣故。

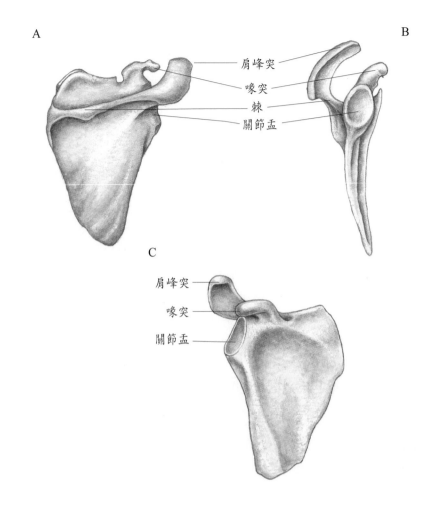

A

B

肩峰突

喙突

棘

關節盂

C

肩峰突

喙突

關節盂

圖5-27　肩胛骨

鎖骨（Clavicle）

　　鎖骨（clavicles, collarbones）是細長且呈S型的骨骼，是許多肌肉的連接點。每一塊鎖骨在內側與胸骨柄相關節，這是肩帶接到中軸骨架的唯一地方。每一塊鎖骨亦可與肩胛骨形成關節。鎖骨可作為肩胛骨的支架且可協助穩定肩膀。不過其結構是脆弱的，是故如果肩膀受力過度的話便會使鎖骨骨折。

　　鎖骨兩端被強壯的韌帶固定於原處，在內側端的是肋粗隆，被肋鎖骨韌帶附著，在外側端的是圓錐結節，被喙突鎖骨韌帶附著。鎖骨亦為胸帶與頸部肌肉之附著點。

　　鎖骨可將上肢所承受的力量傳至體幹，所以跌倒時，伸直手臂著地，會造成鎖骨骨折，亦為出生時最易發生骨折的骨頭。如圖5-28。

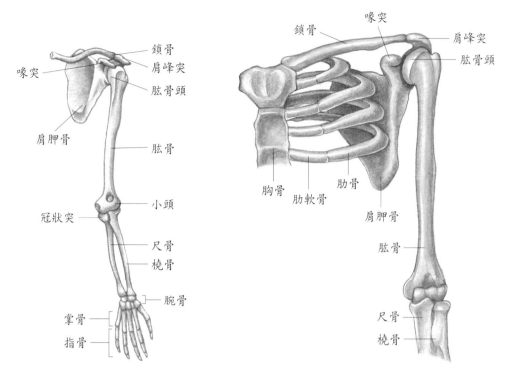

圖5-28　鎖骨

上肢骨（Upper Extremity）

　　上肢包括了上臂的肱骨(2)，前臂的尺骨(2)、橈骨(2)，手部的腕骨(16)、掌骨(10)、指骨(28)，共60塊。

肱骨（Humerus）

　　肱骨是上肢骨中最長最大者（圖5-29），近側端與肩胛骨形成肩關節；遠側端與尺骨、橈骨形成肘關節。

　　近側端的構造：

- 肱骨頭部：與肩胛骨的關節盂相關節。
- 解剖頸：位於頭部遠端之斜溝。
- 大結節：頸部遠端向外側之突出構造，向下延伸成大結節嵴。有棘上肌、棘下肌、小圓肌連接於此。
- 小結節：向前突出之構造，向下延伸成小結節嵴。有肩胛下肌連接於此。
- 結節間溝：在大、小結節間的溝，有肱二頭肌腱通過，又稱二頭肌溝。
- 外科頸：位於結節遠端較狹窄處，易發生骨折而得名。

體部（骨幹）上的構造：

- 近側端呈圓錐形，然後漸呈三角形，至遠側端則變成扁平而寬廣。
- 三角肌粗隆：在體部中段的外側有一V字形的粗糙區，有三角肌附著。
- 橈神經溝：有橈神經通過，故骨幹骨折易造成橈神經受損。

遠側端的構造：

- 肱骨小頭：在外側的圓形結狀構造，與橈骨頭相關節。
- 肱骨滑車：在內側類似滑輪的表面，與尺骨相關節。
- 橈骨窩：位於前面外側的凹陷，前臂彎曲時可容納橈骨頭。
- 冠狀窩：位於前面內側的凹陷，前臂彎曲時可容納尺骨冠狀突。
- 鷹嘴窩：位於後面的凹陷，在肱三頭肌肌腱下，前臂伸直時可容納尺骨的鷹嘴突。
- 內、外上髁：位於遠側端兩側的粗糙突出構造，有前臂與手指處的某些肌肉附著。

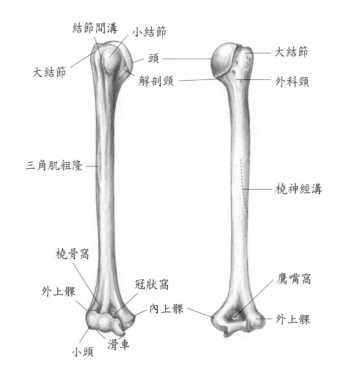

圖5-29　肱骨

橈骨（Radius）

橈骨在前臂外側，亦即拇指側的骨骼（圖5-30）。

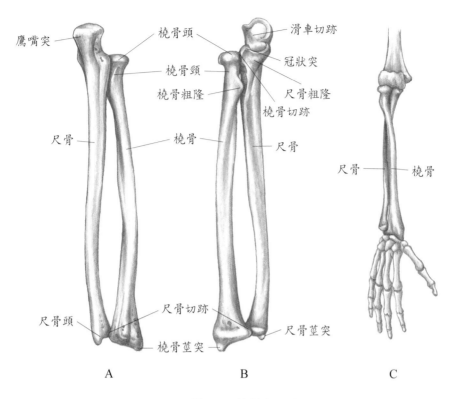

圖5-30　橈骨和尺骨

近側端的構造：

- 橈骨頭：有環狀韌帶固定，使此頭端成為前臂旋前、旋後動作的樞軸，且深藏於旋後肌和伸肌群下。並與肱骨小頭及尺骨的橈骨切跡相關節。
- 橈骨粗隆（radial tuberosity）：位於內側的粗糙突出構造，有肱二頭肌附著。

遠側端的構造：

- 腕骨關節面：與腕骨中的月狀骨及舟狀骨相關節。
- 莖突：位於橈骨外側，周圍被伸肌肌腱包圍，是肱橈肌的連接點。
- 尺骨切跡：位於內側，與尺骨的頭部相關節。

橈骨遠側端發生骨折，手會向外向後變形，此為Coll's骨折。

前臂的旋前與旋後動作就是橈骨以尺骨為中軸，轉動橈尺近、遠側關節。

尺骨（Ulna）

尺骨在前臂內側，亦即小指側的骨骼（圖5-30）。

近側端的構造：

- 鷹嘴突（olecranon process）：是手肘上的「突點」，也是肱三頭肌的止端，前臂伸直時可卡入肱骨鷹嘴窩。

- 冠狀突：為一朝前的突起，前臂彎曲時可卡入肱骨冠狀窩。
- 滑車切跡：位於鷹嘴突與冠狀突之間，與肱骨滑車相關節，形成屈伸的肘關節。
- 橈骨切跡：為滑車切跡內側下方的一個凹陷，可容納橈骨頭形成關節。
- 尺骨粗隆：位於冠狀突的下方。

遠側端的構造：

- 頭部：以纖維軟骨盤與手腕相隔，不直接與任何腕骨相關節。
- 莖突：在手腕後內側，有前臂肌肉的肌腱由旁邊通過。

腕骨（Carpals）

　　腕骨埋在屈肌群與伸肌群的肌腱之下，是由排成兩排的八塊小骨頭所組成（圖5-31），彼此間以韌帶緊緊相連，形成滑動式的運動。

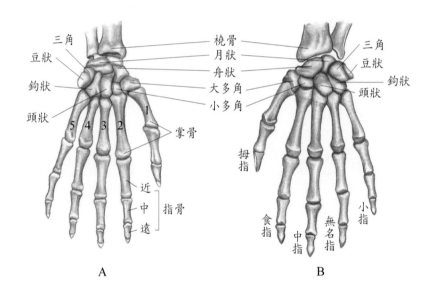

圖5-31　腕和手。A.右手後側觀　B.右手前側觀

　　近側排腕骨由外（橈側）至內（尺側）的排列是：舟狀骨、月狀骨、三角骨、豆狀骨，所以外側近端可摸到的腕骨是舟狀骨，內側近端可摸到的腕骨是豆狀骨，豆狀骨在尺側屈腕肌肌腱內，但70%的腕骨骨折發在舟狀骨，最容易脫臼的是豆狀骨。

　　遠側排腕骨由外（橈側）至內（尺側）的排列是：大多角骨、小多角骨、頭狀骨、鉤狀骨，其中腕骨中最大的是頭狀骨。

　　所有腕骨視為一組，在手背處呈凸面，在手掌面呈凹面。在鉤狀骨與豆狀骨、大多角骨與舟狀骨間有一結締組織橋，稱為尺腕掌側韌帶，此橋覆蓋掌凹成手腕隧道，九條長肌腱與正中神經從前臂到手部通過此隧道。

掌骨（Metacarpals）

五塊掌骨組成手掌，由外至內分別稱為第一至第五掌骨，每一塊掌骨皆含近側的基部（base）、骨幹及遠側的頭部。基部與遠側排的腕骨相關節；頭部與近側指骨相關節為掌指關節，當握拳時可看得很清楚。

指骨（Phalanges）

每一隻手有14塊指骨（圖5-31），每一指骨和掌骨一樣，含有近側的基部、骨幹和遠側的頭部。拇指只有兩塊指骨，其餘四指則各含三塊指骨，分別為近側、中間、遠側指骨，拇指則無中間指骨。手指沒有肌肉，只有指肌肌腱和強韌的韌帶將每根手指的指骨連結在一起。

骨盆帶（Pelvic Girdle）

骨盆帶是由兩塊髖骨（hip bones）組成，對支撐體重的下肢，提供堅強穩定的支撐作用。如圖5-32。骨盆帶與骶骨、尾骨構成骨盆。由骶骨岬經兩側的髂恥線（弓狀線）至恥骨聯合為界線，此界線的上面是假骨盆（大骨盆），下面是真骨盆（小骨盆），真骨盆的上方開口是骨盆入口，下方開口是骨盆出口。產科即利用測量骨盆產道入口及出口的大小，以避免難產的發生。

髖骨（Hip Bones）

在新生兒時，每塊髖骨皆是由上方的髂（腸）骨（ilium）、前下方的恥骨（pubis）及後下方的坐骨（ischium）三部分所組成，最後三塊在15～17歲之間癒合成一塊。融合的部位在骨骼外側形成一個深陷的窩槽，稱為髖臼（acetabulum）。髖臼是與股骨頭形成球窩關節的窩狀部分。

髂骨是組成髖骨的三塊骨骼中最大的，形成髖骨容易被摸到的外側突起，其上緣為髂骨嵴（iliac crest）是腰方肌和腹肌群的附著點，前端止於前上髂骨棘，後端止於後上髂骨棘，兩者下方分別為前下髂骨棘、後下髂骨棘，棘皆為腹部肌肉之附著處。在後下髂骨棘下有大坐骨切跡（greater sciatic notch）。髂骨內側面是髂骨窩（iliac fossa）；後面有髂骨粗隆和耳狀面，粗隆是骶髂韌帶的附著點，耳狀面則與骶骨相關節；外側面有後、中、下臀線，是臀肌的附著點。

坐骨是髖骨中最低、最強壯的骨頭，含有一個突出的坐骨棘（ischial spine），棘下方是小坐骨切跡及坐骨粗隆（ischial tuberosity），粗隆正好是坐椅子時與椅面接觸的部分，也是膕旁肌、內收大肌、骶粗隆韌帶的附著處。朝前的部分是坐骨枝（ramus），它與恥骨圍繞成閉孔（obturator foramen）。

恥骨分成體部、上枝及下枝，在體部的上緣有恥骨嵴（pubic crest）是腹直肌和腹肌腱膜的附著點，恥骨嵴的外側是恥骨結節，體部的內側面為恥骨聯合面。介於兩塊髖骨

間的恥骨聯合，含纖維軟骨，屬微動關節。髖臼是由各含2/5的髂骨、坐骨及 恥骨所構成的窩，可容納股骨頭。

　　由恥骨結節往前上髂骨棘方向成45度角延伸，形成一條稜線的上枝部分是恥骨肌的附著處；恥骨下枝向下構成了恥骨嵴和坐骨粗隆間橋樑的前半段，是股薄肌和內收短肌的附著點。

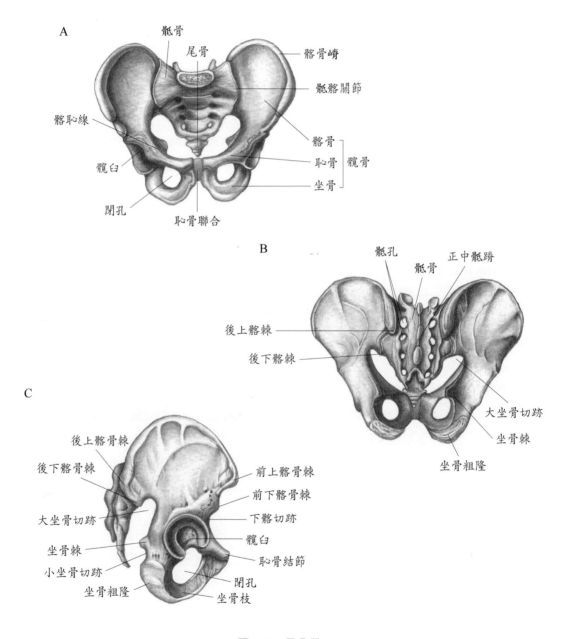

A

骶骨
尾骨
髂骨嵴
骶髂關節
髂恥線
髂骨
恥骨　髖骨
坐骨
髖臼
閉孔
恥骨聯合

B

骶孔
骶骨
正中骶嵴
後上髂棘
後下髂棘
大坐骨切跡
坐骨棘
坐骨粗隆

C

後上髂骨棘
後下髂骨棘
前上髂骨棘
前下髂骨棘
下髂切跡
大坐骨切跡
髖臼
坐骨棘
恥骨結節
小坐骨切跡
閉孔
坐骨粗隆
坐骨枝

圖5-32　骨盆帶

下肢骨（Lower Extremity）

下肢包括了大腿的股骨(2)、膝蓋的髕骨(2)、小腿的脛骨(2)與腓骨(2)、足部的跗骨(14)、蹠骨(10)及趾骨(28)，共60塊。

股骨（Femur）

股骨即大腿骨，是體內最長、最重的骨骼（圖5-33）。近側端與髖臼形成髖關節；遠側端與髕骨、脛骨形成膝關節。一個人的身高通常是股骨長度的四倍。

近側端的構造：

- 股骨頭：與髖骨的髖臼形成髖關節。頭部上有股骨頭小凹（fovea），是股骨頭韌帶與血管附著處，若血管因外傷破裂會使股骨頭壞死。股骨頭與骨幹呈125度。
- 股骨頸：股骨頭遠側的狹窄部分，是老年人常見的骨折發生處。
- 大、小轉子：在頭部與頸部間接合處的外側是大轉子，內側是小轉子。大、小轉子是臀部和大腿肌肉附著的突出構造。在後面兩者之間有轉子間嵴（intertrochanteric crest）。
- 轉子間線：股骨前面，頸部與體部之間。

體部構造：向內彎，使兩邊的膝關節更接近身體的重心線。

- 臀肌粗隆及恥骨線：恥骨線在小轉子後側面的遠端，臀肌粗隆在大轉子後側面的遠端，被臀大肌肌腱和股外側肌的上段纖維所包覆。
- 粗線：位於體部後面，沿著骨幹而行的長垂直線，分為內唇和外唇，有內收肌群附著，可將股骨幹拉向中間。

遠側端的構造：

- 內、外髁：與脛骨的內、外髁相關節。
- 髁間窩：位於後面的內、外髁之間。
- 膝骨面：位於前面的內、外髁之間，與髕骨相關節。
- 內、外上髁：位於內、外髁的上方。內上髁位於縫匠肌肌腱的下方，股內側肌的遠端，是脛側副韌帶的連接點；外上髁位於髂脛束的深處，股二頭肌腱的前側，是腓側副韌帶的連接點。

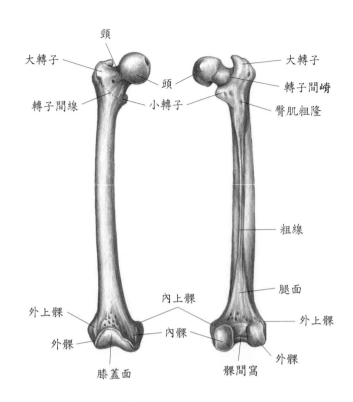

圖5-33　股骨

髕骨（Patella）

　　髕骨即膝蓋骨，位於膝關節前面，是股四頭肌肌腱內的一塊三角形種子骨（圖5-34），為人體內最大的種子骨，屬於不規則骨。寬廣的上端為基部，尖銳的下端為尖部，後面含有兩個關節小面，分別與股骨的內、外髁相關節。 髕骨可增加股四頭肌運動時的槓桿作用，藉以保持它的肌腱更遠離膝蓋的旋轉軸。

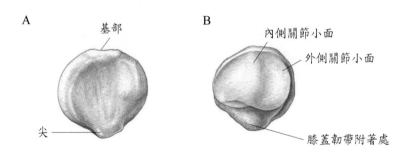

圖5-34　右髕骨的前、後面觀

　　髕骨後側面的有人體最厚的軟骨層，這層3mm的軟骨在膝蓋屈曲時負責保護髕骨，讓它不受股四頭肌的強大壓迫，例如：上、下樓梯就會在髕骨產生280公斤左右的壓力。

脛骨（Tibia）

　　脛骨位於小腿內側（圖5-35）沿著小腿前側表層延伸至內踝，需承受小腿主要部位的重量。近側端與股骨、腓骨相關節；遠側端與腓骨、距骨相關節。

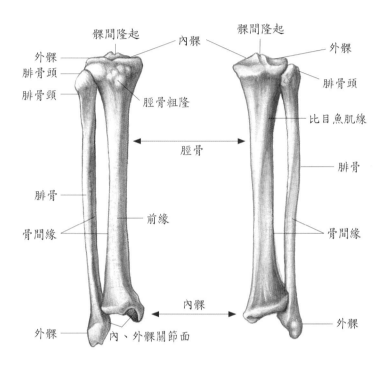

髁間隆起
內髁
外髁
腓骨頭
腓骨頸
脛骨粗隆
脛骨
腓骨
骨間緣
前緣
外髁
內、外髁關節面

髁間隆起
外髁
腓骨頭
比目魚肌線
腓骨
骨間緣
內踝
外踝

圖5-35　脛骨與腓骨

腓骨（Fibula）

　　腓骨位於小腿外側，比脛骨小，與脛骨平行的細長骨骼，不負荷人體重量。腓骨與膝關節的運動無關，但踝關節的安全則大部分仰賴此細巧的腓骨。

　　近側端的腓骨頭是股二頭肌和部分比目魚肌的附著點。

　　遠側端的外踝：與足踝的距骨相關節，形成踝關節。

跗骨（Tarsals）

　　跗骨有七塊骨骼（圖5-36），位於足後部的距骨（talus）、跟骨（calcaneus），及其前面的骰骨（cuboid）、舟狀骨（navicular）、三塊楔狀骨。距骨位於最上方，是足部中唯一與脛骨、腓骨相關節的骨骼，跟骨位於足跟，與距骨一起接受體重。骰骨位於最外側。舟狀骨扁平卵圓形，三塊楔狀骨在舟狀骨前面排成一列。走路時，距骨起先承受整

個身體的重量，然後約有一半的重量轉移至其他蹠骨。跟骨是跗骨中最大者，穿平底鞋時，足部承受重量最多的骨頭。

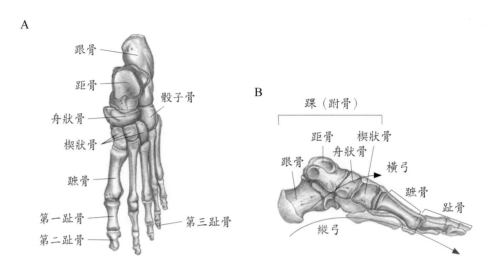

圖5-36　跗骨和足

蹠骨（Metatarsals）

蹠骨有5塊（圖5-36），相當於手部掌骨，有近側的基部、骨幹及遠側的頭部。基部與楔狀骨、骰骨相關節；頭部與趾骨的近側端相關節。穿高跟鞋時，蹠骨是承受重量最多的骨頭，尤其是第一蹠骨，所以較粗厚。蹠骨與蹠骨間被小小的腳趾內在肌所填滿，第五蹠骨基部的粗隆是腓骨短肌的附著處。

趾骨（Phalanges）

趾骨的數目及排列情形皆與手部的指骨相似。足部的趾骨相當短，以提供運動時的穩定性。

足弓（Arches of the Foot）

足部的骨骼排列成兩個弓形的構造，如圖5-36，此弓形構造，能使足部支撐全身體重，保護足底的神經、血管，並提供走路時的槓桿作用。足弓在承受重量時會變平，重量移除時就反彈恢復原狀。跑步時，足弓結合跟腱以減少肌肉所需消耗功的一半。

形成足弓的骨骼之間有韌帶及肌腱相連繫，如果這些韌帶及肌腱變弱，會使內側縱弓的高度變小，而形成扁平足（flatfoot）。就像雖然穿了鞋子能保護腳，並減少腳踝扭傷，但也會對足弓造成傷害，因為鞋子的外來支撐力使足弓不再需要適應高低起伏的地形，而使負責支撐的正常肌肉組織變弱，內側足弓就會塌陷成扁平足。

人類骨骼的性別差異（The Difference of Sexual Skeletons）

比較項目	男 性	女 性
頭顱		
一般外表	較重、較粗	較輕、較平滑
額	傾斜	較垂直
竇	較大	較小
顳骨	平均約大10%	約小10%
下頜骨	較大、較強狀	較小、較輕
牙齒	較大	較小
骨盆		
一般外表	狹窄、強壯、重、粗	寬、輕、平滑
關節面	大	小
骨盆入口	心形	卵圓或圓形
骨盆出口	較小	較大
髂骨窩	深	淺
髂骨	較垂直	較不垂直
恥骨弓	小於90度	大於90度
恥骨下枝	有一強的外翻面供陰莖腳附著	沒有外翻面
恥骨聯合	較深	較淺
坐骨棘	內彎較明顯	內彎不明顯
坐骨粗隆	內彎	外翻
髖臼	大	小
閉孔	卵圓形	三角形
骶骨	長窄三角形有明顯骶曲	短寬三角形，比較不曲
尾骨	指向前	指向下
其他骨骼		
骨重	較重	較輕
肌肉附著的粗隆、骨線、嵴等	較粗大、突出	較小、較不顯著

關節的分類（Classification）

　　關節是指骨骼與骨骼間或骨骼與軟骨間相接合的構造，如此可使骨骼連接在一起並產生運動。通常，骨骼間距越近，關節越強固，但運動較會受限制；若骨骼間距越遠，關節的運動性較大，但易脫臼。人體的關節很多，可依功能或構造的差異來加以分類。

功能性分類（Functional Classification）

　　是以運動程度的差異來分類。

種　類	活動限度	代表例
不動關節	不能運動	齒根與齒槽間；骨縫
微動關節	可作有限度的運動	恥骨聯合；椎間盤
可動關節	可自由運動	肩關節、膝關節、肘關節等

構造性分類（Structural Classification）

　　是以關節腔的有無及骨骼間的結締組織的種類來分類。

纖維關節（Fibrous Joints）

　　此類關節無關節腔，骨骼間是以纖維結締組織緊密接合，例如：骨縫、韌帶連結、嵌合關節。

種　類	構造特徵	代表例
骨縫 （sucture）	1.骨骼間以緻密纖維結締組織相結合 2.屬於不動關節	・頭顱的骨縫
韌帶連結 （syndesmosis）	1.骨骼間以纖維結締組織相結合，但結合程度較不緊密，可做輕微運動 2.屬於微動關節	・脛腓遠側關節 ・橈骨體與尺骨體間的關節
嵌合關節 （gomphosis）	1.錐狀的齒根嵌入上、下頜骨的骨槽中，兩者間的接合物質是牙周韌帶 2.屬於不動關節	・齒根與上、下頜骨的骨槽

軟骨關節（Cartilaginous Joints）

此類關節不具關節腔，骨骼間是以軟骨相接合，只能做輕微的運動。

種　類	構造特徵	代表例
軟骨結合 （synchondrosis）	1.接合物質是透明軟骨，有時是暫時性的關節 2.屬於不動關節	·骨骺板 ·肋軟骨
聯合 （symphysis）	1.接合物質是纖維軟骨 2.屬於微動關節	·恥骨聯合 ·椎間盤

滑液關節（Synovial Joints）

滑液關節（如圖5-37）具有含液體的空腔，以隔開形成關節的骨骼，因此可自由運動。其構造上的特徵如下：

1. 關節腔：可分泌滑液的滑液膜襯於整個關節腔，但不包括關節軟骨。
2. 關節囊：關節腔是由雙層結構的關節囊所包圍。
   ⑴囊外層：是由緻密結締組織所構成的強韌纖維囊，附著於距離關節軟骨邊緣不等距離的骨外膜上，使關節能運動，其張力可防脫臼。
   ⑵囊內層：是由疏鬆結締組織所構成的滑液膜，並能分泌滑液，它襯於整個滑液腔，但不覆蓋關節軟骨。
3. 滑液：是由滑液膜細胞所分泌的琉璃醣碳基酸（hyaluronic acid）及來自血漿的組織間液所組成，其外觀和黏稠度類似蛋白，當關節活動時，黏稠度會降低。滑液的功能如下：
   ·在關節面承受體重時，滑液可使關節軟骨不相接觸，以免受損。
   ·是潤滑液，可減少關節運動時的摩擦。
   ·可營養關節軟骨。
   ·含有吞噬細胞，可移除微生物及因關節運動所撕裂的碎片。
4. 關節軟骨：形成關節的骨骼表面所覆的透明軟骨，具彈性及特定厚度，可吸收震動。
5. 附屬韌帶：有的是由關節囊本身增厚而成，例如髖關節的腸股韌帶；有的位於關節腔內，但被滑液膜包圍而與關節腔相隔，例如膝關節的十字韌帶；有的位於囊外，例如膝關節的腓側韌帶。
6. 能自由運動，為可動關節。
7. 有的有關節盤：關節盤是一種纖維軟骨墊子，可吸收震動，調整關節內骨骼使緊密接合來增加關節的穩定度。例如膝關節的半月板，足球運動員常發生半月板撕

裂。

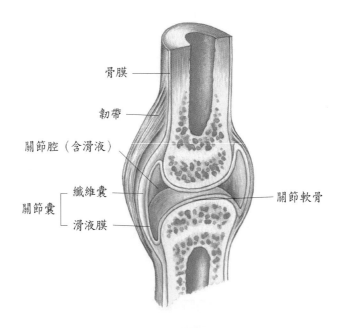

骨膜

韌帶

關節腔（含滑液）

纖維囊

關節囊

滑液膜

關節軟骨

圖5-37　滑液關節的構造

　　雖然所有的滑液關節在構造上類似，但關節面的形狀各有不同，因此可分為滑動關節、屈戌關節、車軸關節、橢圓關節、鞍狀關節、杵臼關節等六種類型（圖5-38）。

滑動關節（Gliding Joint）

　　滑動關節又稱為摩動關節（arthrodia）或平面關節（plane joint），因其關節面通常是平的，只能前後、左右兩平面的移動，故為雙軸（biaxial）關節，因韌帶限制了關節鄰近骨骼的運動，所以無法做扭轉的動作。例如：腕骨間關節、跗骨間關節、胸鎖關節、肩鎖關節、脊柱的關節突間、肋椎關節、肋胸關節、跗蹠關節等皆屬之。

屈戌關節（Hinge Joint）

　　屈戌關節又稱為樞紐關節或絞鏈關節，為一凸出的關節面，嵌入另一凹下的關節面，只能在一個平面上做屈曲、伸直運動，故為單軸（uniaxial）關節，例如：肘關節、指間關節、脛股關節、踝關節、趾間關節等屬之。

車軸關節（Pivot Joint）

　　車軸關節是一骨骼的圓面、尖面或圓錐面與環狀構造相關節，單軸關節，通過軸心，骨骼可沿著本身的長軸旋轉。例如：寰軸關節、近側及遠側橈尺關節等屬之。

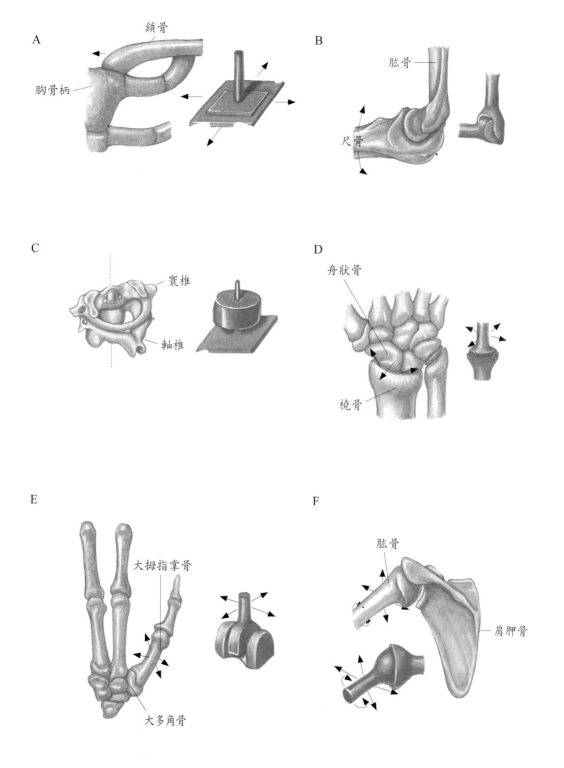

圖5-38　滑液關節的類型

橢圓關節（Ellipsoidal Joint）

橢圓關節又稱髁狀（condyloid）關節，是卵圓形骨髁嵌入另一骨骼的橢圓腔內，可前後、左右運動，為雙軸關節。例如：腕關節、掌指關節、蹠趾關節、枕寰關節等屬之。可作屈曲、伸直、內收、外展運動。

鞍狀關節（Saddle Joint）

鞍狀關節是凹與凸的關節面嵌合而成，可前後、左右運動，為雙軸關節。例如：大多角骨與拇指的掌骨間關節，可執行屈曲、伸直、內收、外展、旋轉運動。

杵臼關節（Ball-and-Socket Joint）

杵臼關節又稱球窩關節是一球狀關節面嵌入另一杯狀凹槽內，活動最自由，可在三個平面上作各個方向的運動，可執行屈曲、伸直、內收、外展、旋轉、迴旋等運動，為多軸關節。例如：肩關節、髖關節等屬之。

人體重要的關節（Important Joints of the Body）

肩關節（Shoulder Joint）

肩關節是由肱骨頭與肩胛骨的關節盂所組成，屬於球窩關節，是全身活動最大的關節，也是最常脫臼的關節。如圖5-39。由於運動範圍大，關節本身是鬆弛的，關節窩（盂窩）也較淺。圍繞在關節盂邊緣的是一圈狹窄的纖維軟骨，稱為盂緣。關節被由肩胛骨延伸至肱骨的被膜牽拉，是由周圍的韌帶、肌肉來加強其穩定性。

解剖組成：

1. 關節囊：由關節盂的周圍延伸至肱骨的解剖頸。滑液膜襯於纖維囊形成肱二頭肌肌腱的鞘。

2. 喙肩韌帶：連接肩胛骨的喙突和肩峰突起。在做超越頭部上方的動作時，此韌帶會固定住肱骨頭部。喙肩韌帶呈V形，當肩胛棘上肌和三角肌外展肩盂肱骨關節時，此韌帶會限制住肱骨頭在肩盂窩內的移動。

3. 喙肱韌帶：由肩胛骨的喙突延伸至肱骨的大結節，寬廣、強韌。將肱骨頭固定在肩胛骨的喙突上，當手臂垂放在身體側邊時，該韌帶會造成張力和穩定度。

4. 盂肱韌帶：在關節腹側，為關節囊增厚的部分。協助維持肱骨近端在肩胛骨的肩盂窩內。

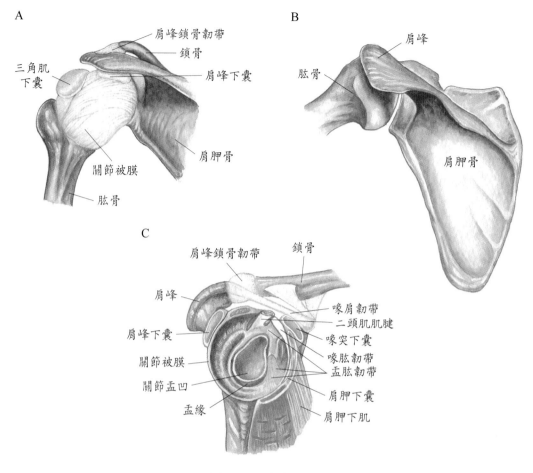

圖5-39　肩關節的構造

5. 肩峰鎖骨韌帶：為水平走向，可防止肩峰和鎖骨外側端分離。

6. 喙突鎖骨韌帶：為垂直方向，可防止鎖骨向上移位。

7. 肱骨橫韌帶：由肱骨的大結節跨過結節間溝至小結節。

8. 盂緣：繞在關節盂邊緣部位的一圈狹窄纖維軟骨。作為肩盂肱骨關節的緩衝構造。

9. 肩部表層肌肉：斜方肌、三角肌、胸大肌、喙肱肌、肱二頭肌、前鋸肌、肩胛棘下肌、小圓肌、大圓肌、闊背肌、肱三頭肌。

10.肩部深層肌肉：鎖骨下肌、肩胛下肌、胸小肌、舉肩胛肌、菱形肌、肩胛棘上肌。

11.相關的黏液囊：

・肩胛下囊：在肩胛下肌的肌腱與關節囊之間。

・三角肌下囊：在三角肌與關節囊之間。

・肩峰下囊：在肩峰與關節囊之間。

・喙下囊：在喙突與關節囊之間。

髖關節（Hip Joint）

髖關節是由股骨頭與髖臼所組成，屬球窩關節。成人的髖關節很少脫臼，因為此關節有強韌的關節囊、韌帶及關節周圍的廣大肌群，使其穩定性較佳。如圖5-40。髖臼中央有脂肪墊被滑液膜包覆和韌帶，保護關節、抵抗壓力、吸收震動力，即使受牽扯、被扭轉也不易受傷。

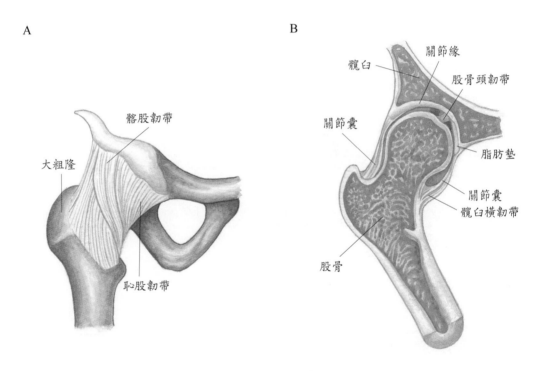

圖5-40　髖關節的構造

解剖組成：

1. 關節囊：由髖臼緣延伸至股骨頸部，含有環走纖維形成環狀帶，能拉緊包囊助股骨頭穩定於髖臼窩中；有縱走纖維形成支持帶，且含有血管供應股骨頭和頸部。
2. 髂股韌帶：由前下髂骨棘延伸至股骨的轉子間線，呈倒Y型，為關節囊的增厚部分，可協助維持股骨頭與髖臼間的最佳接觸狀態，限制髖部的內旋和伸展。
3. 恥股韌帶：由髖臼緣的恥骨部分延伸至股骨頸部，為關節囊的增厚部分，與髂股韌帶內側部共同避免髖關節過度外展。
4. 坐骨股韌帶：呈螺旋型圍繞著髖關節後側，協助髂股韌帶限制髖部向內旋轉。

5. 股骨頭韌帶：由髖臼窩延伸至股骨頭，是扁平、三角形的帶狀構造，此韌帶的寬端在髖臼窩，窄端在股骨頭小凹，含有供應股骨頭的小動脈，但增強髖關節的功能並不大。

6. 髖臼緣：附著於髖臼邊緣的纖維軟骨。

7. 髖臼橫韌帶：跨過髖臼切跡的強壯韌帶。

膝關節（Knee Joint）

膝關節（圖5-41）是人體中最大的關節，由三個部分組成：

· 中間的膝股關節：是指膝蓋骨和股骨的膝骨面間。屬滑動關節。

· 外側的脛股關節：是指股骨外髁和外側半月板之間。屬屈戌關節。

· 內側的脛股關節：是指股骨外髁和內側半月板之間。屬屈戌關節。

因為膝關節的形狀，使其機械性運動相當薄弱。膝關節是靠附著在股骨到脛骨的韌帶來增加強度。

解剖組成：

1. 關節囊：不完整。關節囊包圍膝關節的側面與後面，關節的前方沒有包覆，滑液囊由此向上突出於股四頭肌肌腱之下，形成膝蓋骨上囊，除了滑液腔及滑液囊的交接處外，囊的其他部分是由韌帶所構成的。

   · 前方由股四頭肌肌腱、膝蓋骨和膝韌帶所構成，向下附著於脛骨粗隆。

   · 兩側的關節囊附著到股骨髁和脛骨上髁之間及關節軟骨的外側，分別與股外側肌及股內側肌的肌腱膨大處融合而使構造增強。

   · 後方的囊則覆蓋在股骨髁的表面和後十字韌帶的表面，半膜肌肌腱膨大形成的斜膕韌帶會與後方關節囊會合而增厚強化。

2. 膝韌帶：由膝蓋骨延伸至脛骨粗隆，可強化關節的前面部分。

3. 膕韌帶：連接股骨及脛骨頭、腓骨頭之間，可加強膝關節後面。

4. 關節囊內韌帶：有前、後十字韌帶，連接股骨和脛骨，可限制股骨的前後移動，並維持股骨和脛骨髁的排列。膝關節伸直時前十字韌帶拉緊，膝關節彎曲時是後十字韌帶拉緊，兩相比較前十字韌帶較易扭傷。

5. 關節囊外韌帶：有縫匠肌、股薄肌、半腱肌的肌腱橫過脛側副韌帶，加強膝關節內側面；有股二頭肌肌腱附於腓側副韌帶來加強膝關節外側面。當膝關節完全伸直時，此二韌帶始拉緊來安定關節。

6. 關節盤：即內、外側半月板，為纖維軟骨盤，是為了加深脛骨關節面的深度，以利於與凸出的股骨髁相接，並助於補償關節骨不一致的地方。運動時內側半月板較易受傷。

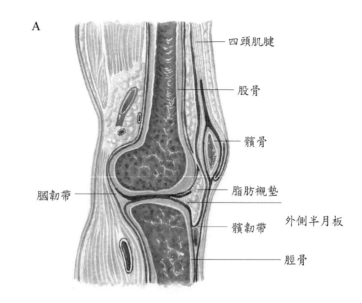

A

四頭肌腱

股骨

髕骨

脂肪襯墊

膕韌帶

髕韌帶

外側半月板

脛骨

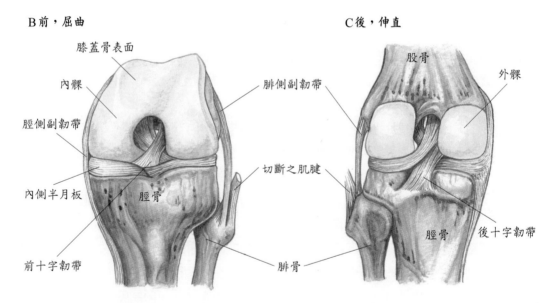

B 前，屈曲

膝蓋骨表面

內髁

腓側副韌帶

脛側副韌帶

切斷之肌腱

內側半月板

脛骨

前十字韌帶

腓骨

C 後，伸直

股骨

外髁

後十字韌帶

脛骨

腓骨

圖5-41　膝關節構造

臨床指引：

　　骨關節炎（Osteoarthritis, OA）是指關節內軟骨磨損或破裂，引起關節腫漲、變形、疼痛及僵硬感。

　　原發性骨關節炎可能與遺傳及體重有關。患者通常大於50歲且以女性居多；次發性骨關節炎可能與外傷有關，患者通常少於40歲且男性居多。通常治療以保守療法為主，包括藥物治療（類固醇、非類固醇抗炎藥、葡萄糖胺Glucosamine）、復健

治療（增加關節旁肌肉的強度，減少引發疼痛的活動）及注射針劑（玻尿酸）、減重（減輕關節負擔）。保守治療無效、症狀持續惡化引起動困難時，可以做關節鏡手術（受損軟骨修補）、及關節重建術（人工關節置換術）。

自我測驗

一、問答題

1. 中軸骨骼與附肢骨骼有何不同？各含有那些骨骼？
2. 顱骨與顏面骨各由那些骨骼構成？
3. 何謂囟門？說明其位置及閉合時間。
4. 身體各部位的脊柱有何特徵？請說明之。
5. 胸廓、肩帶、骨盆帶各由那些骨骼組成？
6. 上、下肢各包含那些骨骼？
7. 男、女骨盆在構造上有何差異？
8. 請說明滑液關節的構造特徵。
9. 請舉例說明滑液關節的六大類關節特性及例子。

二、選擇題

（　）1. 以下構造中何者骨化可增加長骨的長度？
(A) 關節軟骨　(B) 骺軟骨　(C) 骨外膜　(D) 骨內膜

（　）2. 有關蝕骨細胞的敘述，下列何者正確？
(A) 是硬骨中含量最多的細胞　(B) 負責硬骨的生長增厚　(C) 負責骨骼的基質鈣化，增加硬度　(D) 負責骨骼鈣化基質的溶解，以利骨骼重塑　(E) 副甲狀腺素（PTH）能抑制蝕骨細胞的活性

（　）3. 下列何者是海綿骨的特徵？
(A) 含骨小樑及紅骨髓　(B) 具有哈佛氏管系統　(C) 不具有骨小管　(D) 不含成骨細胞

（　）4. 下列何者不是扁平骨？
(A) 肩胛骨　(B) 脊椎骨　(C) 胸骨　(D) 肋骨　(E) 頭蓋骨

（　）5. 腕骨是屬於下列那一種類型的骨骼？
(A) 長骨　(B) 短骨　(C) 扁平骨　(D) 不規則骨

（　）6. 下列頭骨中，何者是成對存在的？

(A) 顴骨　(B) 顳骨　(C) 篩骨　(D) 蝶骨

（　）7. 下列有關顳骨的敘述，何者正確？

(A) 其顴突是顴骨弓的後部　(B) 其莖突位於顳骨的下方　(C) 其岩部中含有耳咽管　(D) 其鱗部的上緣連接額骨

（　）8. 含頸靜脈孔、頸動脈管，且為內耳所在之顳骨部分是：

(A) 顳骨鱗部　(B) 顳骨岩部　(C) 蝶骨體部　(D) 蝶骨大翼

（　）9. 下列何種骨頭為腦下垂體所在部位？

(A) 枕骨　(B) 顳骨　(C) 篩骨　(D) 蝶骨

（　）10.既為鼻中膈又為眼眶內壁的頭骨是：

(A) 篩骨　(B) 蝶骨　(C) 上頜骨　(D) 腭骨

（　）11.下列那一塊骨骼不是骨盆帶？

(A) 坐骨　(B) 髂骨　(C) 恥骨　(D) 薦骨

（　）12.骨盆緣的構成與下列何者無關？

(A) 弓狀線　(B) 腸骨脊　(C) 薦骨岬　(D) 恥骨脊

（　）13.股骨頭與下列何者形成關節？

(A) 關節盂　(B) 閉孔　(C) 髖臼　(D) 髂骨窩

（　）14.脛骨粗隆主要是下列那塊肌肉之肌腱（膝韌帶）附著之處？

(A) 縫匠肌　(B) 半腱肌　(C) 半膜肌　(D) 股二頭肌　(E) 股四頭肌

（　）15.下列何者非女性骨盆的特徵？

(A) 閉孔呈三角形　(B) 入口呈心臟形　(C) 出口呈圓形　(D) 恥骨弓大於90度

（　）16.襯於可自由移動的關節腔中的是：

(A) 漿膜　(B) 黏膜　(C) 滑液膜　(D) 皮膜

（　）17.下列何項為杵臼關節？

(A) 髖關節　(B) 腕關節　(C) 肘關節　(D) 指間關節

（　）18.全身活動範圍最大的關節是：

(A) 肩關節　(B) 肘關節　(C) 腕關節　(D) 膝關節

解答：

1.(B)　　2.(D)　　3.(A)　　4.(B)　　5.(B)　　6.(B)　　7.(B)　　8.(B)　　9.(D)　　10.(A)

11.(D)　　12.(D)　　13.(C)　　14.(E)　　15.(B)　　16.(C)　　17.(A)　　18.(A)

第六章　肌肉系統

本章大綱

　　肌肉是人體中具有收縮性的組織，約佔人體重量的40%～50%。肌肉系統包括了骨骼肌、心肌、平滑肌，配合神經系統產生運動，如表6-1

表6-1　肌肉的種類與比較（Types and Compare of Muscle）

項　　目	骨骼肌	心肌	平滑肌
肌纖維	平行排列呈長圓柱狀	分叉且互相連接呈方形，屬合體細胞	比骨骼肌小呈梭形（紡錘形）
細胞核	多核，在細胞周圍	單一，在細胞中央	中央單一卵圓形
肌纖維長度	最長	最短	次之
位置	附著於骨骼	心臟壁	內臟及血管壁
橫紋	＋	＋	－
A帶與I帶	＋	＋	－
肌節	＋	＋	－
支配神經	體運動神經	自律神經	自律神經
刺激來源	外來刺激	心臟本身的竇房結	外來刺激
神經控制	隨意	不隨意	不隨意
節律性收縮	－	＋	＋
強直性收縮	＋	－	－
不反應期	最短（5msec）	最長（300msec）	次之（約50msec）
切斷神經會萎縮	＋	－	－
具有運動終板	＋	－	－
具有間盤	－	＋（肌漿膜增厚形成）	－
橫小管	＋（A與I帶的接合處）	＋（在Z線上）	－
鈣離子來源	肌漿網	肌漿網和細胞外液	細胞外液
粒線體	次之	最多	最少
收縮速度	快	中	慢
再生能力	有限	－	較好，比上皮差
遵守全或無定律	＋	－	－

肌肉的特性（Characteristics of Muscle）

1. 興奮性：是指肌肉組織對刺激的接受與反應能力。
2. 收縮性：當肌肉接受一個充分的刺激時，有變短、變粗的收縮能力，這是主動且清耗能的過程。
3. 伸展性：當肌肉不收縮時，可以伸長或延伸到相當程度而無傷害。
4. 彈性：肌肉在收縮或伸展後，能恢復原來形狀的能力。

肌肉的功能（Functions of Muscle）

1. 運動：骨骼、關節和附著在骨骼上之肌肉經收縮、協調整合後，可產生走路、跑步、講話、寫字等各種動作。其他如心跳、食物的消化移動、膀胱的收縮排尿等動作，也是因肌肉的收縮而產生。
2. 維持姿勢和平衡：骨骼肌的收縮能使身體保持在固定的姿勢，並能平衡腳以上的身體重量，而能長時間站著或坐著。
3. 支持軟組織：例如腹壁和骨盆腔底有層層的骨骼肌來支持內部器官的重量，並能保護其不受環境危害。
4. 保護入口和出口：消化道和泌尿道的入口、出口皆有肌肉圍繞，以利吞嚥、排便、排尿之隨意控制。
5. 調節血流量：心肌組織的收縮推送血液通過循環系統，而血管壁內的平滑肌控制血液的分布。
6. 產生熱：骨骼肌收縮所產生的熱，是維持正常體溫的重要因素。

肌肉收縮（Contraction of Muscle）

粗細肌絲（Thick and Thin Myofilaments）

肌纖維（肌細胞）是由圓柱狀縱走的肌原纖維（myofibrils）組成；構成肌原纖維的單位是肌節（sarcomere），也是肌肉收縮的最小單位。肌節是由細肌絲（肌動蛋白actin）及粗肌絲（肌凝蛋白myosin）排列而成。兩肌節間被緻密物質組成的Z線分開。如圖6-1A。一段肌節可區分為幾個區域，其中暗的緻密區稱為暗帶或A帶（A band），代表粗肌絲的長度，A帶的兩邊因粗細肌絲重疊顏色更暗，肌肉收縮程度越大時，粗細肌絲重

疊的越多；肌節中淺色、較不緻密的區域，只含有細肌絲的部分是明帶或I帶（I band）。暗色的A帶與淺色的I帶交替排列，形成橫紋的外觀。狹窄的H區（H zone）只含有粗肌絲，在H區的中央有一系列的細線是M線，它連繫相鄰粗肌絲的中間部分。

　　肌肉收縮主要是粗細肌絲相互滑動，使肌節縮短所造成，但粗、細肌絲的長度皆未改變（圖6-1B）。在滑動時，粗肌絲的肌凝蛋白橫樑與細肌絲的肌動蛋白部分結合，結果橫樑就像船槳一樣，在細肌絲的表面移動，同時粗、細肌絲相互滑動。當細肌絲移過粗肌絲時，細肌絲往肌節中央會合，所以以H區變窄，甚至消失，肌節變短，I帶變短。

　　細肌絲固定在Z線上，往兩邊突出，主要是由雙股螺旋狀的肌動蛋白組成（圖6-2）。每一肌動蛋白分子含有一個可與肌凝蛋白上的橫樑作用的肌凝蛋白結合位置。除了肌動蛋白外，尚含有與肌肉收縮調節有關的旋轉素（troponin, Tn）與旋轉肌球素（tropomyosin, T）兩種蛋白質分子。旋轉素位於旋轉肌球素表面的一定間隔處，並構成三個次單位：連接到肌動蛋白的旋轉素I（TnI）；連接鈣離子的旋轉素C（TnC）；連接至旋轉肌球素的旋轉素T（TnT）。旋轉肌球素與旋轉素的複合體可維持肌肉在鬆弛狀態。

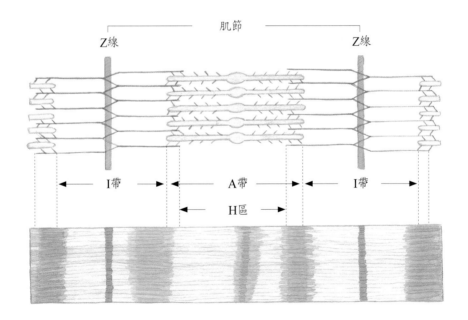

圖6-1A　肌肉放鬆狀態

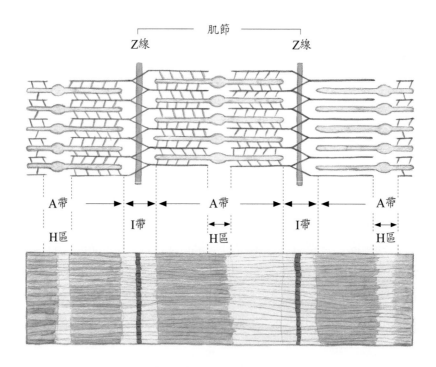

圖6-1B　肌肉收縮狀態

　　粗肌絲主要是由肌凝蛋白所組成，每一肌凝蛋白的形狀像高爾夫球棒，分成頭、尾部，突出的頭部稱為橫樑（cross bridges），含有一個肌動蛋白的結合位置及一個ATP的結合位置。如圖6-2。

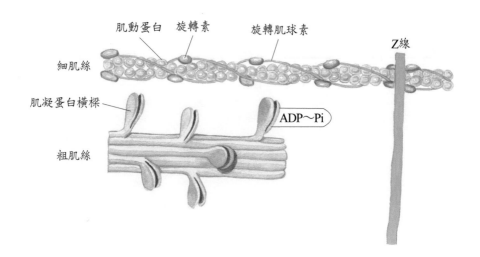

圖6-2　肌絲的構造

收縮神經控制（Nervous Control of Contraction）

　　運動神經元由脊髓前角發出，能刺激骨骼肌收縮。每一條運動經元與所支配的肌纖維（肌細胞），合稱為運動單位（motor unit）。控制精細動作的肌肉，每一運動神經元支配約10條不到的肌纖維，例如眼球的外在肌；負責粗重動作的肌肉，每一運動神經元支配約200至500條，甚至2000條肌纖維，例如肱二頭肌、腓腸肌等。換句話說，支配肌纖維數目越少的，動作越精細；支配肌纖維數目越多者，動作越粗重。

　　運動神經元的軸突終端球與肌肉細胞的肌漿膜之交接處稱為神經肌肉接合（neuromuscular junction）或運動終板（motor end plate）（圖6-3）。在軸突終端球內有儲存神經傳遞物質的突觸小泡。當運動神經衝動到達軸突終端球時，會誘發突觸小泡釋出神經傳遞物質乙醯膽鹼（Acetylcholine, Ach），以引起肌肉收縮。

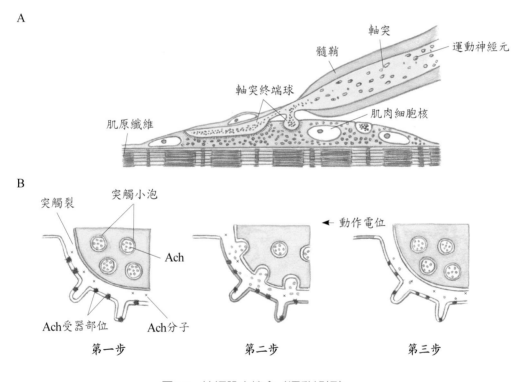

圖6-3　神經肌肉接合（運動終板）

　　當刺激經神經衝動傳至運動神經元的軸突終端球，此時鈣離子由細胞外液進入細胞內（軸突終端球），刺激突觸小泡釋出乙醯膽鹼（Ach），乙醯膽鹼（Ach）擴散通過突觸裂與肌漿膜上的接受器結合，使肌漿膜的通透性發生改變，衝動進入橫（T）小管，刺激橫小管旁邊的肌漿網，使鈣離子由肌漿網進入肌漿與TnC結合（啟動收縮機轉），拉開旋轉肌球素與旋轉素的複合體（鬆弛蛋白），暴露肌凝蛋白結合位置，與肌凝蛋白橫樑

結合，使橫樑上的ATP水解酶活化，將ATP分解成ADP＋P並放出能量，此能量使粗、細肌絲互相滑動，產生收縮。

臨床指引：

重症肌無力（Myasthenia Gravis , MG）是指神經肌肉處的Ach接受器減少，導致肌肉收縮無力。是一種自體免疫疾病；發生年齡以11～30歲女性為多，或51～70歲男性為主。

好發生眼肌、吞嚥肌、呼吸肌及四肢肌肉。其中以侵犯眼肌（內直肌）最常見，所以MG病患在早期會發生眼皮下垂及複視現象，約85%病人會有肌無力症狀。治療MG多以抗Ach酶為主，輔以胸腺切除法或配合免疫抑制治療及血液透析。

骨骼肌的解剖（Anatomy of Skeletal Muscle）

每一條骨骼肌包含了結締組織、神經血管及骨骼肌組織器官，所以必須瞭解相關的肌肉解剖名詞。

結締組織成分（Connective Tissue Components）

筋膜（fascia）位於皮下，或包住肌肉及其他器官的片狀或帶狀纖維結締組織，分成淺層及深層筋膜。

項　目	組　成	功　能
淺層筋膜	脂肪組織及疏鬆結締組織	・是水和脂肪的倉庫。 ・形成絕緣層，以保護身體，免於喪失水分。 ・對重擊提供機械性保護。 ・作為神經血管的通路。
深層筋膜	皮下組織的深層部分，為不含脂肪的緻密結締組織	・延伸成肌外膜，包覆整個肌肉，得以自由運動。 ・做為體壁襯裡與填充肌肉間之空隙。 ・有時作為肌肉的起始點。

其他的結締組織尚有由粗細肌絲構成的肌原纖維組成肌纖維（肌細胞），肌纖維組成肌束，肌束再組成肌肉（圖6-4）。肌內膜（endomysium）包圍肌纖維；肌束膜（perimysium）包圍肌束；肌外膜（epimysium）包圍整塊肌肉，三者皆為深層筋膜延伸而成，皆可延伸至肌肉外，而成肌腱（tendon）附著於骨骼上。若肌腱擴展為片狀時，即

為腱膜（aponeurosis），如顱頂的帽狀腱膜。在手腕及足踝處的肌腱外圍，包有管狀的緻密纖維結締組織，為腱鞘（tendon sheaths），內有滑液，使肌腱滑動順利。而在腹部中央的白線及將心臟房室瓣附著於乳頭狀肌的是腱索。

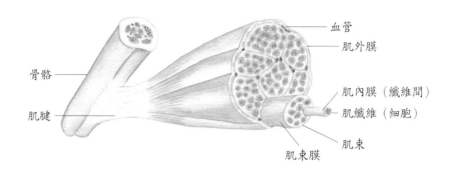

圖6-4　結締組織與骨骼的關係

肌肉各層次構造特性的比較：

項　目	肌原纖維（肌絲）	肌纖維（肌細胞）	肌　肉
構成	肌凝蛋白、肌動蛋白組成	肌原纖維組成	肌纖維組成
收縮	全或無定律收縮	全或無定律收縮	等級性收縮
收縮後長度	長度不變	縮短	縮短

神經血管（Nerve and Blood）

　　骨骼肌通常被稱為隨意肌，但也有例外，例如：呼吸時所用的橫膈即不受意志控制。骨骼肌的神經支配和血管供應的情形會直接影響肌肉收縮的功能，通常都會有一條動脈伴隨一或二條靜脈及一條神經穿入一塊骨骼肌，而較大的血管及神經分支會相伴通過肌肉的結締組織。微血管則分布於肌內膜，所以每一條肌細胞皆能與較多的微血管接觸。每一條骨骼肌纖維通常會與一個神經細胞的軸突終端球相連接，以便接受神經衝動的刺激，才會產生收縮。收縮所需的能量、營養、氧氣的供應及廢物的去除，皆有賴血液的供應與運送。

　　當翹腳或趴在桌上睡覺時，流經肌肉的血液和神經衝動暫時被阻斷而失去感覺，等壓力去除後，神經衝動即恢復，血液供應也會恢復正常，只是過程中會有一些針刺感。

組織學（Histology）

　　骨骼肌是由獨立特化的細胞所構成，此細胞稱為肌纖維，是長圓柱狀的多核細胞如圖6-4。運動會使肌肉變粗大，這是肌纖維的直徑增加，肌纖維數量是維持不變的。

　　肌纖維被肌漿膜（細胞膜）包覆，內有肌漿（細胞質），近肌漿膜處有多個細胞核。肌漿內有肌原纖維、特殊高能量分子、酶及肌漿網。肌漿網相當於一般細胞的無顆粒內質網，可儲存與輸送鈣離子。橫走肌纖維，並與肌漿網垂直的是橫小管（T小管），由明亮的I帶與暗的A帶交接處進入肌漿，可將細胞間液直接送入每一肌節。它是肌漿膜延伸而開口於肌纖維外的構造。一個橫小管與其兩旁的肌漿網側囊（終池）組成三合體（triad）。圖6-5。

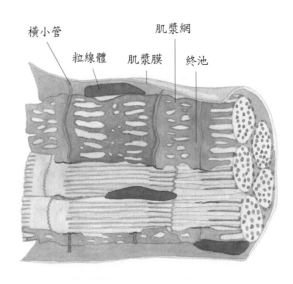

圖6-5　骨骼肌的組織學

心肌的解剖（Anatomy of Cardiac Muscle）

　　心肌組織構成心臟壁，具有橫紋，但為不隨意肌。心肌纖維大致呈方形，細胞核位於中央，纖維外有肌漿膜，只是與骨骼肌相較，心肌的肌漿較多、粒線體較大且數目較多。其粗細肌絲的情況與骨骼肌相似，只是橫小管較大且位於Z線上，肌漿網也較不發達。

　　心肌纖維間以間盤相隔，間盤是增厚的肌漿膜，可強化心肌組織，以助衝動的傳導。在正常情況下，心肌組織以每分鐘約75次的速率，作快速、連續及節律性的收縮與舒張，所以需數目較多且大的粒線體來供應能量。心臟本身有傳導組織，並不需靠外在

神經的刺激。

心肌纖維收縮的時間比骨骼肌長10至15倍，不反應期是骨骼肌的60倍，故不易強直、疲倦。

平滑肌的解剖（Anatomy of Smooth Muscle）

平滑肌組織不具橫紋，是不隨意肌。平滑肌纖維呈梭形，卵圓形細胞核位於中央，雖也有粗、細肌絲，但排列不規則，且無A帶、I帶，但有中間絲連在兩個緻密體（相當於橫紋肌的Z線）上。肌漿網較骨骼肌不發達；胞飲小泡相當於橫小管，可將神經衝動傳入肌纖維。

平滑肌纖維收縮與鬆弛的持續時間約較骨骼肌長5～500倍，收縮所需的鈣離子來自肌漿網與細胞外液，因不具橫小管，發動收縮程序，所需時間較長。平滑肌纖維也不具與鈣離子結合的旋轉素，使用耗時較久的機轉，使肌肉收縮持續較久。

鈣離子進出肌纖維的速度慢，可延遲鬆弛的時間，而提供肌肉的緊張度，這對消化管壁、小動脈管壁及膀胱壁等內容物能維持穩定的壓力很重要。

骨骼肌與運動（Skeletal Muscles and Movement）

肌肉附著於骨頭的一端越過關節至另一塊骨頭，當肌肉收縮時，產生彎曲、伸直、內收、外展、旋前、旋後、前引、後縮、上提、下壓、內翻、外翻、旋轉、迴旋等動作。在產生動作時，肌肉按照不同的功能可區分為四群：

1. 作用肌（agonist）：產生動作的主要肌肉，又稱為原動肌。
2. 拮抗肌（antagonist）：與原動肌產生相反作用的肌肉。拮抗肌不但可對抗作用肌的收縮，並能防止關節在強烈的肌肉收縮時受到傷害。也就是當作用肌收縮時，拮抗肌便緩和的舒張。
3. 協同肌（synergist）：是協助原動肌作用的肌肉。當原動肌的作用範圍超過一個關節以上時，協同肌的參與可防止關節間的移動。
4. 固定肌（fixator）：提供原動肌作用時穩定的基礎。通常是發生在遠側端肢體運動時將近側端固定的肌肉，又稱固位肌。

一個動作的產生常需靠一群骨骼肌的協調，例如：握拳時的原動肌是手指的長屈肌群（屈拇長肌、屈指淺肌、屈指深肌）；協同肌是手腕的伸肌群（橈側伸腕長肌、橈側伸腕短肌、尺側伸腕肌），以阻止手腕同時彎曲；若將握緊的 拳頭慢慢張開，在原動肌

收縮的同時，手腕的伸肌群舒張就變成了拮抗肌。當手提重物時，肩與肘關節可提供穩定的力量，是由胸大肌、三角肌、棘上肌、肩胛下肌、肱二頭肌、肱肌、肱三頭肌的整合作用使肩帶、手臂、前臂得以穩定，所以這些肌肉是固定肌。

起止端（Origin and Insertion）

肌肉的中央部分通常較寬且厚稱為肌腹（belly），肌肉的兩端是肌腱，肌腱是由緊密排列的膠原纖維構成，也是由包裹肌肉的肌外膜及深層筋膜延伸而來，最後連接至骨頭。人體最厚的肌腱是跟骨上的跟腱（Achilles tendon），它將腓腸肌連接到跟骨。

骨骼肌施力於肌腱拉動骨骼而產生運動。肌腱附著於固定骨的一端稱為起端，附著於可動骨的一端稱為止端，通常起端在近側端，止端在遠側端。運動時，止端移向起端（圖6-6）。

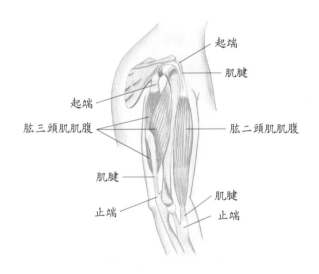

圖6-6　骨骼肌與骨骼的關係

肌束排列（Arrangement of Fasciculi）

骨骼肌的肌纖維聚集成束稱為肌束，肌束內的肌纖維彼此平行排列，但是肌束對於肌腱的排列方式則可能有下列四種型式（圖6-7），不同型態的肌束有不同的肌肉活動範圍及力量。肌腹越長其肌肉活動範圍越大；肌纖維數越多其整塊肌肉就越有力。

1. 平行（parallel）：肌束與肌腱之長軸平行，活動範圍大但不是很有力量。
   ⑴四邊形：兩端終止於扁平肌腱，肌肉形狀為四邊形，如腹直肌。
   ⑵梭形：肌肉在越近肌腱處越細，例如肱二、三頭肌。

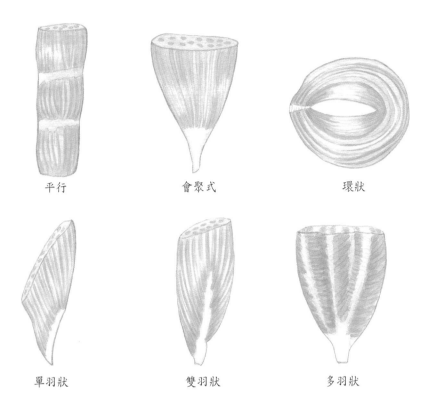

平行　　　　　　　　會聚式　　　　　　　　環狀

單羽狀　　　　　　　雙羽狀　　　　　　　　多羽狀

圖6-7　肌束排列的型式

2. 會聚式（convergent）：一片廣闊的肌束會聚成一狹窄的止端，這一類肌肉呈三角形，如胸大肌。

3. 羽毛狀（pennate）：肌束之長度較短，而肌腱則幾乎延伸到整條肌肉的長度，肌束斜向肌腱，就像羽幹之羽毛一般。

　　⑴單羽狀肌：斜向的肌束只排列在肌腱的一側，收縮時拉向肌腱側，如伸趾長肌、脛骨後肌。

　　⑵雙羽狀肌：斜向的肌束排列在肌腱的兩側，肌腱兩側有相同的拉力，如股直肌。

　　⑶多羽狀肌：許多斜向的肌束排列在肌腱上，如手臂的三角肌。

4. 環狀（circular）：肌束排列成環狀而環繞一開口，如口輪匝肌、眼輪匝肌。

骨骼肌命名（Naming Skeletal Muscles）

依據下列特徵來命名。

1. 位置：以位置與骨骼或身體之部位相關而命名。例如顳肌覆於顳骨上；肋間肌位

於肋間；脛骨前肌位於脛骨前面等。

2. 形狀：依據肌肉具有特別形狀而命名。例如三角肌呈三角形；斜方肌呈不等邊四邊形等。

3. 相對之大小：例如臀大肌及臀小肌；內收長肌及內收短肌。

4. 肌纖維之方向：可依據肌纖維之方向與體幹的中線或四肢之長軸之相關性而命名。例如：腹直肌；腹橫肌；腹斜肌。

5. 起端的數目：例如肱二頭肌；肱三頭肌；股四頭肌分別有二個、三個、四個起端或頭。

6. 起端與止端的位置：以其附著點，即起端與止端之名稱來命名。例如胸鎖乳突肌即起於胸骨、鎖骨，止於顳骨乳突；莖突舌骨肌起於顳骨莖突，止於舌骨。

7. 作用：例如橈骨伸腕長肌即是以作用來命名。其實它也表達了位置與大小。

人體主要的骨骼肌（Major Skeletal Muscles of the Body）

表情肌（Muscles of the Facial Expression）

顏面肌肉不像骨骼肌那樣和骨頭相連接，許多顏面表情肌都是體被肌，表示表情肌位於顏面部及頭皮的皮下肌肉，起始於頭顱骨或筋膜，終止於顏面部及頭皮的皮膚或筋膜，肌肉收縮時，可引起臉部表情的變化（圖6-8）。因表達了情緒，所以稱為表情肌。例如：額肌的外側部收縮形成挑眉表情。

表情肌共同創造出表情或動作，例如：微笑是由八個肌肉產生；皺眉表示不滿時所用的肌肉可多達20個。顏面肌除了表現感情外，有時尚有它用，例如：吸氣時鼻肌可擴大鼻孔，咀嚼時頰肌可將食物由頰部推向牙齒，頰肌亦可做吹氣和吸吮動作。

肌　肉	起　端	止　端	作　用	神經支配
顱頂肌額肌	包括額肌與枕肌，兩者間以帽狀腱膜相連接。			
	帽狀腱膜	眶上線上面之皮膚	舉眉，皺前額（抬頭紋）	顏面神經
枕肌	枕骨及顳骨乳突	帽狀腱膜	將頭皮往後拉	顏面神經
耳肌（耳前肌、耳上肌、耳後肌）	帽狀腱膜	靠近外耳處	活動耳朵	顏面神經
皺眉肌	額骨眉弓	眉弓處的皮膚	皺眉	顏面神經

（續）

肌　肉	起　端	止　端	作　用	神經支配
眼輪匝肌	眼眶內緣瞼內側韌帶淚骨	眼眶邊緣的皮膚；瞼板	關閉眼裂（閉眼）瞇眼；外側部收縮使眼帶笑意，也會產生魚尾紋	顏面神經
提上瞼肌	蝶骨小翼，視神經管前方與上方	上眼瞼的皮膚和瞼板	上提上眼瞼（開啟眼裂；睜眼）	動眼神經
口輪匝肌	上、下頜骨口唇周圍的肌肉纖維	嘴角皮膚	口唇的關閉、突出、壓迫等（如吹口哨、吸吮時嘴唇的縮攏），說話時使口唇成形	顏面神經
顴大肌	顴骨	嘴角及口輪匝肌上之皮膚	發笑時，使嘴角向上向外拉	顏面神經
顴小肌（在顴大肌內側）	顴骨	上唇的筋膜和肌肉組織	上提與突出上唇加深法令紋；微笑	顏面神經
上唇提肌	上頜骨	上唇筋膜	上唇上舉及突出	顏面神經
下唇降肌	下頜骨	下唇筋膜	下唇下壓、突出及往外拉動	顏面神經
口角提肌	上頜骨	嘴角筋膜	嘴角上提	顏面神經
口角降肌	下頜骨	嘴角筋膜	往下、往外拉動嘴角	顏面神經
頰肌（喇叭手肌）	上、下頜骨的齒槽突及翼突、下頜韌帶	口輪匝肌	吹口哨、吹氣時壓迫臉頰，並能產生吸吮動作	顏面神經
頦肌	下頜骨的門齒窩	下巴的皮膚	上提並突出下唇皺起下巴皮膚	顏面神經
笑肌	嚼肌上面之筋膜	嘴角之皮膚	將嘴角向外拉	顏面神經
提上唇鼻翼肌	上頜骨	上唇筋膜與鼻子	擴張鼻孔；上提與突出上唇	顏面神經
鼻肌	眼眶近側及下方	鼻軟骨下方	深呼吸時張開鼻孔	顏面神經
鼻眉肌	鼻骨下部，鼻軟骨外側	眉弓之間的筋膜與皮膚	使眉毛向內或向下	顏面神經
頸闊肌	胸大肌、三角肌的淺筋膜	下頜骨，臉頰皮膚，口輪匝肌嘴角部位的肌纖維	下壓下頜骨；下拉嘴角；緊縮頸部筋膜	顏面神經

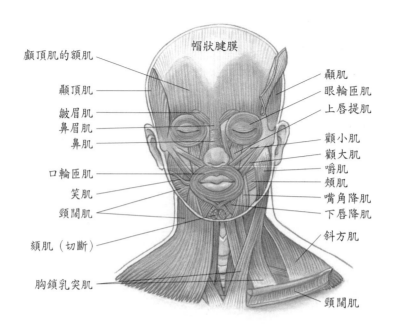

圖6-8　表情肌的正面觀

臨床指引：

　　肉毒桿菌是一種神經毒素，分A、B、E、F、G五種，能緊密的附在神經末梢抑制肌肉收縮的Ach正常釋放，進而阻止肌肉收縮，使肌肉暫時性的力量減弱或麻痺。

　　1977年Scott醫師將少數量肉毒桿菌A局部注射在斜視的病人臉上後，意外發現具有減少臉部皺紋的用途。

　　顏面表情肌肉因收縮時間太長，而使顏面肌肉產生紋路，也就是動態紋或表情紋，就會產生動態性皺紋，如：皺眉紋、抬頭紋、魚尾紋等。利用少量的肉毒桿菌A注射，阻斷肌肉的神經衝動，使臉上的皺紋放鬆，進而達到繃緊而除皺的效果，臉上的皺紋是因許多表情牽扯顏面肌肉而產生的紋路，也就是動態紋或表情紋，如：抬頭紋、皺眉紋、魚尾紋……等

　　注射一次肉毒桿菌效果可維持半年，有2%的機率會導致眼瞼下垂。

咀嚼肌（Muscles of Mastication）

　　咀嚼肌可拉動下頜骨引起咀嚼運動，同時也與講話動作有關。如圖6-9，顳肌的肌肉呈扇形，覆蓋整個顳區；嚼肌呈四角形，覆蓋於下頜枝及髁狀突的外側，是人體內最強

壯的肌肉，由兩塊肌腹重疊而成；翼外肌起源於二個頭，尖端往後方附著；翼內肌呈四邊形，位於下頜骨枝深部。翼內、外肌協助嚼肌與顳肌做出移動下頜骨以產生研磨的動作。

肌 肉	起 端	止 端	作 用	神經支配
嚼肌	顴弓	下頜角及下頜枝外側面	咀嚼肌中最有力者上提下頜骨使口閉合；協助前伸下頜	三叉神經之下頜枝
顳肌	顳窩及顳筋膜	下頜骨冠狀突	咀嚼肌中最結實者上提及縮回下頜骨可使牙關緊閉	三叉神經之下頜枝
翼外肌	上頭：蝶骨大翼的顳下崤 下頭：蝶骨翼外板的外側	下頜骨的髁突及顳頜關節的關節囊和關節盤	使下頜骨前突及移向對側，張口。可單獨作用或與另一側交互作用，使下頜骨作橫向移動	三叉神經之下頜枝
翼內肌	深頭：翼外板的內側面與腭骨 淺頭：上頜骨粗隆	下頜枝的內側面	使下頜骨上提、前伸、移向對側，有助於牙齒作研磨的動作	三叉神經之下頜枝

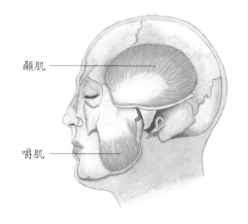
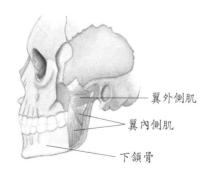

圖6-9　咀嚼肌

移動眼球的肌肉（Muscles that Move the Eye）

　　能移動眼球肌肉的是眼球的六條外在肌，此六條外在肌可使眼睛沿著通過眼球正中的水平軸、垂直軸和矢狀軸旋轉。其起端在眼球以外的構造，止端在眼球的外表面，四

條直肌止於水平軸的前方，二條斜肌則止於水平軸後方。在第八章詳細說明。

移動舌頭的肌肉（Muscles that Move the Tongue）

舌的每一半各有四條內在肌及外在肌，移動舌頭的肌肉是外在肌，能使舌頭產生如捲舌之靈巧動作的是內在肌。舌的外在肌群主要由頦舌肌（圖6-10）構成，是由下頜骨內的上頦棘以不同方向延伸至舌內，收縮時，可藉由不同的動作，助吞嚥動作的進行。

舌肌的基本功能是說話及口腔內食物的攪拌。正常情況下，頦舌肌可防止舌頭向後掉入喉嚨而窒息，所以在全身麻醉時，頦舌肌會完全鬆弛或麻痺而阻斷呼吸道，因此麻醉師要將下頜骨往前推或使用彎曲的導管使舌頭向前，且導管不可深入喉嚨。

肌　肉	起　端	止　端	作　用	神經支配
頦舌肌	下頜骨頦棘	舌背及舌骨	舌下壓及前伸	舌下神經
莖突舌肌	顳骨莖突	舌底部及兩側	舌上提及縮回	舌下神經
腭舌肌	軟腭前面	舌兩側	舌上提及軟腭下壓	舌下神經
舌骨舌肌	舌骨體	舌兩側	舌下壓及縮回	舌下神經

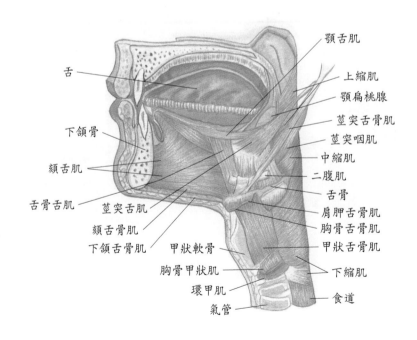

圖6-10　咽及移動舌頭的肌肉

咽的肌肉（Muscles of Pharynx）

咽的肌肉（圖6-10）包括構成咽壁的咽縮肌及其他終止於咽壁的肌肉，主要負責吞嚥的功能。其中除了莖突咽肌是由舌咽神經支配外，其餘皆由迷走神經支配。

喉的外在肌（Extrinsic Muscles of the Larynx）

許多與口腔、咽部及頸部相關的肌肉都會附著於舌骨上。喉的外在肌（圖6-11）是指終止於舌骨的肌肉，以舌骨為界線，位於舌骨上方的是舌骨上肌（口腔底部肌肉），負責咀嚼、吞嚥；位於舌骨下方的是舌骨下肌（頸部肌肉），在吞嚥或發聲時活動舌骨及喉頭肌群。

二腹肌具二個肌腹，止端以中央腱附著於舌骨，在張口時協助下壓下頜骨或在上提喉部時協助提高舌骨。下頜舌骨肌呈扁平狀，形成口腔底部，支持舌頭。

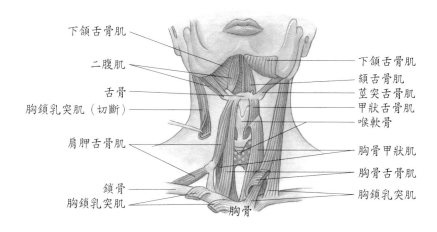

圖6-11　喉的外在肌

	肌　肉	起　端	止　端	作　用	神經支配
舌骨上肌	二腹肌	前腹：下頜骨的二腹肌窩 後腹：顳骨乳突	舌骨體	在吞嚥、說話時，下壓下頜骨、上提舌骨和維持穩定	前腹：三叉神經下頜枝 後腹：顏面神經
	下頜舌骨肌	下頜骨內側面	舌骨體	在吞嚥、說話時上提舌骨、口腔底部、舌頭	三叉神經下頜枝
	頦舌骨肌	下頜骨內側面	舌骨體	將舌骨向前上方拉，縮短口腔底部，加寬咽部	第一、第二頸神經

（續）

肌　肉	起　端	止　端	作　用	神經支配
莖突舌骨肌	顳骨莖突	舌骨體	上提、回縮舌骨，加長口腔底部	顏面神經
肩胛舌骨肌	肩胛骨上緣	舌骨下緣	下壓、回縮和穩定舌骨	頸神經叢
胸骨舌骨肌	胸骨柄和鎖骨內側	舌骨體下緣內側	下壓舌骨	頸神經叢
甲狀舌骨肌	甲狀軟骨斜線	舌骨體外下緣	下壓舌骨、上提甲狀軟骨	頸神經叢
胸骨甲狀肌	胸骨柄後面	甲狀軟骨斜線	下壓舌骨和甲狀軟骨	頸神經叢

（舌骨下肌）

　　肩胛舌骨肌是體內最奇怪的肌肉，它的細長帶狀肌腹由舌骨往下穿過胸鎖乳突肌與斜角肌，最後與肩胛骨相連。它除了負責下壓舌骨外，還能收縮頸部筋膜及擴張頸內靜脈。

喉的內在肌（Intrinsic Muscles of the Larynx）

　　喉的內在肌（圖6-12）是指喉本身的肌肉，起、止端均在喉的軟骨。除了環甲肌是由迷走神經的喉外枝所支配外，其餘皆由迷走的喉返神經支配。主要功能是在發聲時能改變聲帶的緊張度及聲門的大小。

　　環甲肌能使聲帶變緊，聲音尖銳；甲杓肌使聲帶變鬆，聲音低沉；環杓後肌能外展聲帶襞，使聲門變大，聲音大聲；環杓側肌、杓肌則是內收聲帶襞，使聲門變窄，聲音小聲。肌肉皆以起止端命名。

肌　肉	起　端	止　端	作　用	神經支配
環甲肌	環狀軟骨	甲狀軟骨	使聲帶變緊聲音尖銳	迷走神經
環杓側肌	環狀軟骨	杓狀軟骨	內收聲帶襞使聲門變窄	迷走神經
環杓後肌	環狀軟骨	杓狀軟骨	外展聲帶襞使聲門變大	迷走神經
杓肌	杓狀軟骨	杓狀軟骨對側	使聲門變窄	迷走神經
甲杓肌	甲狀軟骨	杓狀軟骨基部及聲帶突	使聲帶變短變鬆，聲音低沉	迷走神經

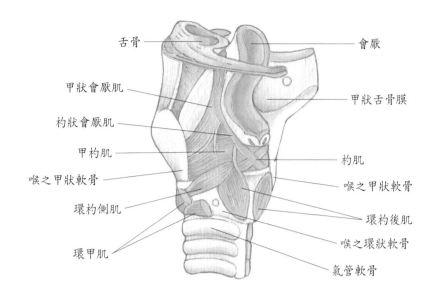

舌骨 — 會厭

甲狀會厭肌 — 甲狀舌骨膜

杓狀會厭肌

甲杓肌 — 杓肌

喉之甲狀軟骨 — 喉之甲狀軟骨

環杓側肌 — 環杓後肌

— 喉之環狀軟骨

環甲肌 — 氣管軟骨

圖6-12　喉的內在肌

移動頭部的肌肉（Muscles that Move the Head）

　　移動頭部的肌肉（圖6-13）位於頸部，起端在頸椎、胸骨或鎖骨，止端在枕骨或顳骨。此處最重要的肌肉是胸鎖乳突肌（sternocleidomastoid, SCM），起端在胸骨、鎖骨，止端在顳骨乳突，它斜行於頸部，將頸部分成前後兩個三角。它也是頸部最明顯的肌肉，亦是呼吸輔助肌之一。單側收縮時，頭轉向對側；雙側同時收縮時，彎曲頸部，將頭拉向前、將頦上提。它也是出生時最容易斷裂的肌肉。頭夾肌在斜方肌與菱形肌之下，纖維朝乳突方向斜向排列，正好在斜方肌與胸鎖乳突肌中間的淺層。

　　頭部屈曲所使用的作用肌，是雙側的胸鎖乳突肌、前斜角肌、頭長肌、頸長肌；頭部伸展所使用的作用肌，有斜方肌及雙側的提肩胛肌、頭夾肌、頸夾肌，還有頭後大、小直肌，頭上斜肌、頭半棘肌。

　　頭部單側旋轉至同側使用的作用肌，有提肩胛肌、頭夾肌、頸夾肌、頭後大直肌、頭下斜肌、頸長肌、頭長肌；單側旋轉至對側時，使用斜方肌、胸鎖乳突肌、前斜角肌、中斜角肌、後斜角肌、多裂肌、轉肌。

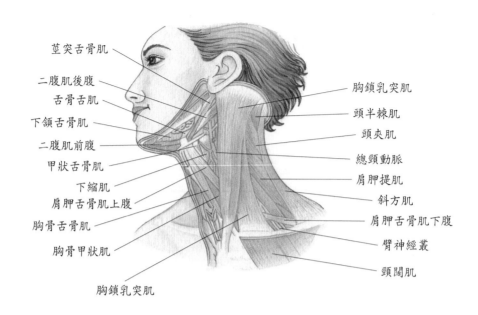

莖突舌骨肌
二腹肌後腹
舌骨舌肌
下頜舌骨肌
二腹肌前腹
甲狀舌骨肌
下縮肌
肩胛舌骨肌上腹
胸骨舌骨肌
胸骨甲狀肌
胸鎖乳突肌

胸鎖乳突肌
頭半棘肌
頭夾肌
總頸動脈
肩胛提肌
斜方肌
肩胛舌骨肌下腹
臂神經叢
頸闊肌

圖6-13　頸部前外側肌肉，包括頸前三角（喉外在肌）頸後三角（移動頭頸部肌肉）

肌　肉	起　端	止　端	作　用	神經支配
胸鎖乳突肌	胸骨、鎖骨	顳骨乳突	單側：外側屈曲頭頸道同側；轉動頭頸道對側 雙側：屈曲頸部；在吸氣時協助上提胸廓	脊副神經及第二、三頸脊神經
頭半棘肌	第七頸椎關節突至第六胸椎之橫突	枕骨	單側：使臉轉向對側 雙側：使頭伸展	頸胸神經的背側枝
頭夾肌	第七頸椎至第四胸椎之棘突及項韌帶	枕骨及顳骨乳突	單側：使臉轉向同側 雙側：使頭伸展	頸脊神經背側枝
頭最長肌	第四頸椎至第四胸椎之突起	顳骨乳突	單側：使臉轉向同側 對側：使頭伸展	頸脊神經背側枝

腹壁的肌群（Muscles of Abdominal Wall）

　　前外側腹壁的上方以第十二對肋軟骨及劍突為界，下方則以腹股溝韌帶和髖骨為界。腹壁由皮膚、皮下結締組織、肌肉、筋膜、腹膜所組成。前外側腹壁有四條重要的肌肉，由外至內，由淺至深的排列順序是：腹直肌、腹外斜肌、腹內斜肌、腹橫肌（圖

6-14）。腹部正中央由劍突至恥骨聯合的索狀結締組織稱為白線，是腹直肌筋膜形成的腱索。

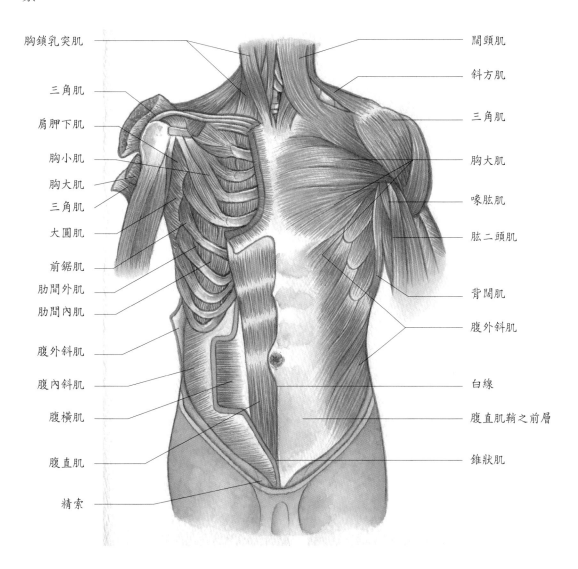

胸鎖乳突肌

三角肌

肩胛下肌

胸小肌

胸大肌

三角肌

大圓肌

前鋸肌

肋間外肌

肋間內肌

腹外斜肌

腹內斜肌

腹橫肌

腹直肌

精索

闊頸肌

斜方肌

三角肌

胸大肌

喙肱肌

肱二頭肌

背闊肌

腹外斜肌

白線

腹直肌鞘之前層

錐狀肌

圖6-14　前胸壁及前腹壁的肌肉

　　腹股溝（鼠蹊）位於腸骨前上棘與恥骨結節間，是由腹外斜肌腱膜在腹部下緣特別增厚而成。腹外斜肌的腱膜在恥骨之上外側有一三角形裂縫，是淺鼠蹊環，亦即腹股溝管的外環，開口於皮下；腹股溝管的內環，開口於腹腔，由腹橫肌腱膜形成。腹股溝管位於腹股溝韌帶內側上方的斜走管道，有男性的精索或女性的子宮圓韌帶通過。腹股溝管是腹壁上較弱的部位，男性開口較女性大，當腹壓增加時，較易使腸子進入其內，甚至進入陰囊內，此即為腹股溝疝氣。提睪肌是腹內斜肌的延伸，與精索相伴而至精囊。

　　腹外斜肌、腹內斜肌、腹膜肌及腹直肌及其腱膜形成了強壯的外側腹壁，可支持腹壁擴張，並提供腹腔內臟相當重要的保護。

　　上胸廓的器官有胸廓保護，但下胸廓的內臟則有賴四塊腹壁肌肉的支撐和保護。這四塊腹壁肌肉以水平、垂直、斜向排列方式包裹住整個腹部，其堅韌強健性也保護了腰部脊椎。

　　臨床指引：疝氣

　　　　腹股溝疝氣（Ingular hernia）是小兒泌尿外科最常見的疾病，俗稱脫腸。出生後腹股溝管關閉不全，導致腹腔內的小腸、網膜等進入其內，而成為疝氣；若僅有腹腔液進入陰囊內，即為陰囊水腫。疝氣一般發生率為1～4%，男生比女生多10倍。治療則以手術高位結紮腹股溝管的方法，宜早日實施以避免發生管內小腸嵌塞產生壞死現象。

肌　肉	起　端	止　端	作　用	神經支配
腹直肌	恥骨嵴、恥骨聯合	第五至七肋軟骨及劍突	屈曲脊椎（雙側）側彎脊椎（單側）	第五至十二胸神經、腹神經根
腹外斜肌	第五至十二肋骨外側面	髂嵴前側、腹肌腱膜到白線	屈曲脊椎（雙側）側彎脊椎（單側）旋轉脊椎到對側壓迫和支撐腹部器官	第七至十二胸神經的腹側神經分枝
腹內斜肌	腹股溝韌帶外側、髂嵴和胸腰筋膜	第十至十二肋骨內側面、腹肌腱膜到白線	屈曲脊椎（雙側）側彎脊椎（單側）旋轉脊椎到同側壓迫和支撐腹部器官	第七至十二胸神經、第一腰神經髂腹下神經、髂腹股溝神經
腹橫肌	腹股溝韌帶外側、髂嵴、胸腰筋膜和第七至十二肋骨內側面	腹肌腱膜到白線	壓迫和支撐腹部器官協助呼吸	第七至十二胸神經、第一腰神經髂腹下神經、髂腹股溝神經

用於呼吸的肌肉（Muscles for Respiration）

　　用於呼吸的肌肉主要位於胸部能改變胸腔體積的肋間肌和橫膈。橫膈是圓頂狀的骨骼肌，為最主要的吸氣肌，前方起端在胸骨劍突及下位六根肋軟骨，後方起端在腰椎（圖6-15），止端在中央腱，由第三至五的頸脊神經組成的膈經所支配。吸氣時，橫膈收

縮，將中央腱拉下，增加胸腔的垂直徑；同時肋間外肌收縮，提升肋骨、胸骨，增加胸腔的前後徑及左右徑。但若用力吸氣時，則會用到胸鎖乳突肌、斜角肌、提肩胛肌、前鋸肌、胸大肌、等吸氣輔助肌。

　　只要橫膈及肋間外肌鬆弛，即可產生呼氣動作。若是用力吐氣，才會用到肋間內肌及腹肌的收縮，以減少胸腔體積。

　　肋間外肌和肋間內肌的肌纖維互相垂直，有助於穩定胸廓。斜角肌位於頸部的前外側，夾在胸鎖乳突肌和斜方肌間，其纖維起源於頸椎側邊，潛入鎖骨底下，附著於第一、二肋骨上，在正常吸氣時，可上提第一、二肋骨。

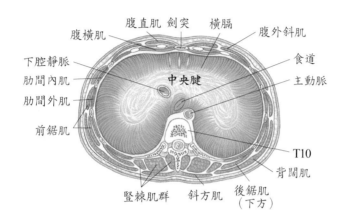

圖6-15　橫膈膜

肌　肉	起　端	止　端	作　用	神經支配
橫膈	第七至十二肋軟骨內側面、腰椎、劍突	橫膈中央腱	在吸氣時，下拉橫膈的中央腱，增加胸腔的垂直容積。	源於頸神經叢的膈神經
肋間外肌	上位肋骨的下緣	下位肋骨的上緣	吸氣時，上拉肋骨增加胸腔的側徑和前後腔	肋間神經
肋間內肌	下位肋骨的上緣	上位肋骨的下緣	用力呼氣時下降肋骨，使胸腔容積變小	肋間神經
斜角肌 　前斜角肌 　中斜角肌 　後斜角肌	 第三至六頸椎橫突前 第二至七頸椎橫突後 第六至七頸椎橫突後	 第一對肋骨 第一對肋骨 第二對肋骨	單側：肋骨固定，頭頸部屈向同側；轉動頭頸至對側。 雙側：吸氣時上提肋骨；屈曲頭部與頸部	頸神經分支

骨盆底的肌肉（Muscles of the Pelvic Floor）

骨盆膈是由提肛肌及尾骨肌所構成，為骨盆腔的最底層，與周圍肌腱形成漏斗狀附著於骨盆腔底部，隔開骨盆腔和會陰部。提肛肌是骨盆底很重要的一塊成對的肌肉，它由恥骨直腸肌（形成U型肌肉吊帶環繞肛門直腸交界）、恥尾肌（是提肛肌的主要部分）、髂尾肌（是提肛肌的後半部，薄而發育不良的肌肉）三部分組成，形成一條肌肉吊帶來支持腹盆腔的臟器，以抗拒腹內壓的上升，並幫助骨盆腔的臟器保持原位。

在生產時，提肛肌有支持胎兒頭部的作用。若難產，會使提肛肌受傷，尤其是恥尾肌最容易受傷，而易引起壓力性尿失禁、膀胱脫垂、子宮脫垂等問題。

肌 肉	起 端	止 端	作 用	神經支配
提肛肌 　恥骨直腸肌 　恥尾肌 　髂尾肌	恥骨弓 恥骨 坐骨棘	恥骨弓 尾骨；肛門 尿道及會陰之中央腱 尾骨	將直腸向前拉，是控制排便的肌肉 支持骨盆底，幫助維持腹壓，縮小肛門口徑 同恥尾肌	第四骶神經分支及陰部神經
尾骨肌	坐骨棘	尾骨及骶骨下部	支持骨盆臟器，使尾骨彎曲	第四、五底神經分支

移動肩帶的肌肉（Muscles that move the Shoulder Girdle）

移動肩胛骨的肌肉止端皆位於肩胛骨或鎖骨。包括的肌肉有位於淺層或深層（圖6-16），淺層肌肉在前面的有：胸鎖乳突肌、三角肌、胸大肌、肱二頭肌，在背面的有斜方肌；深層肌肉在前面的有：鎖骨下肌、胸小肌、前鋸肌，背面有提肩胛肌、大菱形肌、小菱形肌。

斜方肌的起端在枕骨、項韌帶、頸椎及胸椎的棘突，止端在鎖骨、肩峰及肩胛棘，呈兩個大三角形的斜方肌附著在肩帶及脊柱上，以協助上肢懸掛著。它可上提鎖骨，內收、上提、下壓肩胛骨，並伸展頭部（頭部後仰），由第十一對腦神經控制。

提肩胛肌位於頸部外側，其上1/3位於胸鎖乳突肌之下，下1/3位於斜方肌之下，可上提肩胛骨。大、小菱形肌位於斜方肌之下，由脊柱到肩胛骨內側，可內收肩胛骨。

鎖骨下肌由第一肋骨至鎖骨外側，可下壓鎖骨，並在肩胛移動時穩定肩膀；同時在鎖骨斷裂時可當作緩衝以保護鎖骨下的血管，以免受斷裂骨的傷害。胸小肌是由第三至五肋骨前面至肩胛骨喙突，可下壓肩胛骨，也可上提肋骨。前鋸肌則由第一至八或九肋骨至肩胛骨內側緣及下角，可上提肋骨，旋轉肩胛骨。

肩部肌肉在某些運動時可穩定肩膀，例如：手握重物往上提時。若肩胛上提時會用到斜方肌的上部纖維及大小菱形肌、提肩胛肌等上方肌肉；肩胛下壓時則會用到斜方肌的下方纖維及前鋸肌、胸小肌等下方肌肉；肩胛向上旋轉時則用到斜方肌、前鋸肌；肩胛向下旋轉時會用到大小菱形肌和提肩胛肌。

肌　肉	起　端	止　端	作　用	神經支配
斜方肌	枕骨、項韌帶第七頸椎至第十二胸椎棘突	鎖骨外側1/3、肩峰與肩胛棘	上段纖維： 　雙側：伸展頭頸部 　單側：屈曲頭頸至同側；轉動頭頸至對側：上提、上旋肩胛 中段纖維： 　內收、穩定肩胛 下段纖維： 　下壓、上旋肩胛	第十一對腦神經及第二、三、四頸神經的腹側枝
提肩胛肌	第一至四頸椎的橫突	肩胛骨內側緣，介於肩胛上角和肩胛棘間	單側：肩胛上提、向下旋；頭頸外側屈曲；頭頸轉至同側 雙側：伸展頭頸	第三、四頸神經及肩胛背神經
大、小菱形肌	大：第二至五胸椎的棘突 小：第七頸椎和第一胸椎的棘突	大：肩胛骨內側緣 小：肩胛棘以上的內側緣	肩胛骨的內收、上提、向下旋	肩胛背神經
前鋸肌	一至八肋骨的外側面	肩胛骨內側全緣	起端固定：肩胛骨外展、下壓、向上旋；可將肩胛骨內側緣提離肋骨 肩胛骨固定：用力吸氣時可上提胸部	胸長神經
胸小肌	第三、四、五肋骨	肩胛骨喙突內側表面	肩胛骨下壓、外展、向下旋；用力吸氣上提胸部	胸內側神經
胸大肌	鎖骨內半部胸骨和一至六肋軟骨	肱骨外側嵴及結節間溝	所有肌纖維：內收、內旋肩膀；用力吸氣時上提胸部 上部肌纖維：屈曲、內收肩膀 下部肌纖維：伸展肩膀	上部肌纖維：胸外側神經 下部肌纖維：胸外側神經及胸內側神經

（續）

肌　肉	起　端	止　端	作　用	神經支配
鎖骨下肌	第一肋骨和軟骨	鎖骨中央1/3處	下壓鎖骨並將鎖骨往前拉；吸氣時上提第一肋骨；穩定胸鎖關節	鎖骨下神經

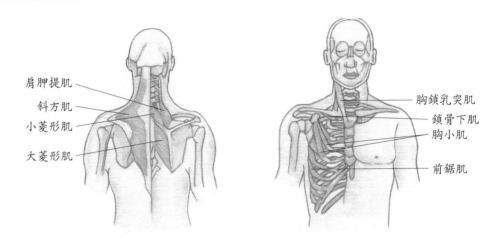

圖6-16　移動肩帶的肌肉

移動上臂的肌肉（Muscles that Move the Arm）

　　移動上臂的肌肉中，胸大肌位於胸部淺層，喙肱肌、肱二頭肌、肱三頭肌位於上臂，其餘的均位於背部及肩胛部（圖6-17）。

　　三角肌形成肩膀的外形，是上臂的主要外展肌，同時棘上肌會協助三角肌的外展動作，是旋轉肌群中唯一未牽涉肩膀轉動的肌肉；肩胛下肌可使上臂向內側旋轉，棘下肌和小圓肌則是向外側旋轉，故棘上肌、肩胛下肌、棘下肌、小圓肌此四條源於肩胛骨的肩胛肌稱為旋轉環帶肌。喙肱肌位於肩胛骨的喙突至肱骨幹中段之前內側，可使上臂屈曲、內收。

　　胸大肌延伸於胸部和肱骨大結節間，乳房附於其上；背闊肌是背部最寬的肌肉，延伸於胸、腰椎與肱骨小結節間。胸大肌屈曲上臂而背闊肌伸直它，此二肌肉可共同工作產生肱骨內收和內旋轉。其實背闊肌的位置，可使肌肉直接作用於肩關節，間接作用於軀幹，所以在攀爬時，可使身體升向手臂。

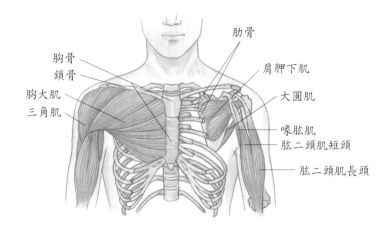

A

胸骨
鎖骨
胸大肌
三角肌

肋骨
肩胛下肌
大圓肌
喙肱肌
肱二頭肌短頭
肱二頭肌長頭

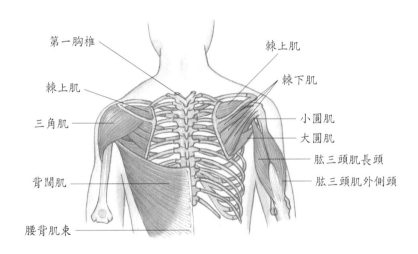

B

第一胸椎
棘上肌
三角肌
背闊肌
腰背肌束

棘上肌
棘下肌
小圓肌
大圓肌
肱三頭肌長頭
肱三頭肌外側頭

圖6-17 移動上臂的肌肉

肌 肉	起 端	止 端	作 用	神經支配
三角肌	鎖骨外側1/3 肩峰及肩胛棘	肱骨的三角肌粗隆	所有纖維：外展上臂 前面纖維：彎曲、內旋、內收上臂 後面纖維：伸直、外旋、外展上臂	腋神經
棘上肌	肩胛骨的棘上窩	肱骨大結節	穩定關節、外展上臂	肩胛上神經
棘下肌	肩胛骨的棘下窩	肱骨大結節	穩定關節，外旋、內收上臂	肩胛上神經
小圓肌	肩胛骨外側緣上部2/3	肱骨大結節	穩定關節，外旋、內收上臂	腋神經

（續）

肌 肉	起 端	止 端	作 用	神經支配
肩胛下肌	肩胛下緣	肱骨小結節	穩定關節，內旋上臂	上、下段的肩胛下神經
大圓肌	肩胛骨下角	肱骨結節近側嵴	伸展、內收、內旋上臂	肩胛下神經下部
背闊肌	肩胛骨下角 第七胸椎至第五腰椎；最後四根肋骨；胸腰腱膜；後髂嵴	肱骨結節間溝	伸展、內收、內旋上臂 下壓縮回及向下旋轉肩胛骨	胸背神經
胸大肌	鎖骨內半部 胸骨及第一至六肋軟骨	肱骨結節間溝外側	所有肌纖維：內收、內旋上臂；用力吸氣時上提胸部 上部肌纖維：屈曲、內收上臂 下部肌纖維：伸展上臂	上部肌肉纖維：胸外側神經 下部肌肉纖維：胸外側及內側神經
喙肱肌	肩胛骨喙突	肱骨中段的內側表面	彎曲、內收上臂 是肩部強壯穩定的肌肉，步行時協助手臂往前擺動	肌皮神經

移動前臂的肌肉（Muscles that Move the Forearm）

　　四條上臂肌肉，三條屈肌（肱二頭肌、肱肌、喙肱肌）位於前面，接受肌皮神經的支配；一條伸肌（肱三頭肌）位於後面，接受橈神經支配，與肱二頭肌互為拮抗。肘肌雖位於前臂，卻與肱三頭肌有密切關係。如圖6-18。喙肱肌類似肱二頭肌的第三個肌頭，也是三角肌的拮抗肌。

　　移動前臂的肌肉包括，能使前臂彎曲的屈肌有肱二頭肌、肱肌、肱橈肌；能使前臂伸展的伸肌有肱三頭肌、肘肌；能使前臂旋前的旋前圓肌、旋前方肌及使前臂旋後的旋後肌。

　　肘窩位於肘的前方之凹陷區，內側是旋前圓肌，外側是肱橈肌，底是肱肌、旋後肌，頂部則由深筋膜混合二頭肌腱膜，淺筋膜和皮膚所組成。橈神經深支通過旋後肌的肌腹，按壓時會引起刺痛感。轉動門把、游蛙式的時候會用到旋前肌。

A

B

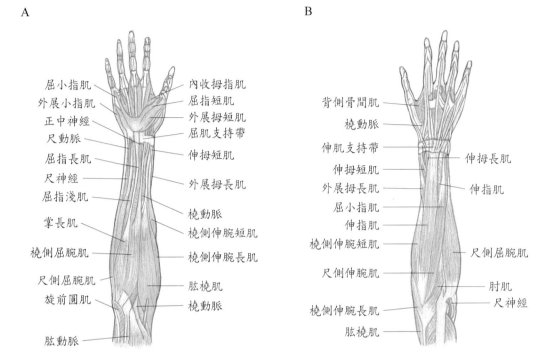

屈小指肌
外展小指肌
正中神經
尺動脈
屈指長肌
尺神經
屈指淺肌
掌長肌
橈側屈腕肌
尺側屈腕肌
旋前圓肌
肱動脈

內收拇指肌
屈指短肌
外展拇短肌
屈肌支持帶
伸拇短肌
外展拇長肌
橈動脈
橈側伸腕短肌
橈側伸腕長肌
肱橈肌
橈動脈

背側骨間肌
橈動脈
伸肌支持帶
伸拇短肌
外展拇長肌
屈小指肌
伸指肌
橈側伸腕短肌
尺側伸腕肌
橈側伸腕長肌
肱橈肌

伸拇長肌
伸指肌
尺側屈腕肌
肘肌
尺神經

圖6-18　右前臂的肌肉

肌　肉	起　端	止　端	作　用	神經支配
肱二頭肌	長頭：肩胛骨盂上結節 短頭：肩胛骨喙突	橈骨粗隆及藉由二頭肌腱膜至前臂筋膜	前臂屈曲及旋後 長頭：屈曲、外展肩部 短頭：內收肩部	肌皮神經
肱肌	肱骨前面遠側端	尺骨冠狀突及粗隆	前臂屈曲	肌皮神經及橈神經
肱橈肌	肱骨髁上嵴	橈骨莖突	前臂屈曲 若前臂旋前、旋後受阻礙時，肱橈肌會協助完成	橈神經
肱三頭肌	長頭：肩胛骨盂下結節 外側頭：肱骨橈神經溝以上部分 內側頭：肱骨橈神經溝以下部分	尺骨鷹嘴突	伸展前臂 長頭有助於伸展、內收肩部	橈神經

（續）

肌 肉	起 端	止 端	作 用	神經支配
肘肌	肱骨外上髁	尺骨幹之上部及鷹嘴突	伸展前臂	橈神經
旋後肌	肱骨外上髁及尺骨嵴	橈骨斜線	旋後前臂	橈神經
旋前圓肌	肱骨內上髁及尺骨冠狀突	橈骨幹中部外側面	旋前前臂	正中神經
旋前方肌	尺骨幹遠側端	橈骨幹遠側端	旋前前臂	正中神經

移動手腕及手指的肌肉（Muscles that Move the Wrist and Fingers）

手的外在肌

起始於上臂或前臂，終止於手部。位於前面的是屈肌群，在後面的是伸肌群。如圖6-19。

1. 屈肌群：肌腱在腕部的前面被支持帶所覆蓋。

   (1)淺層肌群：旋前圓肌、橈側屈腕肌、掌長肌、尺側屈腕肌和屈指淺肌。

   (2)深層肌群：屈指伸肌、屈拇長肌、旋前方肌。

2. 伸肌群：依功能可分三群。

   (1)在腕關節處可伸、外展或內收的肌肉：橈側伸腕長肌、橈側伸腕短肌、尺側伸腕肌。

   (2)可伸內側四指的肌肉：伸指肌、伸食指肌、伸小指肌。

   (3)可伸或外展拇指的肌肉：外展拇長肌、伸拇短肌、伸拇長肌。

   其中橈側伸腕短肌、尺側伸腕肌、伸指肌、伸小指肌是屬淺層伸肌。

肌 肉	起 端	止 端	作 用	神經支配
橈側伸腕長肌	肱骨外側上髁	第二掌骨基部	伸直及外展手腕	橈神經
橈側伸腕短肌	肱骨外側上髁	第三掌骨基部	伸直及外展手腕	橈神經
尺側伸腕肌	肱骨外側上髁	第五掌骨基部	伸直及內收手腕	橈神經
伸指肌	肱骨外側上髁	第二至五手指的中間指骨與遠端指骨基部	伸直第二至五手指；協助伸直手腕	橈神經

（續）

肌　肉	起　端	止　端	作　用	神經支配
橈側屈腕肌	肱骨內側上髁	第二、三掌骨基部	屈曲及外展手腕	正中神經
掌長肌	肱骨內側上髁	屈肌支持帶和掌腱膜	拉緊掌腱膜 屈曲手腕	正中神經
尺側屈腕肌	肱骨內側上髁 尺骨後側近側端	豆狀骨、鉤狀骨和第五掌骨基部	屈曲及內收手腕	尺神經
屈指淺肌	肱骨內側上髁、尺骨側韌帶、尺骨冠狀突、骨間膜、橈骨近側骨幹	第二至第五中間指骨側面	屈曲第二至第五手指；屈曲手腕	正中神經
屈指深肌	尺骨近端3/4處的前內側表面	遠端指骨基部 第二至五手指的掌側表面	屈曲第二至第五手指；輔助屈曲手腕	正中神經 尺神經

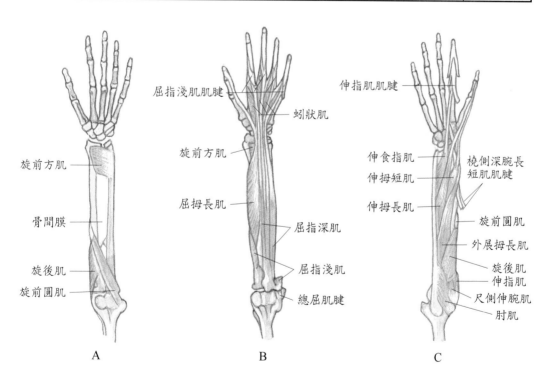

圖6-19　右手腕的深層肌肉

手的內在肌

　　起、止端皆在手部，涉及手部的靈巧運動，其神經支配大部分來自尺神經。所以手

部的靈巧動作與尺神經最相關。如圖6-20。可分成四群：

1. 在拇指部分的拇指球肌（魚際肌群）：包括外展拇短肌、屈拇短肌、拇對掌肌，可先伸後外展、屈曲、內旋、內收。在內收拇肌及屈拇長肌的作用下，可增加拇指對其他指尖的壓力。

2. 負責大拇指活動的八個肌肉區分為長肌與短肌兩群，長肌是指：外展拇長肌、屈拇長肌、伸拇長肌及伸拇短肌；短肌指的是魚際肌群：外展拇短肌、屈拇短肌、拇對掌肌及內收拇肌。

3. 內收部分的內收拇肌：當橈動脈進入手掌形成深掌弓時，將內收拇肌分成兩頭，遠端附著點是近端指節底的內側面；肌腱的終點則含有一種子骨。

4. 在小指部分的小指球肌：包括外展小指肌、屈小指短肌、小指對掌肌，可移動第五小指。

5. 手的短肌：包括蚓狀肌和骨間肌。蚓狀肌作用在內側四指；骨間肌介於掌骨之間，可作用於全部五指。骨間背肌外展手指，骨間掌肌則內收手指。蚓狀肌是由手掌面的屈指深肌腱側面延伸出來的；骨間肌的位置比蚓狀肌深，位於掌骨間。

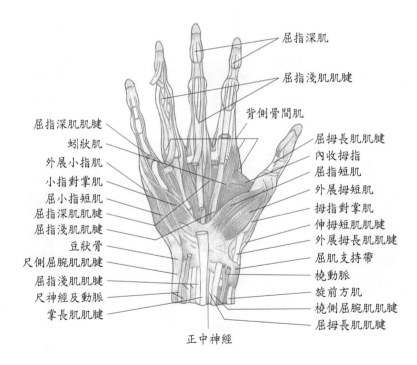

圖6-20　手部的內在肌（前面觀）

肌 肉	起 端	止 端	作 用	神經支配
外展拇長肌	橈骨、尺骨的背側面	第一掌骨基部	外展及伸直拇指外展手腕	橈神經
伸拇長肌	尺骨背側面；骨間膜	拇指遠端指骨基部	伸直拇指；幫助開掌	橈神經
伸拇短肌	橈骨背側面；骨間膜	拇指近端指骨基部	伸直拇指；幫助開掌	橈神經
屈拇長肌	橈骨前側面；骨間膜	拇指遠端指骨基部	屈曲拇指；協助屈曲手腕	正中神經
外展拇短肌	舟狀骨、大多角骨及屈肌支持帶	拇指近端指骨基部	外展拇指；幫助對掌	正中神經
屈拇短肌	大、小多角骨及頭狀骨；屈肌支持帶	拇指近端指骨基部	屈曲拇指；幫助對掌及開掌	正中神經尺神經
拇對掌肌	大多角骨及屈肌支持帶	第一掌骨橈側面	對掌動作	正中神經
內收拇肌	頭狀骨及第二、三掌骨	拇指近端指骨基部	內收拇指；協助屈曲拇指	尺神經
蚓狀肌	屈指伸肌腱表面	指骨背面的伸肌腱膜	伸展第二至五的指間關節；屈曲第二至五的掌指關節	正中神經尺神經
掌側骨間肌	第一、二、四、五掌骨基部	近端指骨基部	內收各指及伸展指間關節、屈曲掌指關節	尺神經
背側骨間肌	所有掌骨的鄰接面	第二、三、四手指近端指骨基部	外展第二、三、四手指的掌指關節	尺神經
外展小指肌	豆狀骨和尺側屈腕肌腱	小指近端指骨基部	外展小指	尺神經
屈小指短肌	鉤狀骨及屈肌支持帶	小指近端指骨基部掌側面	屈曲小指	尺神經
小指對掌肌	鉤狀骨及屈肌支持帶	小指掌骨骨幹尺側面	將小指轉向手部正中線	尺神經

移動脊柱的肌肉（Muscles that Move the Vertebral Column）

　　脊椎的肌肉排列非常特別，是由無數緻密的纖維交織而成，一般可分為四個族群：豎脊肌群或薦棘肌群（髂肋肌、最長肌、棘肌）由棘突尖端延伸到肋骨體；橫突棘肌群（轉肌、多裂肌、半棘肌）在椎板溝內，在豎棘肌群的下面；兩個夾肌（頭夾肌、頸夾肌）是沿著頸後分布，在斜方肌下；四對八個短短的枕下肌（頭後小直肌、頭後大直肌、頭上斜肌、頭下斜肌）位於頭部的底部，是最深層的肌肉。

　　移動脊柱的肌肉位於背部的深層（圖6-21），它是背部的內在肌，其中最主要的是薦（骶）棘肌群。薦棘肌群縱向沿著整條脊柱後方由薦椎延伸至枕骨或顳骨乳突上，其肌肉組織緻密且層層排列，可使頭、頸、軀幹產生伸展、側屈及旋轉的動作。薦棘肌群由外至內包括了三組肌群，即髂肋肌群、最長肌群、棘肌群。棘肌是三種肌肉中最小的肌肉，位於最靠近脊椎的椎板溝內。厚實的最長肌與外側的髂肋肌沿著腰椎與胸椎形成明顯的隆起。髂肋肌的長肌腱則在肩胛骨下方網外側伸展。薦棘肌群在腰椎深入胸腰腱膜下；在胸椎與頸椎處是深入斜方肌、菱形肌、後鋸肌之下。

　　在薦棘肌群下即是橫突棘肌群，沿著脊柱延伸，由脊椎橫突與棘突伸出不同長度的肌肉纖維將脊椎串連在一起。多裂肌非常厚實，下面是短小的轉肌。半棘肌是沿著胸椎和頸椎分布，最後與顱部相連。當伸展頸部以對抗阻力時，即可發現頸後有兩個半棘肌所構成的丘。

　　長形的頭夾肌與頸夾肌沿著上背部和頸後分布，其肌纖維是斜向排列。頭夾肌在斜方肌與菱形肌下面，肌纖維朝著乳突方向斜向排列。頸夾肌在頭夾肌的下方。四對八個枕下肌與寰椎、軸椎的穩定有關。

1. 使頸椎椎骨間關節運動的主要肌肉

屈曲	伸展	側彎	旋轉
兩側同時收縮 　胸鎖乳突肌 　前斜角肌 　頭長肌 　頸長肌	兩側同時收縮 　斜方肌 　提肩胛肌 　頭夾肌 　頸夾肌	單側收縮 　頭夾肌 　頸夾肌 　頭長肌 　頸長肌 　頭最長肌 　頸最長肌 　頸髂肋肌	單側收縮轉對側 　斜方肌 　胸鎖乳突肌 　斜角肌 　多裂肌 　轉肌

2. 使胸、腰椎椎骨間關節運動的主要肌肉

屈曲	伸展	側彎	旋轉
兩側同時收縮 腹直肌 腹外斜肌 腹內斜肌 腰大肌	兩側同時收縮 最長肌 髂肋肌 多裂肌 轉肌 棘肌	單側收縮 髂肋肌 腹外、內斜肌 最長肌 腰方肌 棘肌	單側收縮 腹外斜與對側腹 內斜肌同時作用 多裂肌 轉肌

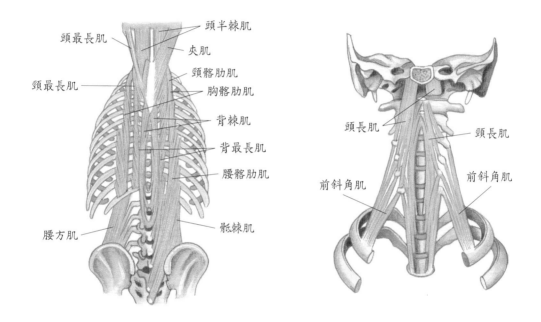

圖6-21　脊柱的肌肉

肌　肉	起　端	止　端	作　用	神經支配
薦棘肌群	附著在薦骨後側面、髂嵴、腰椎棘突和胸腰腱膜	後肋骨、胸椎與頸椎的棘突與橫突、及顳骨乳突	單側：外側屈曲脊柱到同側 雙側：伸展脊柱	脊神經
棘肌	上腰椎及下胸椎的棘突 項韌帶、第七頸椎棘突	上胸椎的棘突 除了第一頸椎外的頸椎棘突	單側：旋轉頭部和頸部到對側 雙側：伸展脊柱	脊神經的背側神經分枝

（續）

肌　肉	起　端	止　端	作　用	神經支配
最長肌	胸腰椎腱膜上五節胸椎橫突	下九根肋骨與胸椎橫突頸椎橫突顳骨乳突	單側：側彎脊椎雙側：伸展脊椎旋轉頭部和頸部到同側	脊神經的背側神經分枝
髂肋肌	胸腹肌腱鞘膜第一至十二肋骨的後側面	第一至三的腰椎橫突第一至十二的肋骨後側面下頸椎橫突	單側：側彎脊椎雙側：伸展脊椎	脊神經的背側神經分枝
橫突棘肌群多裂肌	薦骨和腰椎到頸椎的橫突	腰椎到第二頸椎的棘突（跨越二到四個脊椎）	單側：旋轉脊柱到對側雙側：伸展脊柱	脊神經的背側神經分枝
轉肌	腰椎到頸椎的橫突	腰椎到第二頸椎的棘突（跨越一到二個脊椎）	單側：旋轉脊柱到對側雙側：伸展脊柱	脊神經
半棘肌	第四頸椎至第十二胸椎橫突	第二頸椎至第四胸椎棘突枕骨上、下項線間	單側：旋轉頭部和脊柱到對側雙側：伸展脊椎	脊神經的背側神經分枝
夾肌頭夾肌	項韌帶的下半部及第七頸椎至第四胸椎及突	乳突和上項線的外側部分	單側：轉動頭部與頸部到同側；外側屈曲頭頸	頸神經
頸夾肌	第三至第六胸椎棘突	第一至第三頸椎橫突	雙側：伸展頭頸同頭夾肌	頸神經
枕下肌頭後大直肌	第二頸椎棘突	枕骨下項線	轉動頭部到同側頭部向後伸展	枕下神經
頭後小直肌	第一頸椎後弓結節	枕骨下項線	頭部向後伸展	枕下神經
頭上斜肌	第一頸椎橫突	枕股上下項線間	頭部外側屈曲至同側頭部向後伸展	枕下神經
頭下斜肌	第二頸椎棘突	第一頸椎橫突	轉動頭部到同側	枕下神經

移動大腿小腿的肌肉（Muscles that Move the Thigh and Leg）

　　移動大腿的肌肉起始於髖骨，越過髖關節，終止於股骨（圖6-23、24），越過髖關節前面的，可屈大腿；越過髖關節內側的，可內收或內旋大腿；越過關節後面的，可伸大腿；越過關節外側的，可外展或外旋大腿。所以臀肌（臀大肌、臀中肌、臀小肌）構成臀部和髖部外側，臀大肌和臀中肌是髖部強壯的伸肌和外展肌；臀小肌則負責屈曲和內旋髖部。六個體積較小的旋外肌（梨狀肌、股方肌、閉孔內肌、閉孔外肌、上孖肌、下孖肌）深入臀肌之下，負責髖部的外旋動作。腿後肌群的屈肌是股二頭肌、半腱肌、半膜肌；外旋肌是股二頭肌；內旋肌是半腱、半膜肌。四塊四頭肌位於大腿前側與外側面，可彎曲大腿、伸直小腿。內收肌群則在大腿內側的四頭肌和膕旁肌之間，負責大腿的內收動作。髂腰肌則是髖部的重要屈肌，並負責下背的穩定。

　　移動小腿即是作用於膝關節的肌肉，起始於髖骨或股骨，終止於脛骨或腓骨（圖6-22、23、24）。位於前面和外側的肌肉可伸直小腿；位於後面和內側的肌肉可彎曲小腿。

大腿前側的肌肉

肌　肉	起　端	止　端	作　用	神經支配
髂腰肌 　腰大肌	腰椎體部及橫突	股骨小轉子	彎曲、外旋大腿，側彎腰椎	腰脊神經
髂肌	髂骨崎、髂骨窩	腰大肌肌腱	彎曲、外旋大腿	股神經
闊筋膜張肌	髂骨崎	腸（髂）脛束	屈曲、外展、內旋大腿	上臀神經
縫匠肌	髂骨前上崎	脛骨體內側上方	作用於髖關節：大腿外展、外旋、屈曲 作用於膝關節：小腿屈曲、內旋	股神經
股四頭肌 　股直肌	腸骨前下棘	經由膝韌帶至脛骨粗隆	彎曲大腿；伸展小腿	股神經
股中間肌	股骨幹前外側面	經由膝韌帶至脛骨粗隆	伸展小腿	股神經
股外側肌	股骨大轉子和粗線外唇	經由膝韌帶至脛骨粗隆	伸展小腿	股神經
股內側肌	股骨轉子間線和粗線內唇	經由膝韌帶至脛骨粗隆	伸展小腿	股神經

大腿內側肌肉

除了閉孔外肌，其他皆屬內收肌群，運動時常屬於綜合性的。

內收肌群可分三層，恥骨肌和內收長肌在最外層，下面是內收短肌，最裡層的是內收大肌，這四塊肌肉夾在股四頭肌群的後方，止端在股骨後側。股薄肌則在大腿內側表層，是唯一跨越膝蓋的內收肌。

肌　肉	起　端	止　端	作　用	神經支配
恥骨肌	恥骨上枝	股骨小轉子下方的恥骨肌線	內收、屈曲大腿	股神經 閉孔神經
內收長肌	恥骨結節	股骨粗線中段	內收大腿	閉孔神經
內收短肌	恥骨下枝	股骨粗線近端	內收大腿	閉孔神經
內收大肌	恥骨及坐骨下枝、坐骨粗隆	股骨粗線	內收大腿，前面部分屈大腿，後面部分伸大腿	閉孔神經 坐骨神經
股薄肌	恥骨體及下枝	脛骨內側上方	內收大腿、彎曲小腿	閉孔神經
閉孔外肌	閉孔緣和膜	股骨轉子間窩	外旋大腿	閉孔神經

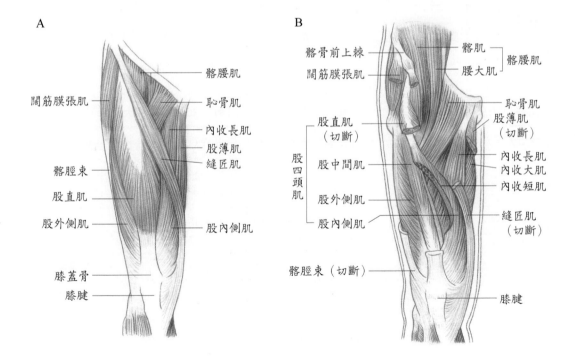

圖6-22　大腿前內側肌肉

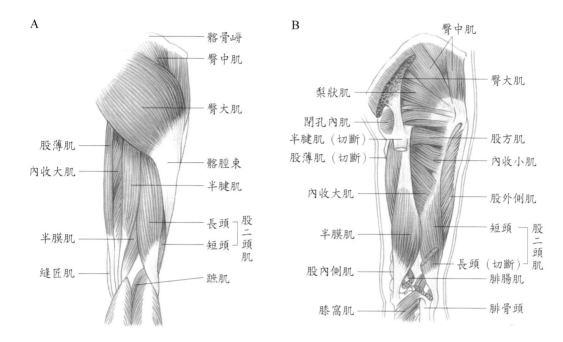

圖6-23　右臀部及大腿後面的肌肉

臀部肌肉

此處有六塊大腿外旋肌肉，即梨狀肌、閉孔內肌、上孖肌、下孖肌、股方肌及閉孔外肌。此六塊肌肉皆連接在大轉子上，像扇形一樣往內延伸並附著到薦骨和骨盆上。除了梨狀肌外，其他外旋肌都位於坐骨神經底下，梨狀肌是在坐骨神經上，所以梨狀肌過度收縮，會壓迫到坐骨神經。

肌　肉	起　端	止　端	作　用	神經支配
臀大肌	髂骨嵴、骶骨、尾骨，薦棘肌腱膜	大部分在髂脛束，小部分在股骨臀肌粗隆	伸展、外旋、外展大腿	下臀神經
臀中肌	臀前、後線之間	股骨大轉子	外展、內旋大腿	上臀神經
臀小肌	臀前、下線之間	股骨大轉子	外展、內旋大腿	上臀神經
梨狀肌	薦骨前外側	股骨大轉子	外展、外旋大腿	第一、二薦神經
閉孔內肌	閉孔緣和膜之內側面	股骨大轉子	外展、外旋大腿	薦神經叢
上孖肌	坐骨棘	股骨大轉子內側	外展、外旋大腿	薦神經叢

（續）

肌　肉	起　端	止　端	作　用	神經支配
下孖肌	坐骨粗隆	股骨大轉子內側	外展、外旋大腿	薦神經叢
股方肌	坐骨粗隆外側	大小轉子間	外旋大腿	薦神經叢

大腿後側肌肉

　　稱腿後腱肌群，它跨過髖和膝關節，因此能使大腿伸展，小腿屈曲，但不能同時發生。

肌　肉	起　端	止　端	作　用	神經支配
半腱肌	坐骨粗隆	脛骨體內側上方	伸大腿、屈小腿	脛神經
半膜肌	坐骨粗隆	脛骨內髁	伸大腿、屈小腿	脛神經
股二頭肌	長頭：坐骨粗隆 短頭：股骨粗線	腓骨頭 腓骨頭	伸大腿、屈小腿 屈小腿	脛神經 腓總神經

股三角

　　在大腿前上方的鼠蹊韌帶、內側的內收長肌、外側的縫匠肌所圍成的三角形區域，內有股動脈、股靜脈及股神經等構造。

膝窩

　　是由股二頭肌（外上）、半腱肌、半膜肌（內上）、腓腸肌（下）在膝蓋後面所圍成的菱形陷窩，內有膝窩血管、脛神經、腓總神經及脂肪等構造。

移動足部及腳趾的肌肉（Muscles that Move the Foot and Toes）

　　移動足部及部分移動腳趾的肌肉位於小腿（圖6-24、25、26），這些肌肉由深層筋膜將其分隔成三群：

1. 前面肌群：可使足部產生足背彎曲，為深腓神經所支配。有脛骨前肌、伸拇長肌、伸趾長肌、腓骨第三肌。
2. 外側肌群：可使足部產生足底彎曲及外翻，為淺腓神經所支配。有腓骨長肌、腓骨短肌。
3. 後面肌群：可使足部產生足底彎曲，為脛神經所支配。
   ⑴淺層肌肉：由外至內的排列順序為腓腸肌、比目魚肌、蹠肌。
   ⑵深層肌肉：膕肌、屈拇長肌、屈趾長肌、脛骨後肌。

　　跟腱（calcaneal tendon）又稱Achilles 腱，是腓腸肌和比目魚肌的共同肌腱，是人體

中最強韌的肌腱，能承受很大的力量，也是最容易受到傷害的肌腱。

肌　肉	起　端	止　端	作　用	神經支配
腓腸肌	股骨髁後側面	透過跟腱與跟骨相連	屈曲小腿、足底彎曲	脛神經
比目魚肌	比目魚肌線、脛骨後側面、腓骨頭後側	透過跟腱與跟骨相連	足底彎曲	脛神經
膕肌	股骨外髁	脛骨後側近端	屈曲膝蓋、屈膝內旋	脛神經
腓骨長肌	腓骨頭與腓骨外側近端2/3處	第一蹠骨基部與內楔狀骨	足部外翻，協助足底彎曲	淺腓神經
腓骨短肌	腓骨外側遠端2/3處	第五蹠骨粗隆	足部外翻，協助足底彎曲	淺腓神經
脛骨前肌	脛骨外髁、脛骨外側面近端與骨間膜	內楔狀骨和第一蹠骨基部	足部內翻、足背彎曲	深腓神經
伸趾長肌	脛骨外髁、腓骨前側骨幹近端和骨間膜	第二至五腳趾中、遠端趾骨	第二至五腳趾的伸展、足背彎曲、足部外翻	深腓神經
伸拇長肌	腓骨前側中間及骨間膜	拇趾的遠端趾骨	拇趾伸展、足背彎曲、足部內翻	深腓神經
脛骨後肌	脛、腓骨後側骨幹近端、骨間膜	五個跗骨和第二至四蹠骨基部	足部內翻、足底彎曲	脛神經
屈趾長肌	脛骨幹後側中段	第二至五趾骨遠端	第二至五腳趾屈曲、足部內翻、足底彎曲	脛神經
屈拇長肌	腓骨後側中半部	拇趾趾骨遠端	拇趾屈曲、足部內翻、足底彎曲	脛神經

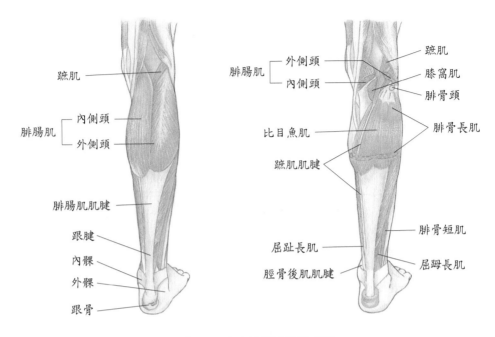

蹠肌

腓腸肌 — 內側頭
　　　　 外側頭

腓腸肌肌腱

跟腱
內髁
外髁
跟骨

腓腸肌 — 外側頭
　　　　 內側頭

蹠肌
膝窩肌
腓骨頭

比目魚肌

腓骨長肌

蹠肌肌腱

腓骨短肌

屈趾長肌

屈踇長肌

脛骨後肌肌腱

圖6-24　右小腿後面的淺層肌

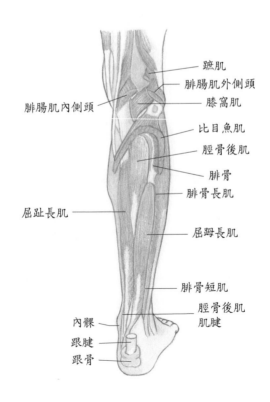

腓腸肌內側頭

屈趾長肌

蹠肌
腓腸肌外側頭
膝窩肌
比目魚肌
脛骨後肌
腓骨
腓骨長肌

屈踇長肌

腓骨短肌
脛骨後肌
肌腱

內髁
跟腱
跟骨

圖6-25　右小腿後面的深層肌

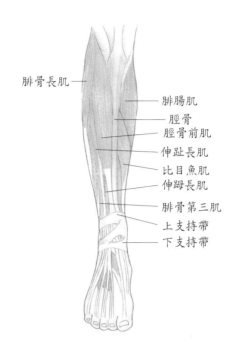

腓骨長肌

腓腸肌
脛骨
脛骨前肌
伸趾長肌
比目魚肌
伸踇長肌
腓骨第三肌
上支持帶
下支持帶

圖6-26　右小腿前面的肌肉

足部的內在肌（Intrinsic Muscles of the Foot）

　　足部和手部一樣，有很多內在肌（圖6-27）。除了伸趾短肌與伸踇短肌位於足背外，其餘皆位於足底。

1. 第一層（淺層）：外展踇肌、外展小指肌、屈趾短肌。
2. 第二層：蹠方肌、蚓狀肌。
3. 第三層：屈踇短肌、屈小指短肌、內收踇肌。
4. 第四層：蹠側骨間肌、背側骨間肌。

肌　肉	起　端	止　端	作　用	神經支配
伸趾短肌	跟骨背側面	經由伸趾長肌腱連接到第2～4腳趾	伸展第二至四腳趾	深腓神經
伸踇短肌	跟骨背側面	踇趾骨近端	伸展腳踇趾	伸腓神經
外展踇肌	跟骨內側突與足底腱膜	踇趾趾骨的近端	外展踇趾、協助屈曲踇趾	脛神經
外展小趾肌	跟骨外側突與足底腱膜	小趾趾骨近端	屈曲小趾、協助外展小趾	脛神經

（續）

肌　肉	起　端	止　端	作　用	神經支配
屈趾短肌	跟骨內側突與足底腱膜	第二至五腳趾趾骨的中段	屈曲第二至五腳趾中段趾骨	脛神經
蹠方肌	跟骨底面	屈趾長肌腱後外側	協助屈趾長肌屈曲第二至五腳趾	脛神經
蚓狀肌	屈趾長肌腱	第二至五腳趾近端趾骨基部及伸趾長肌腱	屈曲、伸展第二至第五腳趾	脛神經
屈拇短肌	骰骨和外楔狀骨底面	拇趾近端趾骨基部	屈曲腳拇趾	脛神經
屈小趾短肌	第五蹠骨基部	第五趾趾骨近端基部	屈曲小趾	脛神經
內收拇肌	斜頭：第二至四蹠骨基部 橫頭：第三至五蹠趾關節	拇趾趾骨近端基部	內收拇趾 協助維持足部橫弓 協助屈曲拇趾	脛神經
蹠側骨間肌	第三至五蹠骨內側面	第三至五趾骨近端內側面	內收、屈曲第三至第五腳趾	脛神經
背側骨間肌	所有蹠骨的鄰接面	第一束：第二趾骨近端的內側面 第二至第四束：第二至四趾骨近端的外側面	外展、屈曲第二至第四腳趾	脛神經

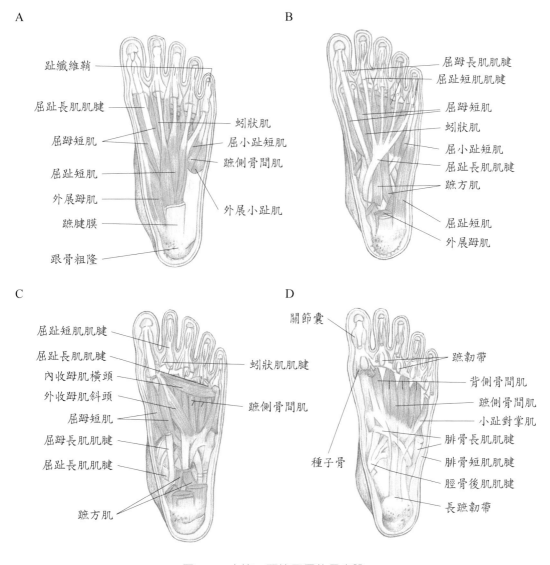

A

趾纖維鞘
屈趾長肌肌腱
屈拇短肌
屈趾短肌
外展拇肌
蹠腱膜
跟骨粗隆

蚓狀肌
屈小趾短肌
蹠側骨間肌
外展小趾肌

B

屈拇長肌肌腱
屈趾短肌肌腱
屈拇短肌
蚓狀肌
屈小趾短肌
屈趾長肌肌腱
蹠方肌
屈趾短肌
外展拇肌

C

屈趾短肌肌腱
屈趾長肌肌腱
內收拇肌橫頭
外收拇肌斜頭
屈拇短肌
屈拇長肌肌腱
屈趾長肌肌腱
蹠方肌

蚓狀肌肌腱
蹠側骨間肌

D

關節囊
種子骨

蹠韌帶
背側骨間肌
蹠側骨間肌
小趾對掌肌
腓骨長肌肌腱
腓骨短肌肌腱
脛骨後肌肌腱
長蹠韌帶

圖6-27 由第一至第四層的足底肌

肌肉注射部位（Intramuscular Injections）

理想的肌肉注射是將藥物注入肌肉深部，並且避開主要的神經及血管。一般的肌肉注射部位包括臀部、大腿外側及上臂的三角肌位置（圖6-28）。

項　目	部　位	注射位置
臀部	臀中肌	將一邊臀部分成四個象限，注射於外上1/4象限，以防傷到坐骨神經引起下肢麻痺。
大腿	股四頭肌的股外側肌	在膝部以上一個手掌寬及大轉子以下一個手掌寬間的位置，正好在大腿中段外側。
上臂	三角肌	在肩峰以下二到三個橫指。

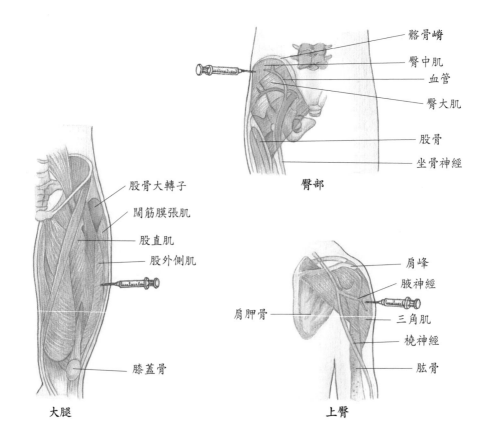

圖6-28　肌肉注射的三個位置

自我測驗

一、問答題

　　1. 比較骨骼肌、心肌、平滑肌在構造與生理上的差異。

　　2. 何謂不反應期？骨骼肌與心肌的不反應期有何不同？

3. 何謂全或無定原理？與閾刺激有何關係？

4. 請詳述肌肉收縮的生理學。

5. 說明肌肉注射的適合位置。

二、選擇題

（　）1. 肌腱的正確敘述是：

(A) 肌腱的主要成分是彈絲　(B) 腱膜的成分和肌腱的成分不一樣　(C) 肌腱的一端一定和骨骼相連接　(D) 肌腱是由筋膜延伸而成

（　）2. 下列那一臟器具有橫紋肌？

(A) 胃　(B) 氣管　(C) 小腸　(D) 食道

（　）3. 骨骼肌收縮所需的鈣，是來自於：

(A) T小管　(B) 肌漿網　(C) 微管　(D) 肌膜

（　）4. 負責傳遞動作電位至整個肌纖維的構造是：

(A) 肌漿網　(B) T小管　(C) 肌原纖維　(D) 橫紋

（　）5. 在細肌絲中可結合在肌動蛋白上的構造是：

(A) TnC　(B) TnI　(C) TnT　(D) TnA

（　）6. 骨骼肌發生等張收縮時，長度不會明顯變短的是：

(A) A帶　(B) I帶　(C) H區　(D) 肌節

（　）7. 肌神經聯合處之神經衝動傳遞物質是：

(A) 組織胺　(B) 乙醯膽胺　(C) 腎上腺素　(D) 多性類

（　）8. 神經肌肉接合處的神經傳遞物質之釋放與下列何離子有關？

(A) 鎂　(B) 鈣　(C) 鈉　(D) 鉀

（　）9. 請根據骨骼肌收縮的過程，排列其先後次序：　a.肌動蛋白與肌凝蛋白結合　b.肌漿網釋出鈣離子　c.去極化作用沿著T小管向內散布　d.肌膜產生動作電位

(A) dcba　(B) dbac　(C) bacd　(D) abcd

（　）10.運動員的熱身運動屬於肌肉那一類收縮？

(A) 牽扯性　(B) 階梯性　(C) 強直性　(D) 等張性

（　）11.衛兵立正站崗時，其腓腸肌的變化是：

(A) 鬆弛　(B) 等長收縮　(C) 等張收縮　(D) 肌纖維變短

（　）12.對於姿勢的維持主要靠肌肉之何種收縮？

(A) 顫搐收縮　(B) 強直收縮　(C) 纖維顫動　(D) 緊張性收縮

（　）13.下列各組織中，不反應期最長的是：

(A) 心肌組織　(B) 平滑肌組織　(C) 骨骼肌組織　(D) 神經組織

(　) 14.馬拉松跑一小時後，跑者骨骼肌運動的能量主要來自：

(A) 磷酸肌酸鹽　(B) 肝糖分解　(C) 脂肪分解　(D) 蛋白質分解

(　) 15.下列何者不屬於顏面表情肌？

(A) 闊頸肌　(B) 口輪匝肌　(C) 嚼肌　(D) 頰肌

(　) 16.一個人吹口哨時會運用到的顏面肌肉是：　a.頰肌　b.提口肌　c.笑肌　d.口輪匝肌

(A) ab　(B) ac　(C) bc　(D) ad

(　) 17.眼向右看時，下列那兩條肌肉參與作用？

(A) 右外直肌、左外直肌　(B) 右外直肌、左內直肌　(C) 右內直肌、左外直肌　(D) 右內直肌、左內直肌

(　) 18.可使頭拉向前並使頦上提的肌肉是：

(A) 胸鎖乳突肌　(B) 菱形肌　(C) 斜方肌　(D) 闊背肌

(　) 19.下列何肌的腱膜形成鼠蹊韌帶？

(A) 腹直肌　(B) 腹橫肌　(C) 腹外斜肌　(D) 腹內斜肌

(　) 20.橫膈的止點是在：

(A) 中央腱　(B) 下位肋骨內面　(C) 胸骨劍突後方　(D) 第十二胸椎的前方

解答：

1.(D)　2.(D)　3.(B)　4.(B)　5.(B)　6.(A)　7.(B)　8.(B)　9.(A)　10.(B)

11.(B)　12.(D)　13.(A)　14.(C)　15.(C)　16.(D)　17.(B)　18.(A)　19.(C)　20.(A)

第七章　神經系統

本章大綱

神經系統是身體的聯絡網及控制協調中心，它能感受體內、體外環境的變化，然後將這些變化的訊息加以解析整合，再以隨意和不隨意的活動形式產生反應，藉以協調維持身體的恆定。

神經系統與內分泌系統是人體維持身體恆定的兩大調節系統，神經系統是藉由電性的傳導特性及神經傳導物質的作用，而有較快的調節作用；內分泌系統則是藉由分泌的荷爾蒙對身體做較持久的調節作用。

神經系統的組成（Division of Nervous System）

神經系統依結構及分布部位的不同，可分成中樞神經系統（central nervous system, CNS）及周邊神經系統（peripheral nervous system, PNS）兩部分（圖7-1）。

中樞神經系統是由腦及脊髓組成，是整個系統的控制中樞，也是人體發號司令的最高執行機構。周邊神經系統是由腦神經、脊神經所組成，可區分為傳入、傳出兩大系統。傳入（afferent）系統是將身體末梢受體所聚集的訊息（身體及內臟感覺）傳向中樞神經系統的神經細胞所組成，此種神經細胞稱為傳入或感覺神經元（上行神經元）。傳出（efferent）系統則是將中樞神經系統訊息送至肌肉、腺體的神經細胞組成，此種神經細胞稱為傳出或運動經元（下行神經元）。

傳出系統再分成軀體神經系統（somatic nervous system, SNS）及自主神經系統（automonic nervous system, ANS）。軀體神經系統，由脊髓灰質前角所發出，控制骨骼肌，可隨意識控制。自主神經系統由脊髓灰質側角發出，控制心肌、平滑肌、腺體等臟器、血管，故又稱為內臟傳出神經系統，無法隨意識控制，此系統有交感神經與副交感神經，交感神經是產生刺激活動，以應付危急與壓力；副交感神經則是產生抑制活動，以維持能量製造和身體的穩定。

神經系統的功能（Function of Nervous System）

神經系統是由神經精密連接構成的複雜網路，藉由此網路可顯現神經系統的控制、連絡和整合的功能。

1. 感覺的傳入：在體表與內臟的感覺接受器，接受了外在或內在的刺激產生神經衝動。這衝動最後會傳至腦和脊髓的中樞神經系統。
2. 進一步整合：中樞神經系統會將來自全身的傳入神經衝動在此做整合，整合後下一步的動作，此動作的神經衝動送到反應接受的所在。

3. 運動的傳出：來自中樞神經系統的神經衝動會到達肌肉（產生收縮）或腺體（產生分泌），這是對原來的刺激所產生反應。

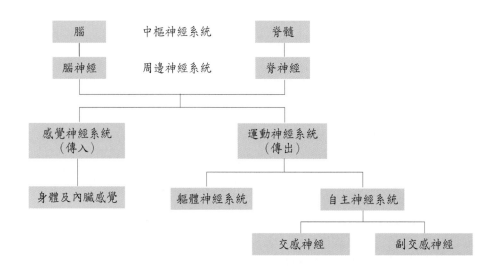

圖7-1　神經系統的組成

神經組織學（Neurohistology）

　　神經系統是由神經膠細胞和神經元組成。神經膠細胞無法傳遞神經衝動，但細胞有支持、保護、產生營養神經物質及調節周圍環境的功能；神經元是唯一能傳導神經衝動的細胞，是神經系統的構造與功能單位。

神經膠細胞（Neuroglia）

　　神經膠細胞的數量是神經元的10至50倍，約佔神經系統體積的一半。如圖7-2。中樞神經系統的膠細胞有支持、保護神經的功能，有星形膠細胞、寡突膠細胞、微小膠細胞及室管膜膠細胞；周邊神經系統的膠細胞有衛星細胞及許旺氏細胞，衛星細胞可滋養神經元，而許旺氏細胞則負責神經纖維髓鞘的形成。現將神經膠細胞的種類與功能敘述於下：

種 類	特 徵	功 能
中樞神經系統 星形膠細胞（astrocyte）	· 爲數目最多的膠細胞 · 呈星狀含有許多突起 · 突起填充於神經元空隙中，分布於微血管壁上，形成血管周足 · 原生質星形膠細胞位於灰質中；纖維性位於白質中。	· 血管周足負責血管與神經之間物質的攝取與轉換，並與微血管內皮細胞、基底膜共同形成血腦障壁（blood brain barrier, BBB）。 · 當神經組織受傷時，纖維性星形膠細胞可形成疤痕組織填充於破損處，稱爲膠瘤。
寡突膠細胞（oligodendrocyte）	突起較少、較短。	構成中樞神經系統的神經元軸突，而形成髓鞘。
微小膠細胞（microglia）	爲單核球特化細胞，有腦的吞噬細胞之稱。是最小也是最少的神經膠細胞。	神經組織受傷發炎時，能吞噬並摧毀微生物及細胞碎片。
室管膜膠細胞（ependymal cell）	形成腦室及脊髓腔的上皮內襯，排列成單層立方至柱狀的細胞，有的表面具有纖毛。與軟腦膜共同形成脈絡叢。	具有分泌、吸收、過濾腦脊髓液的功能。
周邊神經系統 許旺氏細胞（Schwann cell）	又稱神經鞘細胞。	· 構成周邊神經系統中神經元的髓鞘。 · 協助周邊神經受傷後的再生與修復。
衛星細胞（satellite cell）	圍繞於神經節細胞的細胞體周圍，形狀略爲扁平	可促進神經元所需化學物質的傳遞。

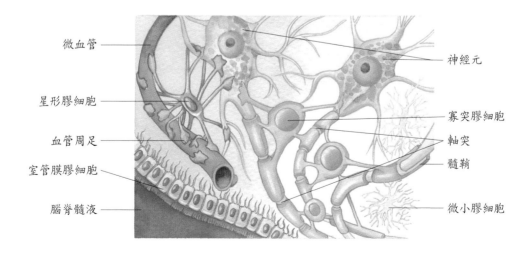

圖7-2　不同種類之神經膠細胞

神經元（Neuron）

神經系統是由數十億的神經元組成，神經元的四周有支撐組織的神經膠質圍繞著，而神經膠質本身是由神經膠細胞構成，神經膠細胞的延伸物將神經元和小血管連接在一起，所以參與了神經元的氧分供應及結痂行列。

構造與功能（Structure and Function）

神經元是神經系統構造上與功能上的單位，基本構造為細胞體、樹突、軸突等三部分（圖7-3）。

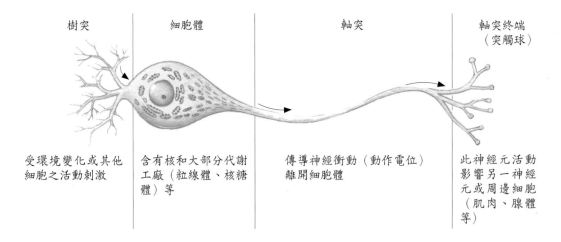

樹突	細胞體	軸突	軸突終端（突觸球）
受環境變化或其他細胞之活動刺激	含有核和大部分代謝工廠（粒線體、核糖體）等	傳導神經衝動（動作電位）離開細胞體	此神經元活動影響另一神經元或周邊細胞（肌肉、腺體等）

圖7-3　典型神經元的構造

1. 細胞體（cell body）：是神經元膨大的部分，有星形、圓形、橢圓形或錐形。

   (1)具有細胞核與核仁。

   (2)細胞質內有溶小體、粒線體、高氏體、內質網等胞器。

   (3)有的神經元細胞質內尚含有一些細胞包涵體。

   ・脂褐質色素：是溶小體分泌出來的脂肪素黃棕色顆粒，會隨年齡增大而增加，故與老化有關。

   ・尼氏體（Nissl bodies）：相當於顆粒性內質網，可合成蛋白質，供給神經元營養，助神經元的生長與再生。並使細胞體呈現灰色外觀。

   ・成熟的神經元不含有絲分裂器。

   ・神經微管和微絲是種線性蛋白質充滿整個細胞體，走向與細胞的突起物平行。微管負責細胞體與末端間物質的輸送，微絲則作為軸突的骨架。

2. 樹突（dendrites）：由細胞體伸出的細胞質突起，有一條至多條不等。樹突短，無髓鞘，但有很多分枝，能將神經衝動傳至細胞體。

3. 軸突（axon）：和樹突一樣，也是由細胞體伸出的細胞質突起。

　　⑴通常由細胞體旁圓錐狀突起，稱為軸丘（axon hillock）處發出。

　　⑵只有一條，能將神經衝動由細胞體傳至另一經元或組織。

　　⑶軸突的終端分成許多細絲，稱為終樹（telodendria），終樹的遠端有膨大成燈泡狀的軸突終端球（axon terminals）或稱突觸球（synaptic bulbs），內有突觸小（囊）泡（synaptic vesicle），內含化學傳遞物質，可產生神經衝動。此為胞泄作用，與流入胞內鈣離子濃度呈正比，與流入胞內鎂離子濃度呈反比。

4. 軸突上的髓鞘（myelin sheath）：神經纖維是指軸突及包於其外的構造，髓鞘為其中之一，它是一種分節、多層、白色的磷脂外套，有絕緣、保護及增加神經傳導速度的功能。

　　⑴許旺氏細胞形成周邊神經系統軸突外髓鞘，它是用細胞膜順時鐘方向持續纏繞軸突數次形成髓鞘，而將細胞質、細胞核擠到外邊形成神經膜（鞘）（neurolemma），以助受傷的軸突再生。

　　⑵寡突膠細胞形成中樞神經系統軸突外髓鞘，不會形成神經膜，所以沒有再生能力。

臨床指引

　　阿茲海默氏症（Alzheimer's disease）是一種進行性的老年性疾病，其大腦皮質內之神經元的細胞體內含有糾纏的神經微管和神經微絲，形成澱粉樣斑，使患者迅速成為癡呆。

分類（Classification）

1. 依細胞體的突起數目來分（圖7-4）：

項　目	定　義	代表例
多極神經元（multipolar neurons）	由單一軸突及多個樹突組成	・存在於中樞神經系統內 ・控制骨骼肌運動的所有運動神經元
雙極神經元（bipolar neurons）	在細胞體兩端各有一條軸突和樹突	・存在於嗅覺上皮、視網膜及內耳，即嗅、視、聽覺神經元
單極神經元（unipolar neurons）	在胚胎時是雙極神經元，在發展過程中，軸突及樹突由細胞體突出的部分融合成一條而成	・由雙極衍生而來，故稱偽單極神經元 ・周邊神經系統的感覺神經元，如脊髓的背根神經節

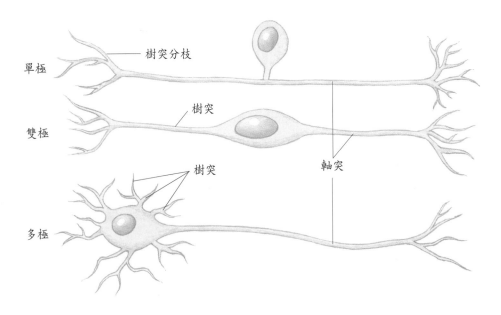

圖7-4　神經元依細胞體突起的數目而分類

2. 依傳導衝動的方向為基礎來分（圖7-5）：

項目	特　性
感覺（sensory）神經元	細胞體位於周邊神經系統，將訊息由接受器傳至中樞神經系統，故稱爲輸（傳）入神經元，屬偏單極神經元。
聯絡（assocination）神經元	細胞體位於中樞神經系統的灰質內，將衝動由感覺神經元傳至運動神經元，故稱爲中間神經元，負責聯絡與整合，屬於多極神經元。
運動（motor）神經元	細胞體位於中樞神經系統的灰質內，將衝動由中樞神經系統傳至動作器，故稱輸（傳）出神經元，屬多極神經元。

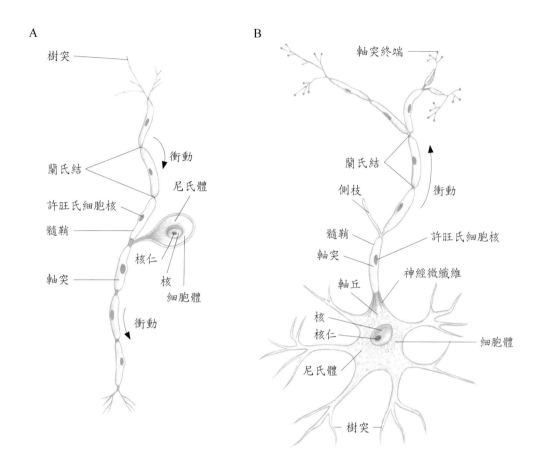

圖7-5　感覺神經元（左）與運動神經元（右）

傳導方式（Types of Conduction）

1. 連續傳導（continuous conduction）：是無髓鞘的神經纖維傳導方式，神經衝動是逐步的、連續性的在膜上產生去極化，所以傳導速度慢。

2. 跳躍傳導（saltatory conduction）：是有髓鞘的神經纖維傳導方式，因髓鞘為磷脂質，具有良好的絕緣效果，在髓鞘中斷處的蘭氏結，其細胞膜處才會產生去極化、產生動作電位，所以傳導是由一個蘭氏結跳到另一個蘭氏結，即為跳躍傳導。傳導速度比連續傳導要快50倍，且消耗能量也少。

臨床指引：

　　多發性硬化症（Multiple Sclerosis）是一種神經髓鞘的疾病。當神經發炎或髓鞘受傷時，髓鞘就會脫失或變硬成痂，如此神經傳導就會受到干擾而變慢。由於變硬成痂的髓鞘區域可能有好幾個，或隨時間的進展，新的硬痂區也可能出現，所以稱

為多發性。

多發性硬化症好發在30歲左右的女性，可能跟自體免疫有關。症將包括了麻木感、無力、步履不穩，口齒不清等。這些症狀嚴重度因人而異，發作後會減輕或消失，也會再度發作。

用類固醇可治療急性發作，合併其他藥物及復健可改善症狀，使用干擾素可減少復發次數及嚴重程度，抱著樂觀的態度來面臨多發性硬化症的患者，將有助於過著美好的人生。

中樞神經系統（Central Nervous System）

中樞神經系統是由腦和脊髓組成。在胚胎發展期間的外胚層沿著胚體背部正中線形成神經溝，懷孕後的20天神經溝形成神經管，介於神經管與外胚層間的部分外胚層獨立形成神經鞘，最後神經管發展成中樞神經系統，而神經鞘則發展成介於其他結構間的周邊神經系統的神經節。

腦（Brain）

腦由神經管前端發育而成，位於顱腔內，分成大腦、間腦、腦幹及小腦等部分，其中腦幹包括了中腦、橋腦及延腦（圖7-6）。腦重約1400～1600公克，每分鐘可吸收全身血流量的20%，以因應腦部的高度代謝速率，它是神經系統中最大、最複雜的部分。腦內含有10^{11}個神經元，神經元間藉由突觸互相連接，平均每個神經元具有10^3～10^4個突觸。幼兒期後腦細胞數就不會再增加，隨著年齡的成長，神經元會變大並形成髓鞘，且神經膠細胞也會增多，所以成人的腦部重量是剛出生時的三倍，至20歲時，部分神經元開始老化且無法再生，因此每年腦部重量減少1克。

大腦（Cerebrum）

大腦是由左、右大腦半球所構成，兩半球間由胼胝體（corpus callosum）的髓鞘纖維束互相連結。大腦佔了整個腦部的80%，構成腦的主體，表層有2～4mm厚的灰質，即為大腦皮質（cerebral cortex），皮質底下是白質，由神經纖維構成。

白質（White Matter）

白質是由有髓鞘的軸突所組成，位於皮質下面，包括下列三種纖維（圖7-7）

1. 聯絡纖維：傳遞同側大腦半球內不同腦迴間的神經衝動（前後傳導）。
2. 連合纖維：傳遞對側大腦半球的神經衝動（左右傳導）。左右大腦半球的連接就是靠胼胝體、前連合、後連合三個連合纖維。

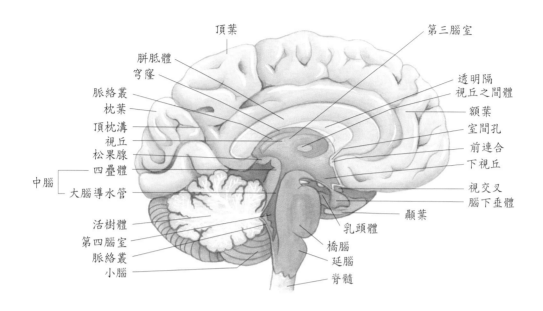

圖7-6　腦的解剖圖

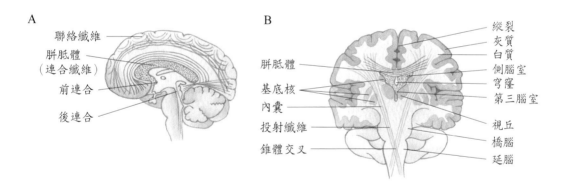

圖7-7　大腦白質的纖維。A.矢狀切　B.冠狀切

3. 投射纖維：連接大腦與其他腦部位或脊髓之上升徑及下降徑所構成（上下傳導），例如內囊、大腦腳。

皮質（Cortex）

　　位於大腦表層皮質（cortex）與大腦深部聚集形成的神經核（nuclei），是由神經元的細胞體與樹突所構成。在胚胎發育期間，腦急速長大，皮質的生長速度比白質快，由於皮質在外包著白質，而形成許多皺摺腦回（gyri），在腦回間的深溝稱腦裂，淺的稱腦溝。

最明顯的腦裂有分開左、右大腦半球的縱裂及分開大、小腦的橫裂。至於腦溝有分開額葉和頂葉的中央溝，在中央溝正前方的是負責運動中央前回，在中央溝正後方的是負責感覺的中央後回；分開額葉和顳葉的是側腦溝；分開頂葉和枕葉的是頂枕溝。（圖7-8）在側腦溝的深部有腦島（insula；島葉）。

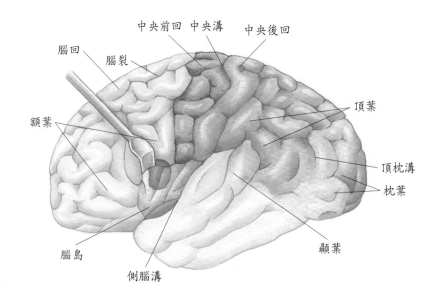

圖7-8　大腦的皮質外觀，分開側腦溝可看見腦島

各腦葉的功能

腦葉	功能
額葉	控制骨骼肌的隨意運動；人格特性；語言溝通；如集中注意力、計劃、決定等的高等智慧處理。
頂葉	體感覺的詮釋；言語的理解，形成字彙以表達想法與情感；物質材料及形狀的詮釋。
顳葉	聽覺詮釋；視覺及聽覺經驗的儲存（記憶）。
枕葉	整合眼球對焦動作；將視覺影像與之前的視覺經驗及其他感覺刺激互相連貫；視覺認知。
腦島	與內臟痛覺訊息的記憶編碼及整合有關。

大腦皮質功能區（如圖7-9）：

1. 大腦半球功能的特化

⑴左腦主要是語言能力，它強調的是數理、邏輯和分析的能力。

⑵右腦是對形狀及空間等感受的來源，它強調整體性的視野功能。

常慣用右手之人，左腦佔優勢，但不管慣用左手或右手者，其語言區皆在左大腦半球。

2. 大腦皮質可分成：

⑴感覺區：詮釋感覺性衝動。

⑵運動區：控制肌肉的運動。

⑶聯絡區：佔大腦皮質的大部分，與記憶、情緒、理性、意志、判斷、人格特質及智力有關，換句話說，只要涉及情緒及智力的延生過程皆屬聯絡區。

3. 大腦感覺或運動區如屬愈重要或愈精細者，在腦部皮質所佔區域愈大。如圖7-10。

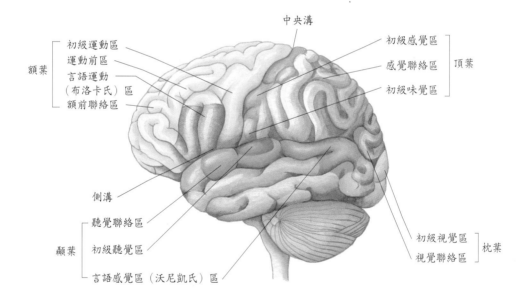

圖7-9　大腦皮質與功能，可分成四葉：額葉、顳葉、頂葉和枕葉

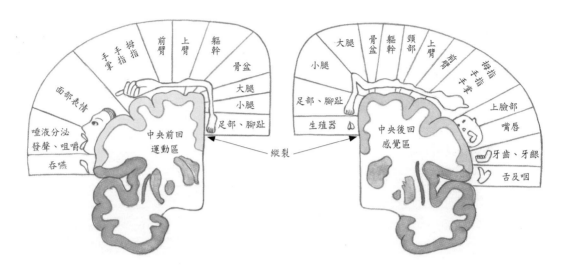

圖7-10 大腦皮質感覺及運動區與身體部位的關係,感覺或運動越重要或越精細的部位,所佔的區域越大

邊緣系統(Limbic System)

神經元的細胞體與樹突組成的灰質,位於大腦表層的皮質及大腦深部聚集形成神經核(nuclei)。邊緣系統就是由一部分的前腦神經核及圍繞腦幹形成環狀纖維徑所組成的構造(圖7-11)。邊緣系統與視丘、下視丘之間有一封閉的訊息迴路,稱為Papez迴路。它連接海馬旁回至下視丘乳頭體,再投射至視丘前核,視丘前核再將訊息送至扣帶回,最後回到海馬旁回,完成此封閉迴路。

組成:

1. 邊緣葉:位於沿著腦室邊緣的部分稱為邊緣葉,由大腦的扣帶回(cingulate gyrus)及海馬旁回(parahippocampal gyrus)所組成。有嗅皮質,與嗅覺有關。

2. 海馬:為海馬旁回延伸到側腦室底部的部分。負責將短期記憶轉換成長期記憶儲存於大腦皮質內。經由邊緣系統構造所產生的情緒能增加或抑制長期記憶的儲存。阿茲海默症患者發生海馬損傷時,即會干擾記憶的儲存和提取。

3. 杏仁體:位於尾狀核的尾端。正常可助個人做出符合社會環境要求的適當行為反應。

4. 下視丘的乳頭體:位於大腦腳附近。能處裡嗅覺與吃東西有關的反射動作,如咀嚼、吞嚥等。

5. 視丘的前核:位於側腦室的底部。

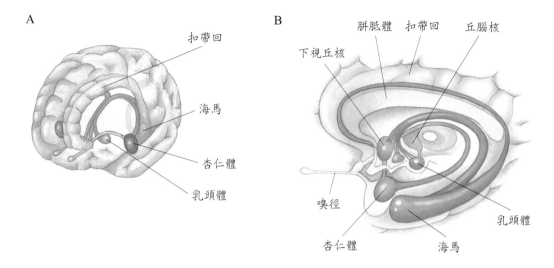

圖7-11　邊緣系統立體構造圖及其相關性

功能：邊緣系統被稱為「嗅腦」、「情緒腦」、「內臟腦」。

1. 一些基本動物行為：嗅覺、記憶、性行為。

2. 與下視丘相關的功能：情緒控制（憤怒、歡樂、恐懼）、進食行為、自主神經反應。

基底核（Basal Ganglia）

基底核是位於大腦白質深層內的灰質團塊。

組成：基底核最顯著的是由數個神經核集合形成的構造（圖7-12）。

1. 紋狀體（corpus striatum）：佔最大，由尾狀核（caudate nucleus）與豆狀核（centiform nucleus）組成，豆狀核又包括外側的殼核（putamen）及內側的蒼白球（globus pallidus）兩部分。內囊雖為白質，但貫穿於豆狀核、尾狀核及視丘間，有時也被認為是紋狀體的一部分。

2. 帶狀核（claustrum）：在視覺訊息的處理中佔有未確定的角色。

3. 杏仁核（amygdalis nucleus）

4. 黑質（substantlanigra）

功能：大腦皮質運動區、基底核（基底神經節）與其他腦部區域間互相連結形成運動迴路（motor circuit）。

1. 控制骨骼肌的潛意識運動，例如走路時手臂的擺動。

2. 調節與身體之特定運動所需之肌肉緊張度，如姿勢的改變。

3. 經由皮質脊髓徑來調控對側身體的動作。

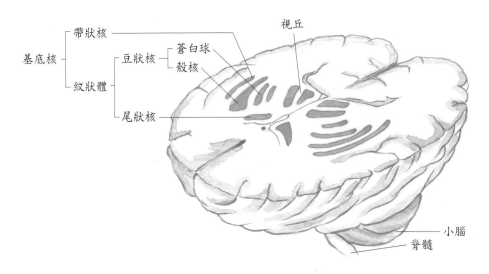

基底核 { 帶狀核
　　　　{ 紋狀體 { 豆狀核 { 蒼白球
　　　　　　　　　　　　殼核
　　　　　　　　　　　尾狀核

視丘

小腦
脊髓

圖7-12　視丘及基底核位置

病變：

1. 若黑質及紋狀體中多巴胺含量減少，會引起帕金森氏症（Parkinson's disease），導致痙攣性麻痺或靜止震顫等不正常的軀體運動。

2. 若蒼白球外側或合併紋狀體受損，會產生臉部、手部、舌頭及身體其他部位持續而緩慢的扭曲運動，稱為手足徐動症（athetosis）。

間腦（Diencephalon）

間腦與大腦共同組成前腦，幾乎完全由大腦半球所圍繞。間腦包含視丘、下視丘及一部分腦下垂體等重要構造，內含有一狹窄的空間是腦室。

腦室（Ventricles of Brain）

腦的內部是充滿腦脊髓液的中空腔室，含四個中央通道，稱為腦室（ventricles）。如圖7-13。最大的兩個為側腦室（位於大腦半球），藉著腦室間孔（interventricular foramen）與第三腦室（Third Ventricles）相通。而位於大腦的大腦導水管（cerebral aqueduct）則連接著第三腦室與第四腦室。第四腦室在延髓中與脊髓中央管相通。

視丘（Thalamus）

視丘位於中腦上方，大腦半球側腦室下方，約佔間腦的3/4，形成第三腦室的外側壁，由成對的卵圓形灰質所構成，如圖7-14。功能是將所有感覺訊息（除嗅覺外）送至大腦皮質前的轉換站，例如：外側膝狀核傳送視覺訊息至枕葉；內側膝狀核傳送聽覺訊息至顳葉。視丘也扮演隨意與不隨意運動指令之協調角色。

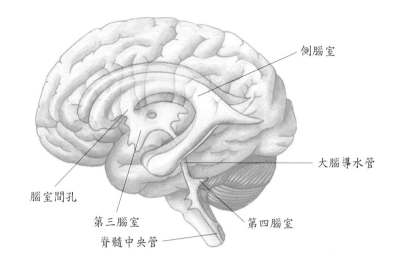

圖7-13　腦室側面解剖圖

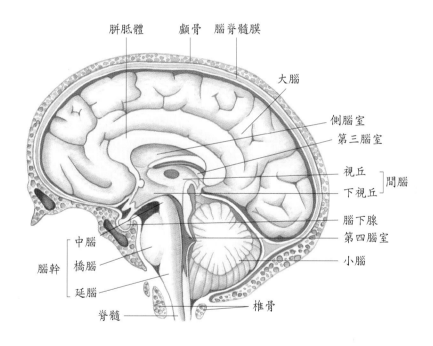

圖7-14　視丘

下視丘（Hypothalamus）

　　下視丘為間腦最下方的部分，構成第三腦室的底部及外側壁，位於腦下垂體的上方，為自主神經系統的高級中樞，如圖7-14。其內神經核控制的身體活動，大部分與身體的恆定有關。

功能：

1. 自主神經系統的調節作用：交感神經中樞位於下視丘的後部，副交感神經中樞位於前部，會影響血壓、心跳速率及強度、消化道運動、呼吸頻率及深度、瞳孔大小等自主神經功能，所以下視丘又稱自主神經整合中樞。

2. 調節體溫：下視丘的前部有散熱中樞，後部有產熱中樞，可調節體溫。下視丘也能產生多種內分泌激素，包括視上核分泌抗利尿激素（antidiuretic hormone, ADH）和室旁核分泌的催產素（oxytocin）送至腦下垂體後葉後釋出。

3. 調節水分的平衡：下視丘的滲透壓接受器在接收血液容積降低或體液濃度升高訊息時，會刺激視上核分泌抗利尿激素（ADH）由垂體後葉釋放，讓腎臟保留較多的水分；同時下視丘的口渴中樞會引起口渴，而增加液體的攝取。

4. 調節攝食：下視丘的腹內側有飽食中樞，腹外側有饑餓中樞。

5. 調節睡眠週期，並能影響情緒反應與行為。

腦幹（Brain stem）

腦幹包括中腦、橋腦及延腦。

中腦（Midbrain）

中腦位於間腦與橋腦之間，貫穿其間的大腦導水管上下各連接第三、四腦室。

中腦的背側有頂蓋（tectum），上下各一對隆起，稱為四疊體（corpora guadrigemina），上方的一對稱為上丘，對視覺刺激會引起眼球與頭部運動之反射中樞；下方的一對稱為下丘，對聽覺刺激會引起頭部與體幹運動的反射中樞。

中腦的腹側有一對大腦腳（cerebral peduncles），是由上升及下降徑纖維所組成的構造，可聯絡上下（圖7-15）。

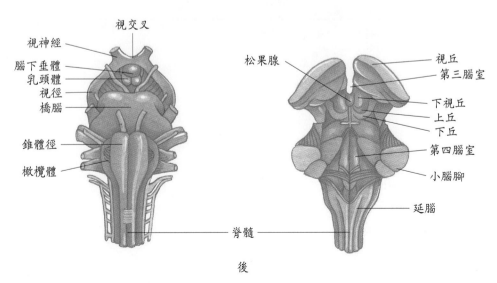

圖7-15　腦幹解剖圖

中腦有兩組多巴胺性神經元系統投射至其他腦部區域。一組是黑質紋狀體系統：由黑質投射至基底核的紋狀體，負責運動協調，若神經纖維退化會引起巴金森氏症；另一組則是中腦邊緣系統的一部分，由黑質附近的神經核投射至前腦的邊緣系統，與行為表現有關。

橋腦（Pons）

橋腦是腦幹的膨大部分，位於延腦的上方、小腦的前方（圖7-14及7-15）。橋腦有橫走的纖維形成中小腦腳與小腦相連；也有縱走的纖維為感覺及運動徑，以連繫上下。

橋腦含有三叉神經核、外旋神經核、顏面神經核、前庭神經核四對腦神經核。

在橋腦的上方有呼吸調節中樞及長吸區，與延腦的節律區共同控制呼吸作用。

延腦（Medulla Oblongata）

延腦在腦幹的最下部，約3公分長，在枕骨大孔的高度與脊髓相延續（圖7-15及7-16），所有連接腦與脊髓的上升徑、下降徑皆需通過延腦。

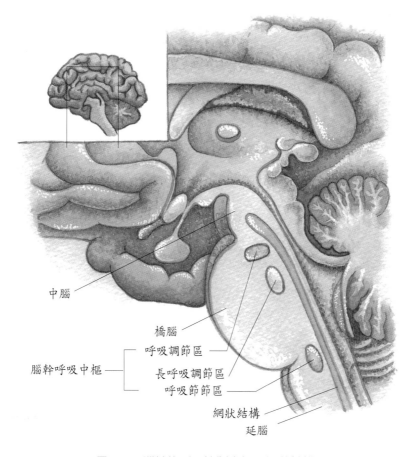

中腦

橋腦

呼吸調節區

腦幹呼吸中樞

長呼吸調節區

呼吸節律區

網狀結構

延腦

圖7-16　腦幹的呼吸控制中樞及網狀結構

延腦的背側有薄核及楔狀核，是一般感覺的轉遞核，它們接受來自脊髓的薄束及楔狀束（脊髓後柱徑）所傳來的精細觸覺及意識性本體感覺之訊息，由此轉換至對側視丘，最後至大腦的感覺皮質。

延腦的兩側有橄欖體（olives），內含下橄欖核及副橄欖核，其神經纖維經下小腦腳與小腦相連。

延腦的腹側有成對的錐體，由皮質脊髓徑組成，80%在延腦與脊髓交接處交叉至對側的稱錐體交叉，屬外側皮質脊髓徑，剩下的20%經錐體外側至脊髓灰質內交叉，屬前皮質脊髓徑，皆屬於錐體徑路。

延腦含第8至12對腦神經的神經核，還含有許多涉及自主反射的神經核，最重要的有：

1. 心臟中樞：可調節心跳速率及心臟收縮的強度。
2. 血管運動中樞：可調節血管壁平滑肌的收縮，改變血管口徑，調節血壓。
3. 呼吸中樞：延腦的呼吸節律區控制呼吸的速率與深度，維持呼吸的基本節律。

這三種中樞皆涉及生命的維持，所以延腦是生命中樞，除此外尚有調節吞嚥、嘔吐、咳嗽、打噴嚏、打嗝等中樞。

小腦（Cerebellum）

小腦位於顱腔後下部分，是由超過數百萬個神經元所組成的構造，為腦內第二大構造，和大腦一樣，灰質在外、白質在內，灰（皮）質部分由外至內三層的排列為：分子層、滿氏層、顆粒層；白（髓）質深部的灰質塊有四對，由外至內的排列是：齒狀核（最大）、栓狀核、球狀核、頂狀核。小腦位於橋腦與延腦的後方，大腦枕葉的下方，以橫裂及小腦天幕與大腦相隔。

小腦中間是蚓部（vermis），兩側為小腦半球，每一半球由小腦葉組成，其中前、後葉與骨骼肌的潛意識運動有關，為協調動作、姿勢的維持與平衡感有關；小葉小結葉（vestibulocerebellum）則與平衡和眼運動有關。它有上小腦腳與中腦相連接，中小腦腳與橋腦相連接，下小腦腳與延腦、脊髓相連接（圖7-17）。

功能：
1. 隨意動作的協調：由於可預知將來身體位置，所以對極快速的肌肉活動，如跑步、打字、彈琴、說話等的運動控制特別重要。
2. 肌肉張力的維持：如姿勢的維持。
3. 平衡。

受損：
1. 運動失調：動作的速度、力量、方向產生錯誤而導致動作不協調（共濟失調）。
2. 意向性震顫（intention tremor）：伸手拿東西時常無法描準物品，患者會想往相反

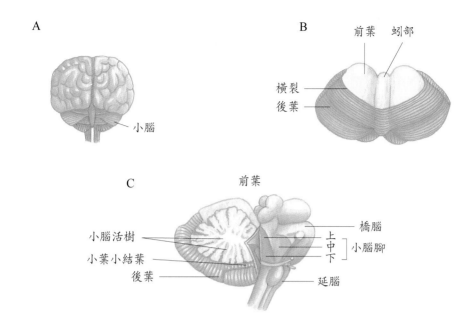

A

小腦

B

前葉　蚓部

橫裂

後葉

C

前葉

小腦活樹

小葉小結葉

後葉

橋腦

上
中　小腦腳
下

延腦

圖7-17　小腦。A.後面　B.上面　C.矢狀切面

方向矯正，結果造成肢體來回震顫，無法立即停止動作。

3. 辨距不良：常因估計錯誤而造成運動失調。

4. 更替運動不能：無法快速的交替反覆動作，如手反覆的旋前、旋後。

臨床指引：

　　腦的活動可以用腦波電流圖（electroencophalogram, EEG）的方法記錄下來。有兩種波最明顯。(1)α波：頻率為每6～13次，電位為45微伏特，當眼睛閉起時，此波最明顯。(2)β波：頻率比α波高，但電位較α波低，在眼睛張開時最顯著。

　　EEG是很好的診斷工具，不規則腦波表示可能有癲癇或腫瘤產生；平坦腦波表示腦細胞不活動或死亡。

脊髓（Spinal Cord）

　　脊髓位於椎管內，上端在枕骨大孔的高度與延腦相連接，下端則達第一與第二腰椎間的椎間盤高度，約42～45公分。

構造（Structures）

　　脊髓的外觀有兩處膨大的地方，頸膨大在第四頸椎至第一胸椎的高度；腰膨大在第

九胸椎至第十二胸椎的高度。由腰膨大以下開始變細形成脊髓圓錐（conus medullaris），其下方伸出非神經組織的終絲，所以終絲是在第二腰椎由軟脊髓膜組成，至第二薦椎與硬脊髓膜會合，最後終止於第二尾椎（圖7-18）。

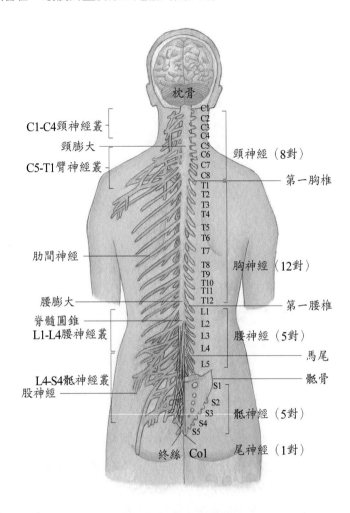

圖7-18　脊髓及脊神經之背面觀

　　脊神經共有31對，包括頸脊神經8對、胸脊神經12對、腰脊神經5對、薦脊神經5對、尾脊神經1對。由下段脊髓（腰、薦脊髓）所分出的脊髓神經在椎管內下行至相當的椎間孔才離開脊柱，這些下行的神經就像由脊髓下端往外散開的頭髮，故稱為馬尾（cauda equina）。

　　由脊髓的橫切面可見，前面正中部位有一深而寬的縱走裂溝，稱前正中裂，而後面的正中淺溝，稱後正中溝，兩者皆為左右兩邊脊髓的分界線（圖7-19）。灰質在內，白質在外。

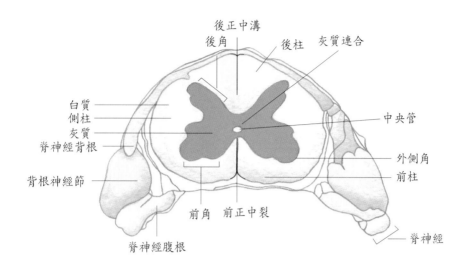

圖7-19　脊髓的橫切面構造

灰質（Gray Matter）

灰質位於深部，是由聯絡神經元與運動神經元的細胞體、樹突及無髓鞘軸突所組成，在橫切面上呈H型。H的直立部分可分成三個部分：

1. 前角（anterior horn）：具有體運動神經細胞體，其神經纖維分布到骨骼肌。
2. 後角（posterior horn）：感覺神經纖維與聯絡神經元細胞體所構成。
3. 外側角（lateral horn）：由自主神經的節前神經元之細胞體所組成，其節後神經元分布到心肌、平滑肌、腺體。

H的橫桿部分是灰質聯合，中間有中央管貫穿整條脊髓，上端與第四腦室相連。

白質（White Matter）

白質位於表層，是由有髓鞘的神經纖維所組成，被灰質的前後角分成三部分：

1. 前柱（anterior column）：負責粗略觸覺、壓覺。
2. 後柱（posterior column）：負責本體感覺、實體感覺、兩點辨識。
3. 外側柱（lateral column）：負責痛覺、溫覺。

白質柱內的神經纖維主要構成各種縱走的神經徑，往上傳達的是感覺徑（上行徑），往下傳達的是運動徑（下行徑）。除此之外，也有一些橫向的纖維可傳達至對側。

功能（Function）

1. 將感覺神經衝動由周邊傳至腦；將運動神經衝動由腦傳至周邊。
2. 反射的中樞。

腦脊髓膜（Meninges）

包圍腦部的是腦膜，包圍脊髓的是脊髓膜，兩者在枕骨大孔處相連，統稱為腦脊髓膜，由外至內分成硬膜、蜘蛛膜、軟膜三層（圖7-20）。

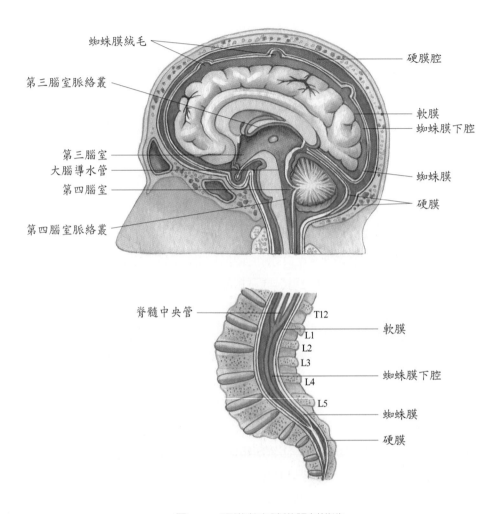

蜘蛛膜絨毛
第三腦室脈絡叢
第三腦室
大腦導水管
第四腦室
第四腦室脈絡叢

硬膜腔
軟膜
蜘蛛膜下腔
蜘蛛膜
硬膜

脊髓中央管
T12
L1
L2
L3
L4
L5
軟膜
蜘蛛膜下腔
蜘蛛膜
硬膜

圖7-20　硬膜與脊髓膜解剖構造

硬膜（Dura Mater）

硬腦膜

硬腦膜含有兩層構造，外層的骨膜層附著於顱骨內側面而成骨內膜，與顱骨間的空間為硬膜上腔（epidural space）；內層則是腦膜層，與椎管內的脊髓硬膜鞘相連。通常兩層癒合在一起，只有某些部位會分離形成硬膜靜脈竇，以收集腦部的靜脈血液，並將其導引至內頸靜脈。當頭部外傷造成此部位出血，稱為硬膜外出血（epidural hematoma），

而出血部位介於硬膜與顱骨之間，稱為硬膜下出血（subdural hematoma）。

硬脊髓膜

硬脊髓膜是強韌的結締組織，沒有骨膜層，下端延伸至第二薦椎的高度，形成硬膜鞘（dural sheath）。硬膜鞘與椎管壁間是硬膜上腔，在第二腰椎的高度以下可作為麻醉注射的位置。

蜘蛛膜（Arachnoid）

蜘蛛膜與硬膜間的空間是硬膜下腔（subdural space），與軟膜間的空間是蜘蛛膜下腔（subarachnoid space），內有腦脊髓液（CSF）。

腦蜘蛛膜

腦蜘蛛膜特化而成的蜘蛛膜絨毛突進上矢狀竇，腦脊髓液即由此被吸收至靜脈血液內。

脊髓蜘蛛膜

脊髓蜘蛛膜與脊髓硬膜一樣，下端達第二薦椎的高度，而脊髓的下端只到第一腰椎下緣的高度，因此在第三、四腰椎間可進行腰椎穿刺（lumbar puncture），由蜘蛛膜下腔抽取腦脊髓液（圖7-20）。病人穿刺時需採取蝦米狀姿勢，然後連接兩側腸骨前上棘的假想線，即能找到第四腰椎的棘突。

軟膜（Pia Mater）

軟膜是透明的薄膜並富含血管，覆於腦與脊髓的表面，並伸入溝或裂內。

軟腦膜

軟腦膜富含血管，為營養層。它與室管膜膠細胞形成脈絡叢，以製造腦脊髓液。

軟脊髓膜

在第二腰椎高度形成的終絲，即由軟脊髓膜形成。軟脊髓膜在脊髓的兩側伸出齒狀韌帶（denticulate ligament）附著於硬膜鞘，使脊髓懸浮於鞘中，即可免於受到震動或突然位移的傷害。

腦脊髓液（Cerebrospinal Fluid, CSF）

腦脊髓液是清澈、無色的液體，由脈絡叢產生，每天產量約有500毫升，但在腦室及蜘蛛膜下腔的只有140毫升，正常腦壓為80～180mmH$_2$O。脈絡叢大部分存在於側腦室，部分存在於第三、四腦室，是軟膜特化而成的微血管叢，上面覆有單層的室管膜細胞。腦脊髓液的組成類似血漿，只是蛋白質、膽固醇含量極微，離子濃度較相似。腦脊髓液的功能除了能作為腦與脊髓的保護墊外，尚能營養腦與脊髓，同時也能移除腦與脊髓的代謝廢物。

側腦室（在左右大腦半球內各一個）的脈絡叢產生的腦脊髓液，由室間孔進入第三

腦室（在間腦），與第三腦室所產生的匯合，經由大腦導水管（貫穿中腦）進入第四腦室（在橋腦、延腦、小腦間），與第四腦室所產生的匯合，少部分進入脊髓中央管，其餘的由外側孔、正中孔進入蜘蛛膜下腔，循流於腦與脊髓的表面，最後經由蜘蛛膜絨毛而被吸收回流到上矢狀竇的靜脈血液中（圖7-14、20、21）。在正常情況，腦脊髓液產生和回流的速度相同，如果腦部循環或回流受到阻礙，則腦部積聚的腦脊髓液會造成水腦（hydrocephalus）。

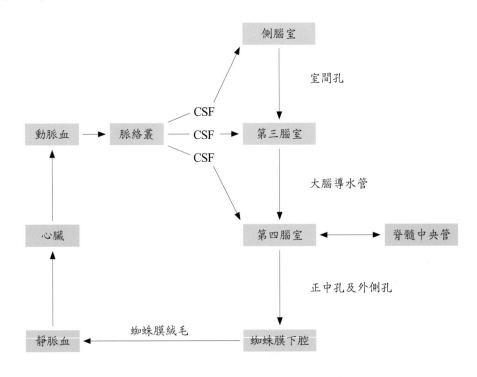

圖7-21　腦脊髓液的形成、循環及吸收過程

血腦障壁（Blood-Brain Barrier, BBB）

腦部微血管的細胞較密集，且其外圍有較多的星形膠細胞，並為連續的基底膜所包圍，而形成了選擇性的障壁，使小分子或有攜帶體協助的才易通過，以保護腦細胞免於受到有害物質的傷害。只有下視丘和第四腦室無血腦障壁。

腦只佔體重的2%，但耗氧量卻佔全身的20%，是耗氧最多的器官，而血液中的葡萄糖則是腦細胞能量的主要來源，所以葡萄糖、氧、二氧化碳、水、酒精、氫離子較易通過血腦障壁；像肌酸酐、尿素、氯、胰島素、蔗糖通過速度較慢；而蛋白質和大部分的抗生素皆因分子較大，不易通過血腦障壁。

周邊神經系統（Peripheral Nervous System）

周邊神經系統包括腦與脊髓以外的所有神經組織，包含了12對腦神經、31對脊神經的神經纖維束（軸突的集合）及相關的神經節（細胞體的集合）。

腦神經（Cranial Nerves）

腦神經有12對，除了第一對附著於大腦、第二對附著於視丘外，其餘皆附著於腦幹（圖7-22）。而且12對腦神經都通過頭顱骨的孔、裂、管離開顱腔。腦神經可經由羅馬數字及名稱來表示，羅馬數字代表腦神經在腦中由前至後排列的順序，而神經的名稱則顯示支配的構造或功能。

大部分的腦神經是含有運動及感覺纖維的混合神經（mixed nerves），只有與特殊感覺，（如嗅、視覺）有關的神經僅含有感覺纖維，這些感覺神經元的細胞體並非位於腦中，而是位於靠近感覺器官的神經節內。

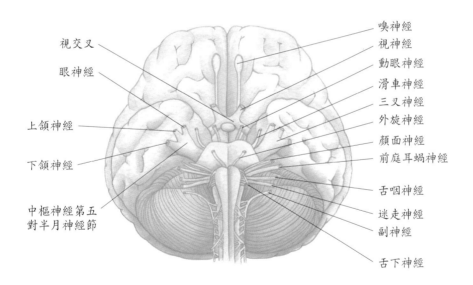

圖7-22　腦神經於腦表的起始處

各對腦神經的名稱與作用如附表7-1。

表7-1　腦神經的摘要

名　稱	感覺作用	運動作用	副交感作用
Ⅰ 嗅神經	嗅覺	—	—
Ⅱ 視神經	視覺	—	—
Ⅲ 動眼神經	由其運動纖維支配的肌肉傳來的本體感覺	控制上、下、內直肌、下斜肌之眼外肌及提上眼瞼肌	控制瞳孔括約肌及睫狀肌之眼內肌
Ⅳ 滑車神經	上斜肌的本體感覺	控制眼球上斜肌的運動	—
Ⅴ 三叉神經	顏面的觸覺、溫度、痛覺及咀嚼肌的本體感覺	控制咀嚼肌及可拉緊鼓膜的肌肉	—
Ⅵ 外展神經	外直肌的本體感覺	控制眼球外直肌的運動	—
Ⅶ 顏面神經	舌前2/3味覺及面部表情肌本體感覺	控制臉部表情及可拉緊鐙骨的肌肉	控制淚腺淚液及舌下腺、頜下腺唾液的分泌
Ⅷ 前庭耳蝸神經	平衡覺及聽覺	—	—
Ⅸ 舌咽神經	舌後1/3味覺及咽部肌肉的本體感覺	控制吞嚥所使用的咽部肌肉	控制腮腺唾液分泌及血壓調整
Ⅹ 迷走神經	內臟肌肉的本體感覺及舌後味蕾、耳廓感覺	控制咽、喉部肌肉，與吞嚥、發音講話有關	控制內臟蠕動、心跳及血壓的調節等
Ⅺ 副神經	頭、頸、肩肌肉的本體感覺	控制咽、喉及胸鎖乳突肌、斜方肌的轉頭動作	—
Ⅺ 舌下神經	舌頭肌肉的本體感覺	控制舌頭的動作，與咀嚼、吞嚥和說話有關	—

嗅神經（Cranial Nerve I：Olfactory）

　　是感覺神經，為雙極神經元，是唯一由大腦發出的腦神經，負責傳送嗅覺的訊息。嗅覺神經元起始於鼻腔頂部的嗅覺上皮，嗅神經束通過篩骨篩板上的孔，終止於大腦的嗅球，再經嗅徑傳到大腦額葉及邊緣系統的嗅覺區。

視神經（Cranial Nerve II：Optic）

是感覺神經，是由位於視網膜的神經節細胞之軸突在眼球底最內層聚集而成，並通過眼眶的視神經孔進入顱腔形成視交叉，部分神經纖維在此處交叉至對側，之後再形成視神經徑，終止於視丘的外側膝狀體，經視放射到大腦枕葉的視覺區；另一小部分纖維則終止於中腦上丘，連接第三、四、六對腦神經，與視覺反射有關。

動眼神經（Cranial Nerve III：Oculomotor）

動眼神經起源於中腦腹側，經上眼眶裂至眼眶，其隨意運動纖維分布至提上眼瞼肌及眼球的四條外在肌（上、下、內直肌及下斜肌），而不隨意運動纖維亦即副交感神經纖維分布至瞳孔括約肌及睫狀肌，以調節瞳孔的大小與水晶體的厚薄。

滑車神經（Cranial Nerve IV：Trochlear）

滑車神經起源於中腦背側，經上眼眶裂達眼眶，負責支配眼球的上斜肌。滑車之意是指上斜肌韌帶穿過滑車韌帶環後才附著在眼球上。是十二對腦神經中最小的一對。

三叉神經（Cranial Nerve V：Trigeminal）

是所有腦神經中最粗的，但不是最長的，屬混合神經，負責顏面的感覺及咀嚼動作。三叉神經起源於橋腦，分成眼枝、上頜枝及下頜枝三個分枝。

1. 眼枝：是感覺神經，經上眼眶裂至眼眶分布到頭部上方，負責頭皮、額頭、上眼瞼、結膜、角膜及鼻腔上部的一般感覺。
2. 上頜枝：是感覺神經，經圓孔離開顱腔分布至上頜骨表面，負責下眼瞼、臉頰皮膚、上唇、上頜齒、鼻腔黏膜、上腭及部分咽部的一般感覺。
3. 下頜枝：是混合神經，經卵圓孔離開顱腔分布於下頜骨表面。負責舌頭、下頜齒、下頜皮膚的一般感覺，並控制咀嚼肌的運動功能。

外展神經（Cranial Nerve VI：Abducens）

外展神經起源於橋腦及延腦的交界處，經上眼眶裂達眼眶，分布到眼球外直肌，能使眼球外展。

顏面神經（Cranial Nerve VII：Facial）

是控制臉部感覺和運動的混合神經，起源於橋腦與延腦交接處，穿過顳骨的莖乳孔，分布到顏面。其中較粗的運動根支配顏面的表情肌、枕肌、耳朵的外在肌、二腹肌的後腹、莖突舌骨肌與鐙骨肌。有些由感覺神經節的膝狀神經節發出的一般感覺纖維，支配外耳道周圍一小區域的皮膚；顏面神經分出之鼓索神經，其特殊感覺纖維會進入舌神經中以支配舌前三分之二的味覺。而有一些副交感神經纖維則分布到淚腺、頷下腺、舌下腺。

前庭耳蝸神經（Cranial Nerve VIII：Vestibulocochlear）

起源於橋腦和延腦的交接處，隨著顏面神經進入內耳道，分成了前庭神經和耳蝸神經。前庭神經與平衡有關，能將來自內耳前庭與半規管的平衡訊息傳入至前庭神經核；耳蝸神經與聽覺有關，可將耳蝸Corti器的聽覺訊息經螺旋神經節傳至耳蝸神經核。

舌咽神經（Cranial Nerve IX：Glossopharyngeal）

舌咽神經是混合神經，由延腦上部發出，經頸靜脈孔離開顱腔。在頸靜脈孔的下方有上、下神經節，是舌咽神經感覺神經纖維細胞體的位置，可將舌後1/3的一般感覺、味覺與上咽部的一般感覺傳入中樞，並能將頸動脈竇的血壓及頸動脈體的化學感受體之訊息傳入；舌咽神經的運動纖維沿著莖突咽肌走向行於咽縮肌之間，最後達口咽和舌頭，以助吞嚥動作；尚有副交感神經纖維與耳下腺唾液分泌有關。

迷走神經（Cranial Nerve X：Vagus）

迷走神經源於延腦，是腦神經中分布最廣的神經，包括了頭、頸、胸、腹部，屬混合神經，它伴隨著舌咽神經、副神經由頸靜脈孔離開顱骨。迷走神經的運動纖維可明顯分成兩條，一條分布於軟腭、咽、喉的隨意肌，與吞嚥、講話有關；另一條則分布於心肌、平滑肌、心血管、呼吸道、消化道的外分泌腺體。而在上、下神經節的感覺纖維則是將來自其所分布的上述器官之神經衝動傳入中樞。

副神經（Cranial Nerve XI：Accessory）

副神經是支配頸、背部的混合神經，但以運動為主，源於延腦及頸部脊髓，所以分成顱根與脊根，兩者匯合後由頸靜脈孔穿出頭顱後又分開。顱根的纖維加入迷走神經至軟腭、咽、喉及食道的肌肉，與吞嚥、發音有關；脊根的纖維則支配胸鎖乳突肌和斜方肌，與頭部轉動有關。

舌下神經（Cranial Nerve XII：Hypoglossal）

舌下神經也是混合神經，但以運動為主，起源於延腦，經舌下神經管離開顱腔，分布到舌頭肌肉，包括莖突舌肌、頦舌骨肌、頦舌肌等，以控制舌頭肌肉的運動，與咀嚼、吞嚥、說話等功能有關，並將舌部肌肉本體感覺傳回中樞。

脊神經（Spinal Nerves）

脊神經有31對，根據所發出的脊椎部位分為8對頸脊神經、12對胸脊神經、5對腰脊神經、5對薦脊神經及1對尾脊神經。每一條脊神經皆含有感覺及運動神經纖維的混合神經。這些纖維是包圍在同一束神經內，直到接近進入脊髓前才分開成兩條短分支，稱為背根（dorsal root）與腹根（Ventral root）。背根含感覺神經纖維，腹根含運動神經纖維。背根處有聚集所有感覺神經元細胞體的膨大端為背根神經節（dorsal root ganglion）（圖

7-23）。腹根分自主神經與體運動神經，體運動神經元的細胞體不位於神經節內，而是在脊髓灰質內；而自主運動神經元的細胞體則是位於脊髓外的神經節。

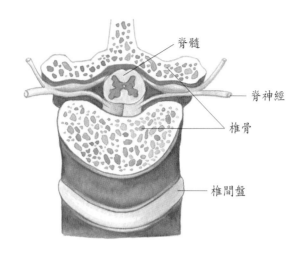

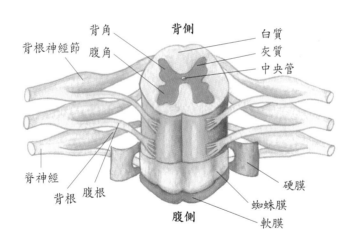

圖7-23　脊神經的分支

全身的皮膚，除了顏面及頭皮前半的部分是三叉神經所支配外，其餘皆由脊神經的背根分別支配某一特定的皮膚區域，此皮膚區域稱為皮節（dermatome），如圖7-31，只要知道每一皮節與脊神經的關係，即可找出脊神經的異常處。

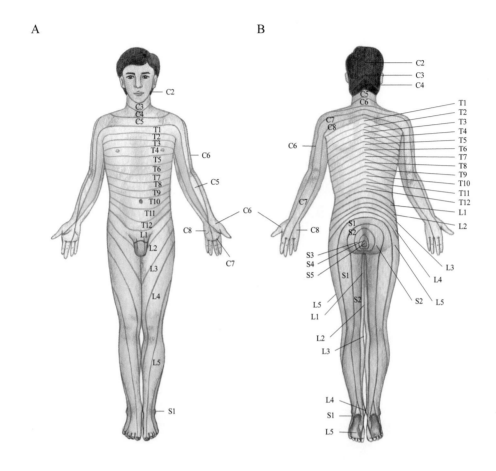

圖7-24　皮節分布情形。A.正面　B.背面

神經叢（Plexuses）

　　周邊神經可連接成複雜的神經叢，再分布至身體各部位。主要的有頸神經叢負責支配頸部的肌肉，並進入胸腔支配橫膈；臂神經叢負責支配肩帶和上肢；腰神經叢負責支配前側及外側腹壁、外生殖器及下肢的一部分；而薦神經叢則負責支配臀部、會陰及下肢。主要周邊神經位置及功能如圖7-25及表7-2。（T_{2-11}）肋間神經不屬上述種經叢，但也是重要周邊神經，支配肋間肌、腹肌、和軀幹皮膚。至於T_{12}有一部分加入腰神經叢，其餘在第十二肋骨下方，稱為肋下神經。

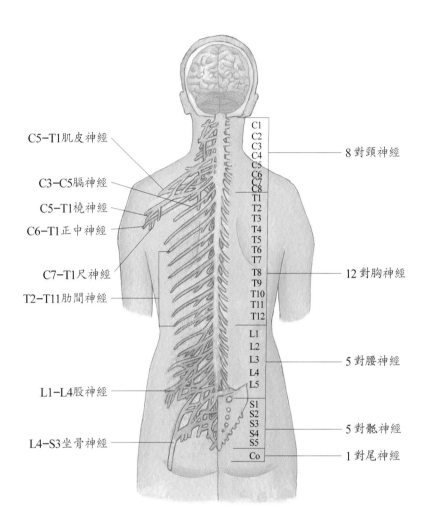

C5−T1肌皮神經

C3−C5膈神經

C5−T1橈神經

C6−T1正中神經

C7−T1尺神經

T2−T11肋間神經

L1−L4股神經

L4−S3坐骨神經

C1
C2
C3
C4
C5
C6
C7
C8
T1
T2
T3
T4
T5
T6
T7
T8
T9
T10
T11
T12
L1
L2
L3
L4
L5
S1
S2
S3
S4
S5
Co

8 對頸神經

12 對胸神經

5 對腰神經

5 對骶神經

1 對尾神經

圖7-25　主要周邊神經位置圖

　　頸神經叢（cervical plexus）是由C_{1-4}的腹枝所形成，位於第一至第四頸椎的兩側。頸神經叢負責支配頭頸部及肩膀上半部的肌肉和皮膚，其分枝中最重要的是由C_{3-5}形成的膈神經，支配橫膈，與呼吸有關。若兩側膈神經受損會造成橫膈麻痺，影響呼吸、咳嗽、打噴嚏等。

　　臂神經叢（brachial plexus）是由C_5-T_1的腹枝所形成，由下位四塊頸椎與第一胸椎的兩側，向下外側延伸經鎖骨下至腋窩，支配上肢及肩胛骨。重要的分枝有橈神經（radial nerve）、正中神經（median nerve）、尺神經（ulnar nerve）。長時間使用枴杖會壓迫腋窩，可能傷害支配伸肌的橈神經，導致伸肌麻痺而手腕下垂、肘反射消失；若正中神經受損則大拇指無法對掌，手腕及手指無法做屈曲動作；尺神經與手指的靈巧動作有關，若受損會使手指伸展困難變成爪形手。

　　腰神經叢（lumbar plexus）是由L_{1-4}的腹枝及部分T_{12}的纖維所組成，位於L_{1-4}腰椎旁，斜向外側下方延伸。腰神經叢最大的分枝是股神經（femoral nerve），負責支配屈大腿及伸小腿的肌肉，若受損即無法伸展小腿，且大腿前側及內側皮膚感覺也會消失。

　　薦神經叢（sacral plexus）是由L_4-S_4的腹枝所組成，主要位於薦骨前面，其分枝中坐骨神經是人體中最粗最長的神經。坐骨神經經由坐骨大切跡離開骨盆腔，達臀部深處，再經大腿後部往小腿，在膝窩處分成脛神經（tibial nerve）及腓總神經（common peroneal nerve），最後到足部。若腓骨頸骨折，腓總神經會受損造成垂足，但踝反射正常。

表7-2　主要周邊神經

名稱	參與之脊神經	功能
肌皮神經	C_5-T_1	支配手臂前側肌肉和前臂的皮膚感覺
橈神經	C_5-T_1	支配手臂後側肌肉和前臂及手的皮膚感覺
正中神經	S_6-T_1	支配前臂手腕與橈側姆指
尺神經	C_5-T_1	支配前臂和手指伸展
膈神經	C_3-C_5	支配橫膈與呼吸運動
肋間神經	T_2-T_{12}	支配肋間肌、腹肌和軀幹的皮膚
股神經	L_1-L_4	支配大腿和腳的肌肉及其內側感覺
坐骨神經	L_4-S_3	支配大腿、腳和足的肌肉和皮膚

*C＝頸神經；T＝胸神經；L＝腰神經；S＝薦神經

自主神經系統（Autonomic Nervous System）

　　自主神經系統是由交感神經（sympathetic nerve）及副交感神經（parasympatheic nerve）所組成。可自主性調節心肌、平滑肌及腺體的活動。

　　在調節過程中，每一神經衝動皆用到一個自主神經節和兩個運動神經元（即節前神經元與節後神經元）。第一個神經細胞體位於中樞神經中並具有節前纖維（preganglionic fiber）；第二個細胞體位於神經節中並有一節後纖維（postganglionic fiber）。二神經元接觸的突觸即為自主神經節。如圖7-26。

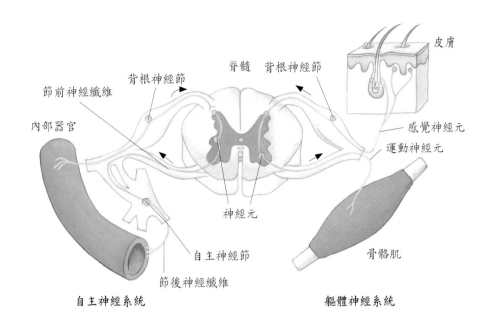

圖7-26　軀體神經與自主神經。其差異於表7-3。

表7-3　軀體神經系統和自主神經系統的比較

特徵	軀體神經系統	自主神經系統
作用器官	骨骼肌	心肌、平滑肌、腺體
神經節	無	自主神經節後神經元細胞體位於椎旁、椎前及終末神經節內
從中樞神經系統傳到作用器所含神經元數目	一個	二個
神經肌肉接合處的種類	特化性運動終板	無特化性突觸後細胞膜；平滑肌細胞的所有部位皆含有神經傳遞物質的蛋白質接受器
神經衝動對肌肉的影響	興奮性	興奮性或抑制性
神經纖維的種類	傳導性較快，直徑較大有髓鞘	傳導較慢，節前纖維含髓鞘，節後纖維無髓鞘，兩者直徑皆小
切除神經之後的效應	癱軟及萎縮	肌肉張力及功能仍在，但標的細胞則因神經切除而有過度敏感現象

而節前神經元與節神經元之比較如下：

項　目	節前神經元	節後神經元
細胞體	在中樞神經系統內	在自主神經節
神經纖維	有髓鞘，屬B纖維	無髓鞘，屬C纖維
軸突終止處	自主神經節	內臟動作器
交感神經	分泌乙醯膽鹼，一條	大部分分泌正腎上腺素，有許多條，可控制許多內臟動作器
副交感神經	分泌乙醯膽鹼，一條	分泌乙醯膽鹼，四到五條，僅控制一個動作器

交感神經分系（Sympathetic Division）

節前神經元

　　交感神經分系的節前神經元細胞體位於脊髓的第一胸髓節（T_1）至第二或第三腰髓節的灰質外側角（L_{2-3}），因此交感神經分系又稱為胸腰神經分系（thoracolumbar division）。

自主神經節

1. 交感神經幹神經節：又稱脊柱旁神經節，是位於脊柱兩旁的一連串神經節，由顱底延伸至尾骨，它只接受來自交感神經分系之節前神經纖維。
2. 脊柱前神經節：又稱側枝神經節，位於脊柱前面並靠近腹腔的大動脈，例如腹腔神經節、腸繫膜上神經節、腸繫膜下神經節等。

　　交感神經分系的神經節靠近中樞神經系統而遠離所支配的內臟動作器。所以節前纖維短節後纖維長。

節後神經元

　　有髓鞘的節前神經纖維由脊神經的腹根自脊髓伸出後，隨即經由白交通枝（white rami communicantes）達同側最近的交感神經幹神經節，每一交感神經幹含有22個神經節（3個頸神經節、11個胸神經節、4個腰神經節、4個薦神經節）。

　　因此進入神經節後可延伸至不同高度與無髓鞘的節後神經元形成突觸，部分經由灰交通枝（gray rami communicantes）進入脊神經，並和脊神經一起分布到體壁、上下肢及頸部的動作器，如汗腺、豎毛肌、血管壁的平滑肌等；部分形成內臟神經，終止於脊柱前神經節，再經由節後纖維分布至體腔內臟器官。

　　沒有脊神經分布的頭部，交感神經來自上頸神經節之節後神經纖維，隨著血管分布

至頭部的內臟動作器。

交感神經分系的每一節前神經纖維與很多節後神經元產生突觸，而通往很多內臟動作器，它分布到全身，包括皮膚、骨盆腔的內臟器官。如圖7-27。交感神經通常是消耗能量，產生戰鬥或逃跑反應，以應對壓力渡過難關。

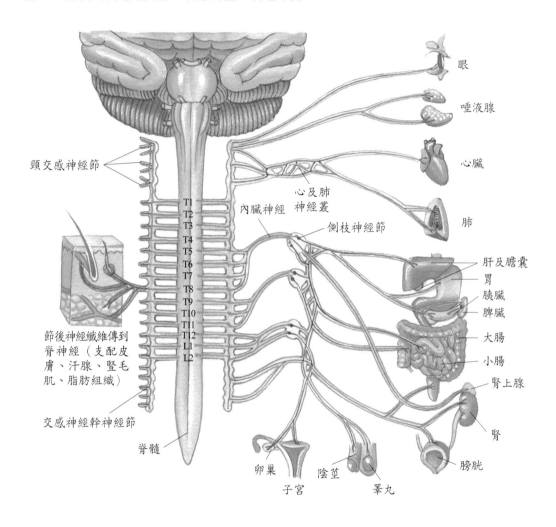

圖7-27 交感神經分系

副交感神經分系（Parasympathetic Division）

節前神經元

副交感神經分系的節前神經元細胞體位於腦幹中第三、七、九、十對腦神經的腦神經核，及第二至四薦髓節的灰質內。因此副交感神經分支又稱顱薦（頭骶）神經分系。如圖7-28。

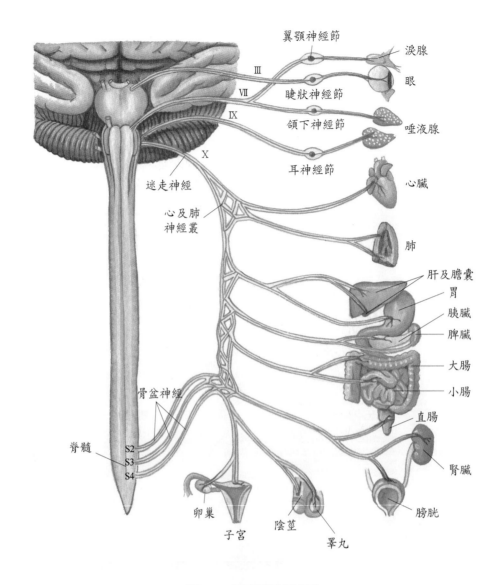

翼顎神經節

淚腺

III

眼

VII 睫狀神經節

IX 頜下神經節

唾液腺

X 耳神經節

迷走神經

心臟

心及肺
神經叢

肺

肝及膽囊
胃
胰臟
脾臟
大腸
小腸
直腸

骨盆神經

脊髓
S2
S3
S4

腎臟

膀胱

卵巢

子宮

陰莖

睪丸

圖7-28　副交感神經分系

自主神經節

　　副交感神經分系的自主神經節是終末神經節，因為非常靠近內臟動作器，甚至可能完全位於此內臟的臟壁內。故節前纖維長節後纖維短。

節後神經元

　　大部分的副交感神經纖維不與脊神經併行，因此血管、汗腺、豎毛肌只由交感神經支配，並無副交感神經的支配。副交感神經分支的節後神經元支配的內臟動作器如下：

神經	節前纖維的起源	終末神經節的位置	動作器
III 動眼神經	中腦	睫狀神經節	眼球瞳孔括約肌及睫狀肌
VII 顏面神經	橋腦	翼腭神經節 頜下神經節	鼻腔、口腭、咽的黏膜與淚腺 頜下唾液腺、舌下唾液腺
IX 舌咽神經	延腦	耳神經節	耳下唾液腺
X 迷走神經	延腦	位在臟器內或附近之終末神經節	胸腹腔內臟動作器
骨盆脊神經	S_2-S_4	位在骨盆的終末神經節	結腸後半段、輸尿管、膀胱、生殖器官

　　副交感神經分支每一節前神經纖維只與4或5個節後神經元產生突觸，而只通往一個動作器，且只分布到頭部、胸腔、腹腔與骨盆腔的內臟器官。此分系通常是儲存能量，是休息、安眠系統，能使身體恢復恆定及安靜狀態。

　　交感神經與副交感神經之構造與特徵兩者迥然不同，其差異如下：

比較	交感神經	副交感神經
起源	起始於第一胸髓節至第二或第三腰髓節	起始於腦幹中第三、七、九、十對腦神經之神經核及第二及第四薦髓節
自主神經節	含有交感神經幹神經節及脊柱前神節	含有終末神經節
神經元	神經節靠近中樞神經系統而遠離所支配之內臟動作（節前短、節後長）	神經節靠近或位於所支配之內臟內（節前長、節後短）
與內臟的關係	每一節前神經纖維與很多節後神經元產生突觸，而通往很多內臟動作器	每一節神經纖維只與4或5個節後神經元產生突觸，而只通往一個動作器
分布範圍	分布到全身，包括皮膚	只分布到頭部及胸腔、腹腔與骨盆腔之內臟器官
作用	戰鬥或逃跑	休息或安眠

自主神經系統的功能（Functions of the Autonomic Nervous System）

　　身體的活動是需要交感及副交感神經的相互協調，雖然此兩個分系對內臟與腺體是

具相反、拮抗的作用，但並不是每個構造均受此兩分系的支配，像皮膚豎毛肌就只有交感神經的分布。雖然身體很多器官是接受兩個分系的支配，但不一定是拮抗的，它們是互相協調來達到單一功能的目標。例如：眼睛對於不同程度的光刺激會表現出有趣的雙重反應，當虹膜輻射肌受交感纖維刺激收縮時，瞳孔是放大的；當虹膜括約肌受副交感神經纖維刺激收縮時，瞳孔是縮小的。

自主神經系統並不是控制所支配器官的基本活動，而是調節它的活動。例如：將支配心臟的自主神經去除，心臟仍能收縮，只是對身體需求的改變無法反應，像活動增加時，心跳沒辦法增加速率來調節。所以身體器官並不完全依賴自主神經的作用。

器官		交感神經作用	副交感神經作用
眼	虹膜輻射肌	收縮	—
	虹膜環狀肌	—	收縮
	睫狀肌	鬆弛看遠物	收縮看近物
心	竇房結	加速	減速
	收縮力	增加	減少
血管	皮膚、內臟	收縮	—
	骨骼肌	放鬆	—
	支氣管平滑肌	放鬆	收縮
腸胃道	平滑肌壁	放鬆	收縮
	括約肌	收縮	放鬆
	分泌	減少	增加
	腸肌層神經叢	抑制	—
生殖泌尿平滑肌	膀胱壁	放鬆	收縮
	尿道括約肌	收縮	放鬆
	子宮	放鬆	—
	懷孕子宮	收縮	—
	陰莖	射精	勃起
皮膚	豎毛肌	收縮	—
汗腺	調節溫度	增加	—
	泌離汗腺	增加	—

自我測驗

一、問答題

1. 請說明神經膠細胞的種類與功能。
2. 何謂中樞神經系統與周邊神經系統？
3. 請敘述神經元的構造與功能。
4. 請敘述腦部由上至下的排列情形，並簡述重要功能。
5. 請列表說明腦神經的名稱與功能。
6. 何謂神經叢？請列表敘述身體重要的神經叢及其支配的位置和重要神經。
7. 體運動系統和自主運動系統的比較。
8. 交感神經和副交感神經在構造上與功能上有何不同？
9. 以圖表示節前神經元及節後神經元的位置與功能。

二、選擇題

(　) 1. 下列何者不屬於中樞神經系統？

(A) 小腦　(B) 延腦　(C) 脊髓　(D) 顱神經

(　) 2. 構成中樞神經元軸突髓鞘的是：

(A) 星形膠細胞　(B) 許旺氏細胞　(C) 微小膠細胞　(D) 寡突膠細胞

(　) 3. 突觸小泡集中於下列何處？

(A) 胞體　(B) 樹突　(C) 軸突終末　(D) 突觸裂

(　) 4. 中樞神經系統的神經纖維在受傷後無法再生是由於缺乏：

(A) 髓鞘　(B) 神經膜　(D) 細胞核　(D) 脂褐質

(　) 5. 連接左、右大腦半球的結構為：

(A) 錐體　(B) 胼胝體　(C) 大腦腳　(D) 乳頭體

(　) 6. 下列神經組織中與記憶功能關係最密切的是：

(A) 橋腦　(B) 海馬　(C) 下視丘　(D) 小腦

(　) 7. 習慣使用右手之人，語言中樞位於大腦何處？

(A) 右側大腦半球　(B) 左側大腦半球　(C) 左右兩側大腦半球皆有　(D) 位於間腦

(　) 8. 自主神經系統的協調中樞是：

(A) 中腦　(B) 間腦　(C) 小腦　(D) 延腦

(　) 9. 反彈現象、手指辨距不良或手掌無法快速反覆地旋前旋後，此現象是何處病變所致？

(A) 小腦　(B) 大腦皮質　(C) 腦幹　(D) 基底神經節

(　)　10. 小兒麻痺症乃因脊髓何處受損所致？

(A) 前角　(B) 後角　(C) 外側角　(D) 後束

(　)　11. 下列何神經無法控制眼球的活動？

(A) 動眼神經　(B) 滑車神經　(C) 視神經　(D) 外旋神經

(　)　12. 咀嚼肌的神經支配為：

(A) 三叉神經　(B) 顏面神經　(C) 迷走神經　(D) 舌下神經

(　)　13. 下列對迷走神經的敘述何者有誤？

(A) 為腦神經之一，屬於周邊神經　(B) 為一混合神經，通過頸靜脈孔

(C) 源自橋腦，司有外耳道感覺之功能　(D) 為體內分布最廣的腦神經

(　)　14. 下列何者受損將導致拇指無法行對掌的動作？

(A) 正中神經　(B) 肌皮神經　(C) 尺神經　(D) 橈神經

(　)　15. 下列何者不是單突觸反射？

(A) 深腱反射　(B) 膝反射　(C) 縮回反射　(D) 踝反射

(　)　16. 胸腰部脊髓圓椎之側角係由何種神經元構成？

(A) 運動神經元　(B) 感覺神經元　(C) 聯洛神經元　(D) 交感神經元

(　)　17. 支配頭部構造的交感神經是來自：

(A) 腹腔神經節　(B) 半月狀神經節　(C) 頸上神經節　(D) 翼顎神經節

(　)　18. 自主神經系統中，下列何者為膽鹼激性神經元？

(A) 所有節後神經元　(B) 支配唾腺的交感神經節後神經元　(C) 副交感神經
節後神經元　(D) 支配平滑肌血管的交感神經元

(　)　19. 副交感神經興奮引起的作用，下列何者為是？

(A) 細胞產熱　(B) 抑制脂肪合成　(C) 促進胃酸分泌　(D) 全身小動脈擴張

(　)　20. 交感神經興奮會造成：

(A) 縮瞳　(B) 心跳減慢　(C) 冠狀動脈收縮　(D) 皮膚血管收縮

(　)　21. 下列敘述何者為誤？

(A) 交感神經可使支氣管擴張　(B) 副交感神經可使子宮收縮　(C) 交感神經
可使冠狀動脈擴張　(D) 副交感神經可使瞳孔縮小

解答：

1.(D)　2.(D)　3.(C)　4.(B)　5.(B)　6.(B)　7.(B)　8.(B)　9.(A)　10.(A)

11.(C)　12.(A)　13.(C)　14.(A)　15.(C)　16.(D)　17.(C)　18.(C)　19.(C)　20.(D)

21.(B)

第八章　感覺

本章大綱

人體的感覺可分為一般感覺（general senses）及特殊感覺（special senses）。一般感覺是指對於碰觸、壓力、疼痛、溫度的感覺，其感受器並未特化成複雜的器官構造；特殊感覺是指視覺、聽覺、味覺、嗅覺、平衡感覺，其感受器特化成複雜的器官，其中嗅覺的特化程度最低，視覺特化程度最高。

感覺的定義（Sensory Definition）

感覺（sensation）與知覺（perception）不同。能察覺身體內、外環境狀態的是感覺；若是對感覺性刺激經過大腦皮質感覺區後產生意識性認知的是知覺。感覺的產生，需先有內外環境的刺激（包括光、熱、壓力、機械或化學能）經感受器接收興奮去極化，轉變成神經衝動後，沿著神經徑傳導至腦部，再由腦部將神經衝動轉譯成感覺。由此可見，感受器像能量轉換器，它能將自然界各種不同的能量形式轉換成神經衝動，再沿著感覺神經傳入大腦。

通常感受器具有高度的興奮性及專一性，也就是每一種感受器對特定的刺激具有低的反應閾值，對其他的刺激反應閾值就很高。但是痛覺感受器除外。

感覺的特徵（Sensory Characteristics）

感覺具有下列四特徵：

1. 投射（projection）：意識性的感覺都發生於大腦皮質。亦即由眼球、耳朵、受傷部位來的刺激經大腦轉譯而成視覺、聽覺、痛覺。這種大腦代表身體受刺激部位之感覺的過程稱為投射。

2. 適應（adaptation）：對於持續性的刺激會使感受性降低，甚至失去感覺。能快速適應的感覺感受器像嗅覺、觸覺、壓力覺，其中嗅覺適應最快；而痛覺、身體位置、偵測血液中化學物質等的感受器則屬於慢適應感受器，尤其是痛覺根本沒有適應性。

3. 餘像（afterimages）：當刺激移除，感覺仍存在的，即為餘像。例如注視強光後，視線離開光源或閉上眼睛，光的影像仍可存留數秒或數分鐘。如圖8-1。

4. 形式（modality）：對於各種形式的感覺皆能區分。例如我們能辨別疼痛、壓力、溫度、平衡、聽覺、視覺、味覺等。

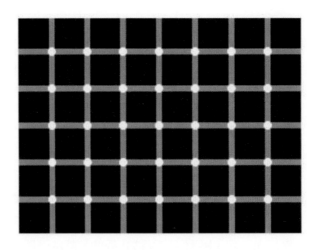

圖8-1 數數看有幾個黑點？此為餘像刺激產生的黑點

感受器的分類（Classification of Receptors）

身體對外來刺激能產生反應，是因身上有無數的感受器（receptors），它能喚起身體對外在環境改變的警覺性。它廣泛的分布於皮膚、黏膜、結締組織、肌肉、肌腱、關節和內臟，可依位置、刺激類型和簡單、複雜來分類。

依位置分類（Location）

1. 外在感受器：靠近體表，可提供外在環境訊息。例如視覺、聽覺、觸覺、嗅覺、味覺、溫度覺、壓覺、痛覺等。

2. 內臟感受器：位於內臟及血管內，可提供內在環境的訊息。例如：疼痛、壓力、疲勞、饑餓、口渴等。

3. 本體感受器：位於肌肉、肌腱、關節、內耳，以提供身體位置及運動的訊息。例如肌肉張力、關節位置、及平衡訊息。

依刺激類型分類（Stimulus Detected）

感受器	刺激形式	感受機制	例子
機械感受器	機械力	使感覺神經樹突的細胞膜或毛細胞變形，以活化感覺神經末梢	皮膚的觸覺、壓覺 前庭的平衡 耳蝸的聽覺
痛覺感受器	組織損傷	受傷組織釋放化學物質活化感覺神經末梢	皮膚的痛覺

（續）

感受器	刺激形式	感受機制	例子
光感受器	光線	利用光化學反應影響感受器細胞對離子的通透性	視網膜上的視桿、視錐
化學感受器	溶解的化學物質	藉化學性分子的交互作用影響感覺細胞對離子的通透性	口腔的味覺 鼻腔的嗅覺 頸動脈體的化學感受器

依簡單性或複雜性分類（Simplicity or Complexity）

1. 一般感覺（簡單性）之感受器：數目多，分布廣。例如觸覺、壓覺、痛覺、溫度覺等。
2. 特殊感覺（複雜性）之感受器：數目少，分布局部。例如視覺、聽覺、味覺、平衡覺。

皮膚感覺（Cutaneous Sensations）

　　皮膚上有許多敏感的感受器，可偵測多種不同形式的感覺，包括觸、壓、冷熱及痛覺，皆由不同神經元樹突末梢所傳導。一個感受器在膚上所感受的範圍就是此感受器的感受區，而感受區的大小與該區域皮膚上的感受器密度成反比，例如由兩點觸覺辨識試驗（two point discrimination test）即可測得輕觸覺感受區的大小，並能得知身體的觸覺敏銳度。身體依敏銳度由高至低的排列順序為：舌尖、指尖、鼻側、手背、頸部背側。

　　冷、熱、痛覺的感受器僅由裸露的感覺神經末梢構成；觸覺感受器的裸露感覺神經末梢外層有被囊包住，如由樹枝狀末梢擴大形成的路氏小體（Ruffini corpuscles）及莫克氏盤（Merkel's discs）；另有一些觸覺及壓覺感受器是由各種包膜的樹突末梢所構成，例如梅斯納氏囊（Meissner's corpuscles）、巴氏囊（Pacinian corpuscles）（圖8-2）。

感覺	感受器名稱	位置	傳入路徑	接受中樞
觸覺	梅斯納氏囊	真皮乳頭層	粗略：前脊髓視丘徑 精細：薄束楔狀束	大腦皮質1、2、3區
壓覺	巴氏囊	皮下、黏膜下、漿膜下組織中，圍繞關節，在乳腺和外生殖器上	前脊髓視丘徑	大腦皮質1、2、3區

（續）

感覺	感受器名稱	位置	傳入路徑	接受中樞
溫覺	路氏小體 30℃～45℃	真皮層深部及皮下組織	外側脊髓視丘徑	下視丘
冷覺	克氏小體（Krause's） 10℃～40℃	真皮層深部	外側脊髓視丘徑	下視丘
痛覺	游離神經末梢	皮膚表皮的生發層及各個組織中	外側脊髓視丘徑	大腦皮質 1、2、3區

溫度超過45℃及低於10℃，皆會造成疼痛，而痛覺是日常生活中不可缺的，因為它提供組織傷害刺激的訊息，以免造成更大的傷害。只是痛覺感受器沒有適應性，不會因刺激的持續存在而減弱。

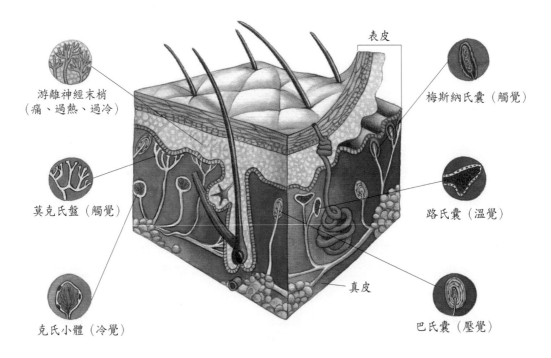

圖8-2　皮膚的感受器

一但痛覺感受器受到刺激，有兩種不同軸突傳遞訊號。有髓鞘的纖維主要負責局部性感覺稱為快痛（fast pain）或刺痛，猶如注射或深切的感覺。這種訊息很快的達到中樞引起體反射和刺激主要感覺皮質。慢速沒有髓鞘的纖維則傳導慢痛（slow pain）或灼熱痛。不像快痛一般，慢痛只能有區域性的感覺。

來自臟層器官的痛覺常被來自相同脊神經支配的表面感覺所取代。這種並非由刺激部位本身所感受的痛覺稱為轉移痛（referred pain），身體臟層痛覺常被較表層相同脊神

經支配的區域取代，見圖8-3。

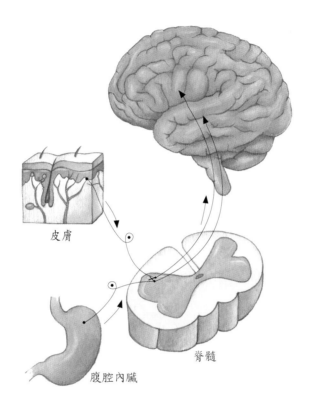

皮膚

腹腔內臟

脊髓

圖8-3　轉移性疼痛

截肢患者常有幻覺肢（phantom limb），這是因殘肢內的神經末梢形成小結節，稱為神經瘤（neuromas）。神經瘤產生的衝動傳入大腦後，大腦會將訊息詮釋成截肢肢體的感覺。

本體感覺（Preprioceptive Sensations）

本體感覺又稱動力感覺（kinesthetic sense），與肌肉、肌腱、關節活動及平衡有關，故能認知身體某一部分與其他部分之相關位置及運動速度。因此我們可在黑暗中走路、打字、穿衣不用眼睛也能判斷四肢的位置及運動。

本體感受器位於骨骼肌、肌腱、關節及內耳，能測知肌肉收縮的程度、肌腱張力的大小、關節位置的改變及頭部與地面的位置關係（表8-1）。經由的傳導路徑是薄束楔狀束（脊髓後柱徑）。

表8-1　本體感覺

感受器名稱	功能	位置及組成
肌梭	偵測骨骼肌延伸的訊息	在骨骼肌纖維間的梭內肌纖維與感覺神經末梢組成
高基氏（Golgi）肌腱器	可感應骨骼肌肌腱收縮張力的改變	在梭外肌纖維與肌腱交接處，由薄的結締組織囊包住膠質纖維而成，內有感覺神經纖維
關節動力感受器	可提供關節壓力、彎曲程度與速度的訊息	在關節囊及韌帶
壺腹嵴 聽斑	可偵測身體動態與靜態的平衡	在內耳的半規管及前庭

內臟感覺（Visceroceptive Sensation）

感覺	感受器名稱及位置	敏感情況	結果
動脈氧分壓	頸動脈體、主動脈體之化學感受器	對動脈血中氧壓下降敏感	動脈氧壓下降至60mmHg時會刺激呼吸速率加快
腦脊髓液pH值	延腦腹面呼吸中樞H^+感受器	CSF中H^+上升敏感	CSF中H^+上升會刺激延腦呼吸中樞使呼吸速率加快
血漿滲透壓	下視丘滲透壓感受器	對滲透壓上升敏感	血漿滲透壓上升會促使視上核ADH分泌及感覺口渴，喝水及尿量減少
動脈血壓	頸動脈竇、主動脈竇的壓力感受器 入球小動脈中膜內的壓力感受器	對血壓上升敏感 對血壓下降敏感	當血壓上升，頸動脈竇經舌咽神經；主動脈竇經迷走神經送達延腦至心跳抑制中心，使心輸出量減少、血壓恢復正常當血壓下降，入球小動脈的近腎絲球細胞會分泌腎素（renin）並刺激腎上腺皮質，使分泌血管加壓素及留鹽激素，體液增加，血壓恢復正常
中央靜脈壓	右心房壓力感受器	對靜脈壓上升敏感	上下腔靜脈回流增加，靜脈壓上升即會刺激右心房的壓力感受器產生Brainbridge反射，刺激延腦心跳加速中樞，同時右心房肌細胞分泌心房利鈉尿胜肽（ANP），使尿量增加
肺膨脹	肺組織內的伸張感受器	對肺過度充氣敏感	肺過度充氣會經由迷走神經傳到呼吸中樞，使呼吸速率降低，此種反射稱爲赫鮑（Herin-Breuer）二氏反射

特殊感覺（The Special Senses）

視覺（Vision）

眼睛的附屬構造（Accessory Structures of the Eye）

眼睛附屬構造包括眼瞼、淚器、眉毛、睫毛（圖8-4）、眼球的外在肌。

A   B

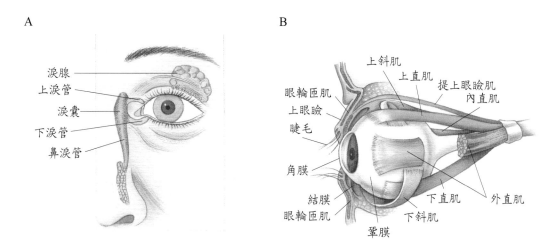

圖8-4　眼睛的附屬構造。A.前面　B.矢狀切面

眼瞼（Eyelids）

每一眼瞼由表層至深層含有表皮、真皮、皮下蜂窩結締組織、眼輪匝肌、提上眼瞼肌、瞼板及結膜。眼輪匝肌由顏面神經支配，負責關閉眼瞼；提上眼瞼肌由動眼神經支配，負責打開眼瞼。瞼板是厚的結締組織板，構成眼瞼內壁大部分並可支持眼瞼。瞼板內有特化的皮脂腺，可產生潤滑眼睛的油性分泌物，若此腺體發炎化膿，稱為麥粒腫（sty），俗稱針眼。結膜襯於眼瞼內面的部分稱為眼瞼結膜；反折至眼球的部分稱為眼球結膜。

淚器（Lacrimal Apparatus）

淚器是一群能製造及引流淚液的構造，包括淚腺、淚腺排泄管、淚管、淚囊、鼻淚管。淚腺位於眼眶上外側，分出6～12條排泄管，將淚液送至眼瞼結膜及眼球表面，流至上下眼瞼靠近內連合（內眥）處之淚點，然後通過淚管、淚囊、鼻淚管而至下鼻道。淚液含有溶菌酶，具有清潔、潤滑、濕潤眼球表面的功能。

眉毛與睫毛（Eyebrows and Eyelashes）

眼睫毛由眼瞼邊緣伸出，其毛囊基部有皮脂腺，能分泌潤滑液至毛囊內。眉毛和睫毛除了具有美觀的功能外，尚有保護作用、防止異物、汗水進入眼睛。

外在肌（Extrinsic muscles）

外在肌收縮可使眼睛轉動或移動，並可以將眼睛固定。在眼眶內（圖8-5），互相成為拮抗肌的眼肌有三對：

1. 外直肌（lateral rectus）：使眼睛外移，外旋神經支配。
   內直肌（medial rectus）：使眼睛內移，動眼神經支配。
2. 上直肌（superior rectus）：使眼睛上移，動眼神經支配。
   下直肌（inferior rectus）：使眼睛下移，動眼神經支配。
3. 上斜肌（superior oblique）：使眼睛逆時鐘方向旋轉，滑車神經支配。
   下斜肌（inferior oblique）：使眼睛順時鐘方向旋轉，動眼神經支配。

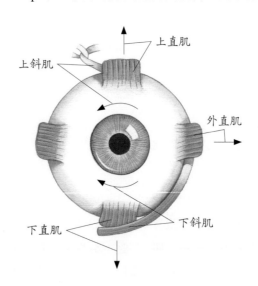

圖8-5　眼睛的外在肌

眼球的構造（Structure of Eyeball）

成人眼球直徑約2.5公分，位於由額骨、篩骨、上頜骨、顴骨、腭骨、淚骨、蝶骨所組成的眼眶內。眼球壁由外至內分為纖維層、血管層及神經層三層。（圖8-6）

纖維層（Fibrous Tunic）

纖維層是眼球的最外層，包括前面的角膜（cornea）及後面的鞏膜（sclera）。角膜佔眼球的前1/6，覆蓋有顏色的虹膜（iris），是無血管且透明的纖維膜，具有折射光線的

功能，若不平滑會引起散光。鞏膜則是佔眼球後面的六分之五，形成眼白的部分，是白色的緻密纖維組織膜，能維持眼球的形狀並保護內部構造，其後面被視神經穿過。在角膜與鞏膜的交界處有許萊母氏（Schlemm）管的特化靜脈竇，負責房水的回流，若阻塞會造成青光眼。如圖8-9。

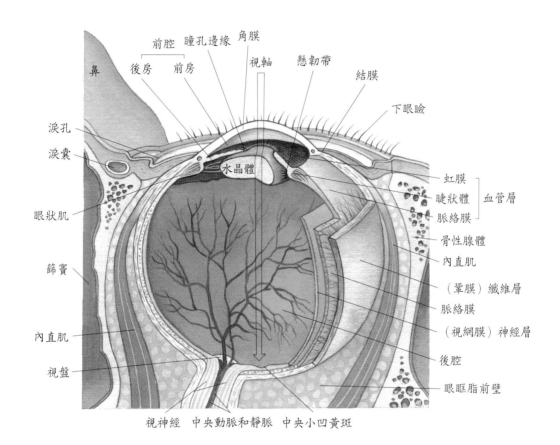

圖8-6　眼球的構造

血管層（Vascular Tunic）

血管層是眼球的中層，又稱葡萄膜，包括脈絡膜（choroid）、睫狀體（ciliary body）、虹膜（iris）三部分。

脈絡膜在血管層的後面，襯於鞏膜內面的深色薄層，含有許多血管與色素，血管可營養視網膜，色素可吸收光線。

睫狀體是由睫狀突及睫狀肌所構成，睫狀突能分泌水樣液（房水），由動眼神經支配。睫狀肌是平滑肌，能調節水晶體厚薄。若交感神經興奮，睫狀肌舒張懸韌帶收縮，水晶體變薄，可看遠物；若副交感神經興奮，睫狀肌收縮懸韌帶舒張，水晶體變厚，可

看近物。

　　虹膜包括了環狀肌（括約肌）和放射狀肌（擴大肌），能調節瞳孔的大小及調整光線的進入量。虹膜中間的黑洞即為瞳孔，是光線進入眼球的地方。虹膜懸於角膜和水晶體之間，當眼睛受強光刺激時，副交感神經支配瞳孔括約肌收縮，使瞳孔變小；若逢弱光，則是交感神經支配放射狀肌收縮，使瞳孔擴大。

神經層（Nervous Tunic）

　　神經層即是網膜層（圖8-7），是眼球壁的內層，位於眼球後面約4/5的部分，形成影像為其主要功能。神經組織層終止於睫狀體的邊緣，其終止緣呈波浪狀，故稱為鋸齒緣。色素層向前延伸覆蓋於睫狀體及虹膜的後面。視網膜的神經組織層依傳導衝動的先後順序為光感受神經元、雙極神經元、節神經元。

　　光感受（photoreceptor）神經元依構造可分為視桿（rods）和視錐（cones）。視桿適合夜視，對弱光敏感，使我們在晚間能看到物體的形狀及運動；視錐則適合明視，對強光及色彩敏感。黃斑（macula lutea）位於視網膜後面正中央，其內的中央小凹是視錐最密集的地方且無視桿，所以是視覺最敏銳的地方。而節神經元的軸突向後集中於視網膜後面的視盤（optic disc），視盤是視神經纖維的出口，不含視桿及視錐，無感光作用而稱為盲點（blind spot）或視乳頭，是視覺最不敏銳的地方。如圖8-8。

　　視網膜剝離則是神經組織層脫離了色素層，常因外傷，例如頭部受重擊引起液體積聚於兩層間，將視網膜推向玻璃狀液，嚴重時會造成失明。

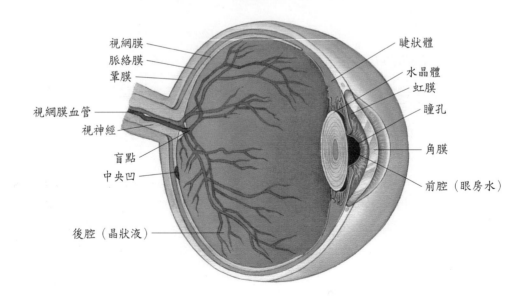

圖8-7　視網膜的顯微構造

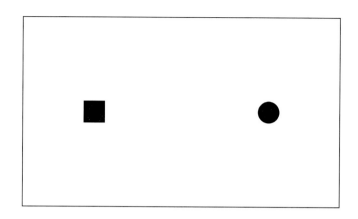

圖8-8　視盤的原理：閉上左眼，將右眼注視左側正方型，並將正方型停留在你的視線中央點，開始慢慢將正方型，以幾公分的距離離開你的視線，直到影像落到盲點後，黑點便會消失。反之，測試左眼，閉上右眼，左眼注視著黑點重複上述步驟。

水晶體（Lens）

　　水晶體位於虹膜及瞳孔的後方，不屬於任何一層，被睫狀體的懸韌帶懸於固定位置。它是由多層蛋白質纖維排列而成，呈透明狀，若失去透明性即成白內障（cataract）。水晶體具有光線折射的功能，在看遠物時，懸韌帶拉緊使水晶體變扁變薄；看近物時，懸韌帶則鬆弛使水晶體變短變厚，來調節焦距。

　　以水晶體為界線，可將眼球分成前腔及後腔。

前腔（Anterior Cavity）

　　前腔以虹膜為界，在角膜與虹膜間的為前房，在虹膜與水晶體、懸韌帶間的為後房，前、後房皆充滿房水。房水是由睫狀突的脈絡叢分泌，先入後房再經瞳孔至前房，然後引流至角膜與鞏膜交接處的鞏膜靜脈竇，亦即許萊母氏管，再入外面的小血管。房水產生的眼內壓正常為16mmHg，若許萊母氏管阻塞，眼內壓超過25mmHg就會引起青光眼，使視網膜退化而失明。如圖8-9。

後腔（Posterior Cavity）

　　後腔位於水晶體與視網膜間，含有玻璃狀液的膠狀物質，以防止眼球塌陷。玻璃狀液與水樣液的房水不同，它無法不停的替換，它在胚胎時期形成後就不會再換新。

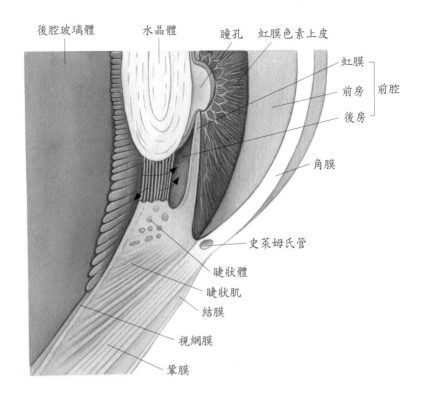

後腔玻璃體　水晶體　瞳孔　虹膜色素上皮

虹膜

前房｝前腔

後房

角膜

史萊姆氏管

睫狀體

睫狀肌

結膜

視網膜

鞏膜

圖8-9　眼球前後房與房水的解剖圖

視覺傳導路徑（Pathways for Vision）

光感受細胞的興奮（Stimulation of Photoreceptors）

視桿的興奮

　　視桿內的光色素是含紫色色素的視紫質（rhodopsin），對弱光敏感。視紫質吸收弱光後會被裂解成視黃醛或稱網膜素（retinal）及暗視質（scotopsin），使人類在微弱光線下，具有區分明、暗的視覺能力。視黃醛是一種維生素A的衍生物，在缺乏維生素A的情況下，會造成夜盲症（nyctalopia）。

　　已適應光亮的人，在初踏入黑暗的房間時，其眼睛在微弱光線下的視覺敏感度差，過一段時間，其視網膜的光感受器對弱光的敏感性會逐漸增加，此為暗適應。弱光視覺的敏感度會逐漸增加的原因是，感光色素的合成在黑暗中逐漸增加之故。在最初的5分鐘，是視錐的感光色素合成增加，產生輕微的暗適應；5分鐘後，視桿的視紫質大量合成，使眼睛對弱光的敏感度大大增加。

視錐的興奮

　　視錐是強光及色彩的感受器，含有三類光色素，即視藍質、視綠質、視紅質，可吸

收藍、綠、紅三種光，使人類具有三原色彩色視覺。視錐在強光下，光色素分解成視黃醛及光視質（photopsins），引起過極化而產生視覺。視錐受到兩種或兩種以上顏色的刺激，可產生任何顏色的組合。若視網膜失去某些接受色彩能力的視錐，即造成色盲，最常見的是紅綠色盲。

　　當暴露於光亮環境後一段時間，視桿和視錐的感光色素被分解減少，因此眼睛對光線的敏感度降低，此為光適應。

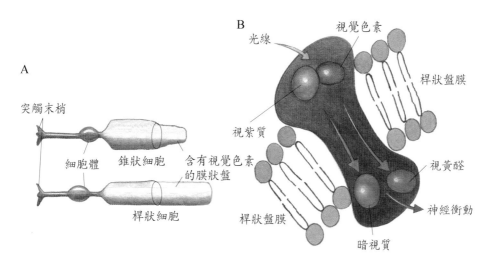

圖8-10　桿狀細胞與錐狀細胞

視覺傳導途徑（Visual Pathway）

　　當視桿、視錐產生電位，經由神經傳遞物質的釋放，使雙極神經元興奮而將視覺訊息傳至節神經元，節神經元的細胞體位於視網膜，軸突經由視神經離開眼球通過視神經交叉（optic chiasma，圖8-11），60%軸突交叉至對側，剩餘的不交叉。通過視神經交叉後，軸突則成為視神經徑，終止於視丘的外側膝狀核。外側膝狀核的神經元軸突則終止於大腦皮質枕葉的視覺區。所以傳導順序為：視桿、視錐→雙極神經元→節神經元→視神經→視神經交叉→視神經徑→外側膝狀核→視放射→枕葉17區。

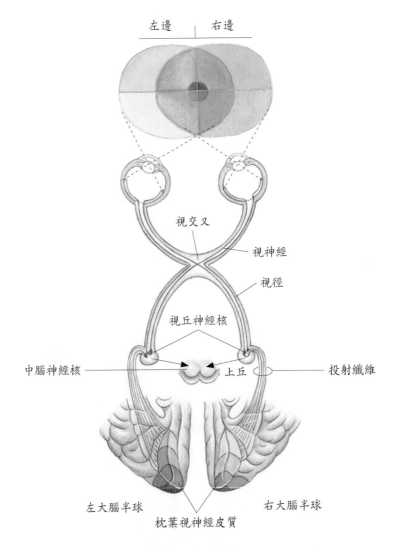

圖8-11　視覺途徑

病變

病變位置	病變視野	圖　示
左側視神經病變	左眼全盲	
視交叉處病變	兩顳側偏盲	

（續）

病變位置	病變視野	圖　示
左側視神經徑病變	左側：鼻側偏盲 右側：顳側偏盲	
左側視放射病變	兩邊同側偏盲	

聽覺及平衡感覺（Auditory Sensations and Equilibrium）

耳朵除了含有聲波感受器外，亦含有平衡感受器。

耳朵的構造（Structure of Ear）

外耳（Outer Ear）

外耳包括耳翼、外耳道及鼓膜。

1. 耳殼：是一片覆有厚皮膚的喇叭狀彈性軟骨，可收集聲波，又稱耳廓。
2. 外耳道：位於顳骨內，由耳翼延伸至鼓膜，呈S型先向後再向前。外耳道在靠近外1/2硬骨部分含有毛及特化的汗腺，與皮脂腺共同分泌耳垢，防止外物進入耳內，此特化汗腺為耳垢腺（ceruminous glands）。
3. 鼓膜：介於外耳道與中耳間的一層薄而半透明的纖維結締組織，正常時在五點的位置有光錐，發生中耳炎時此光錐即消失。在十二點位置有鬆弛部，是鎚骨柄附著的地方。

中耳（Middle Ear）

中耳又稱鼓室，位於顳骨，以鼓膜與外耳隔開，以薄的骨質與內耳相隔，相隔的骨質上有圓窗及卵圓窗。後壁與顳骨乳突氣室相通，故中耳感染易引起乳突炎（mastoiditis），甚至感染到腦部。

中耳前壁有一開口通往耳咽管（歐氏管），它連接中耳與鼻咽，能平衡鼓膜兩邊的壓力，但是經此通道，感染亦可由鼻腔、咽傳到中耳。

中耳是位於外側鼓膜及內側耳蝸之間的空腔（圖8-12），空腔中有三塊聽小骨，由外至內依序為鎚骨（malleus）、砧骨（incus）、鐙骨（stapes），彼此以滑液關節相連接，鎚骨柄附著於鼓膜的鬆弛部，頭部與砧骨體部相關節，砧骨與鐙骨頭部相關節，鐙骨的足板則嵌入卵圓窗（前庭窗），卵圓窗的正下方是圓窗（耳蝸窗），上面有膜蓋住。

在聽小骨上有兩條肌肉附著，一條是由三叉神經下頜枝支配的鼓膜張肌，能將鎚骨

往內拉來增加鼓膜的張力，降低鼓膜的震動幅度，防止內耳受大聲音的傷害；另一條是
附著於鐙骨頸部由顏面神經支配的鐙骨肌，它是身體最小的骨骼肌，能將鐙骨往後拉，
減少震動幅度，功能與鼓膜張肌一樣。若鐙骨肌麻痺就會引起聽覺過敏（hyperacusia）。

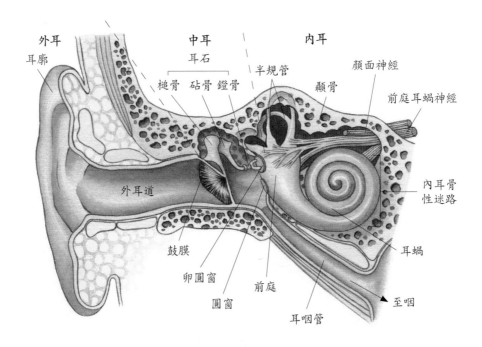

圖8-12　耳朵的構造

內耳（Inner Ear）

內耳位於顳骨岩部內，因為具有複雜的管道，所以稱為迷路（labyrinth）；結構上可
分為骨性迷路及膜性迷路兩部分（圖8-13）。

在構造上，骨性迷路分為前庭（vestibule）、耳蝸（cochlea）、半規管（semicircular
canals），內襯有骨膜，並含有外淋巴液，而外淋巴液圍繞著膜性迷路，所以膜性迷路是
位於骨性迷路內，其形狀與骨性迷路的一連串囊狀及管狀構造相似。例如前庭是骨性迷
路中央的卵圓形部分，其內的膜性迷路即是橢圓囊（utricle）和球狀囊（saccule）；耳蝸
內的膜性迷路即是耳蝸管（cochlea duct）；骨性半規管內的膜性迷路是形狀幾乎相同的膜
性半規管。膜性迷路內襯有上皮，並含有內淋巴液。

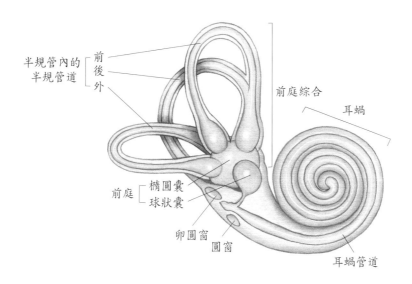

圖8-13　內耳骨性迷路外觀，可以見到內襯封閉環的膜性迷路

　　在功能上，內耳是由掌管平衡的前庭器及職司聽覺的耳蝸所組成。捲曲的耳蝸管可分成基部、中央部及尖部，將其橫切可看到三個分離的管道（圖8-14），上方是前庭管（scala vestibuli），下方是鼓膜管（scala tympani）。前庭管開口於卵圓窗，鼓膜管終止於圓窗，前庭管與鼓膜管屬於骨性迷路的一部分，含外淋巴液，且在耳蝸尖部的蝸孔（helicotrema）互相交通，但與屬於膜性迷路的耳蝸管間有前庭膜及基底膜相隔而不交通。

　　基底膜上的毛細胞是一種感覺纖維，有覆膜覆蓋在其上方，下方則為與前庭耳蝸神經相連的基底膜，這些構造合稱為螺旋器或科蒂氏器（spiral organ；organ of Corti）（圖8-14）。迷路的解剖及功能簡述於表8-3。

表8-3　內耳（迷路）的解剖與功能

骨性迷路（含外淋巴液）	膜性迷路（含內淋巴液）	接受器官	功　能	傳導神經	接受中樞
耳蝸（包括前庭管與鼓膜管）	耳蝸管（介於前庭膜與基底膜間）	科蒂氏器（位於基底膜上）	聽覺	耳蝸神經	大腦顳葉41、42區
骨性半規管	膜性半規管	壺腹嵴	動態平衡（旋轉加速）	前庭神經	小腦
前庭	橢圓囊球狀囊	聽斑（耳石）	靜態平衡（直線加速）	前庭神經	小腦

A

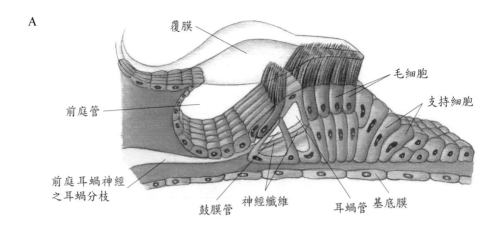

覆膜

毛細胞

支持細胞

前庭管

前庭耳蝸神經
之耳蝸分枝

鼓膜管　神經纖維　　耳蝸管　基底膜

B

槌骨

砧骨

鐙骨

壓力波

前庭膜

卵圓窗　覆膜　　前庭管　　耳蝸管

圓窗　　　　神經纖維

基底膜　　　科蒂氏器中
　　　　　的毛細胞

鼓膜管

鼓膜

圖8-14　耳蝸構造及科蒂氏器

（圖B之箭號表示壓力由卵圓窗移往圓窗，進而引起基底膜振動及使至少兩萬個毛細胞中的部分纖毛相對於覆膜而彎曲，因此便可產生神經衝動。）

聽覺傳導途徑（Pathway for Hearing）

　　聲波由耳翼進入外耳道，震動鼓膜，由於聲波頻率的高、低，使鼓膜震動的快、慢有差（空氣傳導），接著由鼓膜鬆弛部震動鎚骨、砧骨、鐙骨，鐙骨的前後震動（固體傳導），聲波經過聽小骨傳導，可放大約20倍的聲音強度使卵圓窗內外來回移動，於是前庭管外淋巴液產生波動，接著鼓膜管外淋巴液亦隨之波動，此波動壓力會將前庭膜往內推，增加耳蝸管內淋巴的壓力（液體傳導），使基底膜受壓力突向鼓膜管，當此波動傳至耳蝸基部時，圓窗會往中耳腔位移。在聲波減弱時，鐙骨往回移動產生相反過程，使基底膜突向耳蝸管。當基底膜震動時，使Corti器毛細胞抵住覆膜使纖毛移動和彎曲，以刺激毛細胞膜上鉀離子通道的開啟產生去極化，去極化使神經傳遞物質釋放，刺激相連的感覺神經元，經耳蝸神經至延腦，再經延腦的神經元將聽覺訊息投射至中腦的下

丘，再經由視丘的內側膝狀核轉換傳送至大腦顳葉41、42聽覺區。如圖8-14b。

　　將上述文字以簡單聽覺傳導方向來標示如下：

　　聲波→鼓膜震動→聽小骨傳導（放大20倍）→卵圓窗振動→外淋巴液（前庭管）→前庭膜→內淋巴液（耳蝸管）→基底膜→覆膜→科蒂氏器→毛細胞去極化→耳蝸神經→延髓耳蝸核→中腦下丘→視丘內側膝狀核→大腦顳葉41：42區。

臨床指引：

　　　　判斷聲波差異的標準是聲波的頻率和強度，聲波的頻率以赫茲（hertz, Hz）為單位，聲波的頻率越高，聲音的音調也越高；聲波的強度是指聲波震幅的大小，以分貝（decibels, dB）為測量單位。經過訓練的年輕人，耳朵可聽到的聲波頻率範圍是20～20,000Hz；能承受聲音強度的範圍是0.1～120分貝，超過即會引起耳朵疼痛。常見的聽覺障礙情況有兩種：

1. 傳導性聽力障礙（conductive hearing loss）：常因中耳炎或耳硬化使聲波經由中耳傳至卵圓窗的傳導途徑發生缺損，患者對所有聲波頻率的聽力發生障礙，可經由手術（鼓室成形術、聽小骨成形術）來修補缺損所在。

2. 感音性聽力障礙（sensorineural hearing loss）：常因傳導聽覺訊息的神經路徑產生了病理變化、老化或暴露於極強大的聲波下使內耳毛細胞受損，使聽覺訊息由耳蝸至聽覺皮質傳導過程發崩問題所致。患者會喪失部分聲音頻率的聽覺。可配戴助聽器放大聲波，加強聲波由鼓膜至內耳的傳送。

平衡（Equilibrium）

　　平衡覺的感受器位於內耳，稱為前庭器，它提供了頭部的方向位置。當頭部移動時，會使前庭內的液體隨之流動，因而牽動其內含的毛細胞，使毛細胞彎曲並產生動作電位，釋放神經傳遞物質，刺激前庭神經元的樹突，產生的神經訊息沿著神經傳入小腦及腦幹的前庭核，前庭核再將訊息投射至動眼中樞及脊髓。動眼中樞有控制眼球動作的功能，而脊髓則有控制頭、頸及四肢動作的功能。所以前庭核投射至動眼中樞及脊髓的訊息，可作為軀體和眼球運動平衡的依據。

　　前庭器可分成耳石器官（包括橢圓囊和球狀囊）及半規管（圖8-13）。橢圓囊和球狀囊的毛細胞主要負責線性加速（linear acceleration）的訊息，包括水平或垂直方向的速度變化，所以在駕車或跳躍時，能偵測到加速或減速的感覺，此為靜態平衡（static equilibrium）。半規管內的毛細胞則是偵測旋轉加速（rotational acceleration），因為半規管有三個，互相垂直方向排列，能測知三個方向的訊息，使人在轉頭、旋轉或翻滾時，可維持身體的平衡。

橢圓囊及球狀囊（Utricle and Saccule）

橢圓囊和球狀囊含有特化的上皮細胞，稱為聽斑（macula），它由毛細胞和支持細胞組成。毛細胞突出於充滿內淋巴液的膜性迷路內，其纖毛埋於支持細胞所分泌的膠質肝糖蛋白的耳石膜（otolithic membrane）裡，耳石膜內有一層稱為耳石（otoliths）的碳酸鈣結晶，耳石能增加耳石膜的重量，使具有對抗動作變化阻力的慣性。如圖8-15。

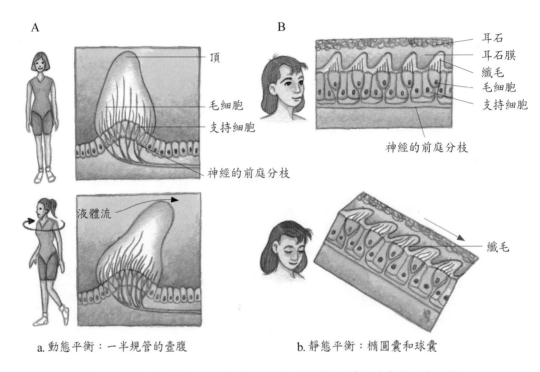

A

B

頂

毛細胞

支持細胞

神經的前庭分枝

液體流

耳石
耳石膜
纖毛
毛細胞
支持細胞

神經的前庭分枝

纖毛

a.動態平衡：一半規管的壺腹　　　　　　b.靜態平衡：橢圓囊和球囊

平衡器。a.旋轉運動使半規管壺腹的毛細胞移位。b.點頭使得橢圓囊和球囊中的纖毛移位。

圖8-15　平衡器

由於耳石膜會影響毛細胞的排列方向，所以橢圓囊對水平方向的加速度較敏感；球狀囊則對垂直方向的加速度較敏感。向前加速時，因為耳石膜位於毛細胞後方，使得橢圓囊毛細胞的纖毛被向後拉，這與汽車突然向加速時，我們身體卻向後的道理是相同的。當我們乘坐電梯快速下降時，球狀囊的毛細胞纖毛卻是向上的。由此可見，人體朝某方向加速時，毛細胞纖毛會被拉往反方向，因此刺激了與毛細胞相連的感覺神經元，產生動作電位，以將身體加速狀態的訊息傳入大腦。

半規管（Semicircular Canals）

半規管有三條，分別位於三個不同的平面且互相垂直，每一條膜性半規管基部都有一個膨大的壺腹（ampulla），其中隆起的區域即是壺腹嵴（crista ampullaris），如圖

8-16。每個嵴皆是由一群毛細胞和支持細胞所構成，毛細胞的纖毛埋於凝膠質的膜中，稱為嵴頂。當頭部移動時，膜性半規管的內淋巴液會流過毛細胞的纖毛，纖毛彎曲的方向與身體加速方向相反。例如頭向右邊轉動，半規管內淋巴液會將嵴頂毛細胞纖毛推向左邊，被牽動的毛細胞，引起相連的感覺神經元興奮，而將加速狀態的訊息傳入大腦。

將上述文字以簡單平衡傳導方向來標示如下：

1. 靜態平衡：前庭的聽斑上耳石改變→刺激毛細胞→前庭神經→橋腦前庭核→延髓→小腦。

2. 動態平衡：半規管的壺腹嵴之淋巴液流動→刺激毛細胞→前庭細胞→橋腦前庭管→延髓→小腦。

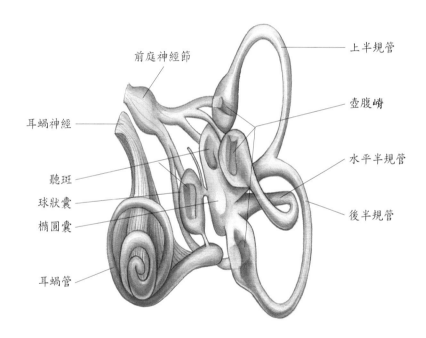

圖8-16　半規管與前庭的相關位置

臨床指引

　　眩暈（vertigo）是病人突然發生天旋地轉的感覺，無法維持身體平衡而需靜臥休息，嚴重時會有噁心、嘔吐、盜汗。通常維持數小時，然後逐漸減輕至二、三週內就會復原。在急性發作時，會給予神經安定劑，抗膽鹼激素及鎮止劑來抑制眩暈。

眩暈常見的原因如下：

1. 中耳或內耳病變引起，例如梅尼爾氏症、良性陣發性姿勢性眩暈、膽脂瘤、內耳阻塞，內耳動脈血栓等。這部分佔眩暈的多數，在下方會詳述。

2. 第八對腦神經病變引起，例如前庭神經炎、聽神經瘤等。

3. 腦幹、大腦及小腦病變引起，例如：脊底動脈循環不全、腦動脈阻塞或破裂、腦瘤等。

梅尼爾氏症（Meniere's disease）：

　　是由於內耳迷路內淋巴量增多水腫引起，原因未明，由於平衡神經及聽神經會合併成聽神經，因此梅尼爾氏症最後都會導致眩暈、耳鳴及聽力障礙。

良性陣發姿勢性眩暈（Benign paroxysmal positimal vertigo, BPPV）：

　　是由於半規管的耳石脫落下來，到處刺激毛細胞，導致在頭部自由轉動時導致眩暈。

前庭神經炎（Vestibular neurnitis）：

　　是由於上呼吸病毒感染而引起嚴重眩暈，並伴隨噁心與嘔吐，在轉頭時會加劇症狀，會有耳鳴但聽力正常，症狀在幾天內會減輕。

嗅覺（Smell）

嗅覺感受器的構造（Structure of Receptors）

　　嗅覺感受器位於鼻腔頂部鼻中膈兩側的上皮（圖8-17）。嗅覺上皮由支持細胞、嗅覺細胞、基底細胞所組成。

1. 支持細胞：位於鼻腔內襯黏膜的柱狀細胞，富含酵素，可將厭水性的揮發性氣味分子氧化，使這些分子的脂溶性降低不易穿過細胞膜而進入腦部。

2. 嗅覺細胞：為雙極神經元，其細胞位於支持細胞之間。

3. 基底細胞：位於支持細胞基部之間，約每隔1～2月，會分裂產生新的感受器細胞，來取代因暴露於環境中受損的神經元。

　　嗅覺上皮底下的結締組織內有嗅腺（olfactory glands），可產生黏液經由導管送至上皮表面，以作為氣味物質的溶劑，並可潤濕嗅覺上皮的表面。由於黏液的不斷分泌，可更新嗅覺上皮表面的液體，以防止嗅毛連續受到同一種氣味的刺激。

嗅覺適應（Smell Adaptation）

　　嗅覺的特徵就是低閾值，所以只要空氣中有極微量的物質就可聞的到，因此產生與適應皆相當快速。而且嗅覺接受器蛋白質位於嗅覺感受器神經元的細胞膜中呈結合狀態，當嗅覺接受器與氣味分子結合時會使蛋白質解離，蛋白質解離後會放出大量的蛋白次單位來放大生理效應，此放大效應使嗅覺具有相當敏感的特性。但是區分氣味的機制還是需仰賴大腦對於來自不同嗅覺接受器蛋白訊息的整合，然後再以類似指紋特徵的方式來辨識特定的氣味。

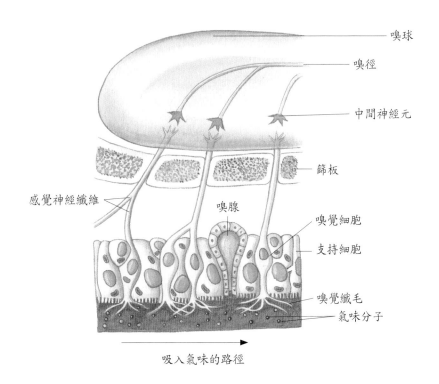

圖8-17 嗅覺感受器及傳導途徑

嗅覺傳導途徑（Olfactory Pathway）

負責嗅覺的雙極神經元，一端為樹突，延伸至鼻腔處終止於含纖毛的終末球（圖8-17），另一端是無髓鞘的軸突，穿過篩板上的篩孔進入大腦的嗅球，與嗅球中的第二級神經元形成突觸。所以傳送嗅覺的神經路徑不需通過視丘，而是直接傳入大腦皮質。嗅球的第二級神經元會投射至大腦內側顳葉海馬回和杏仁核，它屬邊緣系統與情緒、記憶有關，故特殊氣味極易引起與情緒有關的記憶。

將上述文字以簡單嗅覺傳導方向來標示如下：

雙極神經元細胞→嗅神經穿過篩板→嗅球→嗅徑→顳葉海馬回。

味覺（Taste）

味覺感受器的構造（Structure of Receptors）

味覺感受器是由桶狀排列的上皮細胞所構成，稱為味蕾（taste buds），約有2000個（圖8-18）。每個味蕾由50～100個上皮細胞所組成，在上皮細胞頂端有長的微絨毛伸出，它穿過味蕾孔突出舌頭表面，可與外面的環境接觸。雖然這些感覺上皮細胞不是神經元，卻有類似神經元的反應，受刺激時也能發生去極化產生動作電位，並釋出神經傳遞物質，刺激與味蕾結合的感覺神經元。

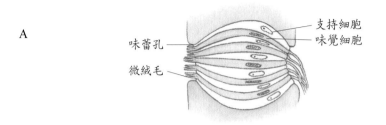

A

支持細胞
味覺細胞
味蕾孔
微絨毛

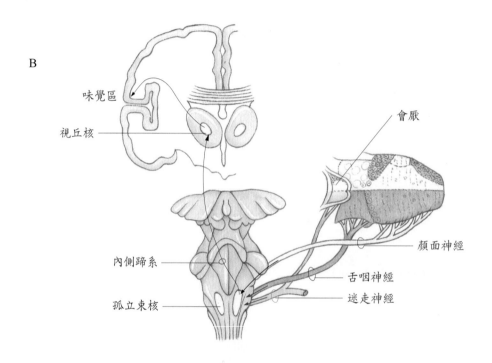

B

味覺區

視丘核

會厭

內側蹄系

顏面神經

孤立束核

舌咽神經

迷走神經

圖8-18　味覺感受器及傳導途徑

　　味蕾中的特化上皮細胞稱為味覺細胞，其微絨毛與不同的化學分子作用而產生酸、甜、苦、鹹及鮮味，鮮味是由胺基酸中的麩胺酸所產生，所以在食物中加入味精（麩胺酸鈉）可增加鮮味。

　　在過去認為舌頭的不同區域負責感受不同的味覺，但現在科學家認為每一個味蕾可能含有負責各種味覺的味覺細胞，且一個感覺神經元可能會被數個不同味蕾中的味覺細胞所刺激，但每個感覺神經元只負責一種特定味覺形式的訊息，例如糖所引發的甜味只會由專門傳遞甜味的感覺神經元傳送至腦部。由於傳遞各類味覺訊息的感覺神經元之活化，再加上嗅覺提供的重要細微差異，因而產生了複雜的味覺。

味覺傳導途徑（Gustatory Pathway）

　　顏面神經支配舌前2/3味蕾，舌咽神經支配舌後1/3味蕾，迷走神經支配喉及會厭之味蕾，味覺訊息會先傳到延腦，在延腦與第二級神經元形成突觸再投射至視丘，第三級神經元則由視丘投射至大腦皮質中央後回的味覺區（43區）。

　　將上述文字以簡單味覺傳導方向來標示如下：

　　味蕾→味覺神經→延髓孤立束核→內側蹄系交叉→對側視丘→對側大腦皮質味覺區。

自我測驗

一、問答題

　　1. 請敘述感覺的特徵。

　　2. 請敘述皮膚的各種感覺及感受器的名稱及位置。

　　3. 何謂本體感覺？其感受器位於何處？

　　4. 請敘述感覺神經元的種類。

　　5. 請繪圖說明眼球的構造。

　　6. 請述說各種眼疾的原因。

　　7. 請說明聲波的傳導路徑？

　　8. 比較聽斑與壺腹嵴的功能。

二、選擇題

（　　）1. 關於人體的感覺，下列何者具有產生非常快而適應也非常快的特性？

　　　　(A) 嗅覺　(B) 視覺　(C) 痛覺　(D) 聽覺　(E) 本體感覺

（　　）2. 轉位痛或牽連痛，通常都由那些器官或部位的疼痛轉移到體表而產生？

　　　　(A) 內臟　(B) 骨骼　(C) 骨骼肌　(D) 神經

（　　）3. 若刺激骨骼肌、關節與肌腱，則會形成：

　　　　(A) 表淺體痛　(B) 深層體痛　(C) 內臟痛　(D) 轉移痛

（　　）4. 皮膚的冷、熱、痛、觸等感覺接受器，是屬於：

　　　　(A) 外表接受器　(B) 內部接受器　(C) 特殊感覺接受器　(D) 一般接受器

（　　）5. 下列何種感受器與聽覺有關？

　　　　(A) 桿狀細胞　(B) 梅氏小體　(C) 毛細胞　(D) 神經末梢

（　　）6. 痛、溫、壓、觸覺的傳導接受中樞是在何處？

　　　　(A) 延腦　(B) 大腦　(C) 小腦　(D) 視丘

（　）7. 司快痛感覺傳導的傳入神經纖維是屬於：

(A) Aβ　(B) Aδ　(C) B　(D) Aα

（　）8. 下列那個皮膚接受體對觸覺較敏感？

(A) 克氏小體　(B) 巴齊尼氏小體　(C) 梅斯納氏小體　(D) 路氏小體

（　）9. 下列那兩塊顱骨參與眼眶底部的構造？

(A) 鼻骨和上頜骨　(B) 上頜骨和顎骨　(C) 頂骨和顴骨　(D) 篩骨和上頜骨

（　）10.淚腺位於眼球：

(A) 外側上方　(B) 外側下方　(C) 內側上方　(D) 內側下方

（　）11.眼球的構造中，何者無血管的分布？

(A) 睫狀肌　(B) 睫狀突　(C) 脈絡膜　(D) 角膜

（　）12.下列何者是眼球中間層的構造？

(A) 角膜　(B) 晶狀體　(C) 睫狀體　(D) 視網膜

（　）13.為了看近物，水晶體自主性的調焦作用，主要由下列何種情況達成？

(A) 水晶體變扁　(B) 睫狀肌收縮　(C) 環狀肌收縮　(D) 放射肌放鬆

（　）14.調節瞳孔大小的神經是：

(A) 視神經　(B) 動眼神經　(C) 滑車神經　(D) 外旋神經

（　）15.視網膜上的神經細胞何者對強光及顏色敏感較高？

(A) 節狀細胞　(B) 錐狀細胞　(C) 桿狀細胞　(D) 顆粒狀細胞

（　）16.視覺最靈敏的地方是：

(A) 水晶體　(B) 角膜　(C) 中央小凹　(D) 玻璃狀液

（　）17.下述眼球內的空腔中，那一部分不含水樣液（房水）？

(A) 前房　(B) 後房　(C) 後腔　(D) 許萊姆氏管

（　）18.中耳經由歐氏管和下列何者溝通？

(A) 鼻咽　(B) 口咽　(C) 喉咽　(D) 喉

（　）19.附著在鼓膜上的聽小骨是：

(A) 鎚骨　(B) 砧骨　(C) 鐙骨　(D) 距骨

（　）20.內耳中不含內淋巴液的構造是：

(A) 耳蝸管　(B) 前庭階　(C) 膜性半規管　(D) 球狀囊

解答：

1.(A)　　2.(A)　　3.(B)　　4.(A)　　5.(C)　　6.(B)　　7.(B)　　8.(C)　　9.(B)　　10.(A)

11.(D)　　12.(C)　　13.(B)　　14.(B)　　15.(B)　　16.(C)　　17.(C)　　18.(A)　　19.(A)　　20.(B)

第九章　血液與循環系統

本章大綱

　　循環系統是由血液、心臟、血管組成。血液是心臟血管系統中循流的液體，也是一種特化的結締組織。心臟是一個含四個腔室的幫浦，此幫浦形成一個壓力源，可推動血管中的血液到肺臟及體細胞；血管則形成一個管狀的網路讓血液由心臟流向全身細胞再返回心臟。循環功能在維持血液於其循環的路徑內移動，參與循環的血液能提供身體細胞營養、氧氣和化學指令，及廢物排除的機轉；血液也運送特化的細胞以防禦周邊組織受到感染和疾病，完全缺乏循環的區域可能在數分鐘內死亡。

血液（Blood）

功能（Functions）

血液有運輸、調節、保護三項主要功能。

1. 運輸（transportation）：細胞新陳代謝需要的物質及廢物皆是由血液運輸的。
   (1)營養物質：消化系統負責將食物經機械及化學方式分解成能被小腸壁吸收的小分子，然後進入血管及淋巴管中，血液即會帶著這些消化吸收的營養物質通過肝臟送至身體需要的細胞。
   (2)氧及二氧化碳：肺吸入之氧氣經肺微血管中紅血球攜帶運送至細胞供有氧呼吸之用；而細胞呼吸所產生的二氧化碳亦由血液攜帶至肺排出體外。
   (3)荷爾蒙：內分泌系統產生的荷爾蒙由血液運送至身體需要的組織器官。
   (4)廢物：如尿素、尿酸等代謝廢物或過量的水、離子等，可經血液送至腎臟、汗腺、肺等處排出。
2. 調節（regulation）：
   (1)調節新陳代謝：血液將激素由來源細胞送至標的組織執行各種調控功能。
   (2)調節體溫：血液可藉著吸收和再分配熱來幫助調節體溫。例如血液可將體內活性較高組織產生的熱量送至體表散發；若體溫太低，溫暖的血液就流向重要的溫度敏感器官。
   (3)調節體內pH值：藉由體內緩衝系統來調節身體的pH值，以維持血液呈弱鹼性。
   (4)調節體液的平衡：藉由血液的膠體滲透壓來調節體液的平衡。
3. 保護（protection）：
   (1)凝血機轉：血液中含有凝血因子，可防受傷時大量血液流失。
   (2)免疫：血液中有白血球、抗體，可抵抗外來微生物及毒素的侵襲。

物理特性（Physical Characteristics）

除了淋巴管外所有流經血管的紅色體液稱為血液（blood），其黏滯性是水的4.5～5.5倍（水為1.0），所以流速會較水慢。

1. 屬結締組織，全身血液量是體重的8%，約5000cc.。例如50公斤體重者的全身血液量是50公斤乘8%，約4000cc.。

2. 比重1.056～1.059，與0.9%生理食鹽水成等張溶液。

3. pH值為7.35～7.45，呈弱鹼性。

4. 黏滯性為4.5～5.5，其決定於：血中水分、紅血球數目；血流速度；血漿蛋白濃度與種類等因素。

5. 滲透壓為290～300mOsm/L，與0.9%生理食鹽水成等滲溶液。

6. 顏色：動脈是鮮紅色；靜脈是暗紅色。

組成成分（Composition）

血液由定形成分（formed elements）（細胞與類細胞構造）及血漿（plasma）（含有溶解物質的液體）兩部分組成。定形成分約佔血液容積的45%，血漿約佔血液容積的55%（圖9-1）。血球在血液容積中的比例是血比容（hematocrit, Hct），在人體中40～45%的血比容最有利於心臟將氧送至周邊組織。

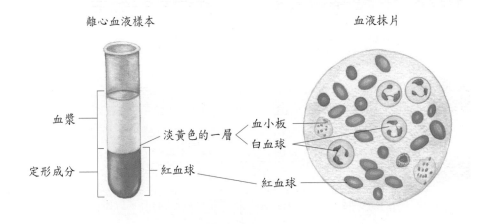

圖9-1　血液的組成

表9-1　血液的正常成分

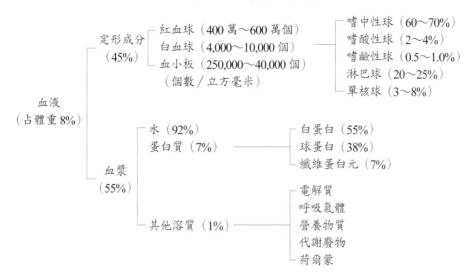

　　若血液中加入抗凝劑（肝素或3.8%的檸檬酸鈉）後離心，血球會緊密的聚集在試管的底部（紅色），留下液態血漿在試管上層（黃綠色）。紅血球是數目最多的血球，而白血球和血小板只形成薄的、白色的一層，位於紅血球及血漿間的交界面（圖10-2）。不加抗凝劑的血液靜置，可見下層的血凝塊及上層稻草色的透明液體血清。換句話說，凝固後的血液，除去纖維蛋白及血球後即為血清。

定形成分（Formed Elements）

　　血液的定形成分包括紅血球（erythrocyte, red blood cell, RBC）、白血球（leukocyte, white blood cell, WBC）及血小板（platelet）。紅血球的數目最多，每立方毫米的血液中健康男性約有510～600萬個；女性則約為400～520萬個。

　　相同體積的血液中，只含有4,000～10,000個白血球（表10-1）。

紅血球（Erythrocytes；RBC）

形成過程

　　紅血球的形成過程稱為紅血球生成（erythropoiesis），是由紅骨髓內未分化的血胚細胞或稱有核原始血球母細胞，分化成有核、細胞較大的前紅血球母細胞（圖9-2），經一系統衍生細胞，最後經網狀紅血球（reticulocyte）脫核後成為成熟、無核、體積小的紅血球。所以由血液中網狀紅血球計數（與正常紅血球比例應為0.5～1.5%）可測知人體紅血球的生成速率，若低於0.5%表示紅血球生成太慢，有貧血之虞；若超過1.5%則表示血球生成太快，像缺氧、骨髓癌患者的血液中網狀紅血球就會高於正常。

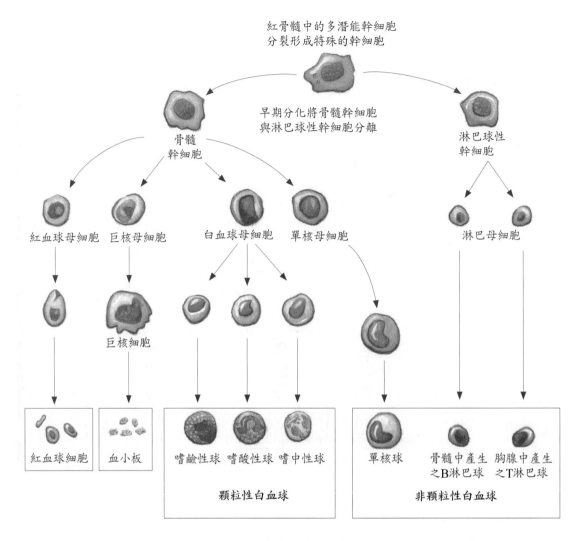

圖9-2 血球細胞的來源、發育與構造

構造

紅血球為雙凹圓盤狀，直徑7.5～8μm，厚度2.6μm（圖9-3a）。成熟的紅血球不具細胞核、DNA及RNA、粒線體、核糖體，故不能複製、再生，也不能進行多方面的代謝活動。是體內唯一無核的細胞，細胞質富含血紅素（hemoglobin）約佔細胞重量的33%，可攜帶氧和二氧化碳，亦使血液呈紅色。血紅素正常值在嬰兒為14～20 gm/dl；成年男性為14～16.5 gm/dl；成年女性為12～15 gm/dl。

血紅素分子是由血球素（globin）及血基質（heme）組成，血球素是一種蛋白質（球蛋白），血基質是一種含鐵色素，有四個鐵原子，每個鐵原子可與一個氧分子結合，所以一分子的血紅素可攜帶四個氧分子。血基質的鐵可在肺臟中與氧結合成氧合血紅素

（oxyhemoglobin）並攜帶至組織中，這佔氧輸送方式的97%。

　　1gm的血紅素可攜帶1.34cc.的氧，所以男性動脈血中100ml含20ml的氧，但供給組織的氧量只有7ml，若肺功能正常，但血紅素減少，總血氧含量也會減少。

　　若因遺傳上缺陷使血紅素結構不正常，則可能導致鐮刀型貧血（sickle cell anemia），造成紅血球成鐮刀狀而無法正常攜帶氧氣。如圖9-3b。

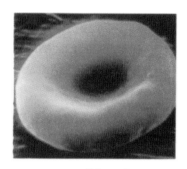 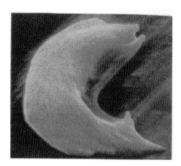

A 正常紅血球　　　　　　　　　　B 鐮刀型貧血的紅血球

圖9-3　紅血球的構造

紅血球的壽命及破壞流程

　　紅血球的壽命約120天，老化的紅血球，不但不具功能，漿膜變脆，每天以約5%的代謝率進行破壞。主要是由肝臟、脾臟、骨髓等網狀內皮系統中的巨噬細胞所破壞分解成血球素和血基質，血球素進入血漿，血基質中的鐵離子可再循環至紅骨髓儲存，重新合成血紅素；色素則轉化成膽紅素進入肝臟，由膽汁排泄，在腎臟形成尿膽素，在腸道形成糞膽素。

　　臨床指引：

　　　　貧血（anemia）是指血液中紅血球濃度少，血色素降低。一般情況下，男性紅血球低於410萬，女性低於380萬；男性血紅素低於13.5gm，女性低於12.8gm，表示有貧血傾向。

- 缺鐵性貧血：是台灣最常見的貧血，育齡婦女（16～44歲）中患缺鐵性貧血比例達60%。患者容易心悸、呼吸不適、舌頭粗糙及指甲呈湯匙狀容易破裂。有此症的病患需注意是否因胃潰瘍，胃癌或痔瘡引起的出血；女性尚要注意是否有子宮肌瘤或子宮癌。如無上述疾病，可能是營養不均衡導致，應多攝取豬肝、文蛤、蜆及魚乾等含鐵較多的食物。
- 地中海型貧血：為隱形遺傳染色體變異所導致，台灣病患約佔8%，病患的紅血

球壽命比正常人短，所以提早破裂紅血球中的鐵質，會長期釋放到人體內，造成鐵質沉澱在肝、胰、骨髓等部位，成為鐵質沉積症。此患者在日常生活中應避免含鐵的食物與藥物，以避免上述器官進一步的傷害。根本治療方式是骨髓移植，否則只能定期輸血及注射排鐵劑來控制。

白血球（Leucocytes）

構造與種類

白血球有核，呈圓球形，直徑8～15μm，平均每立方毫米5000～10000個。白血球有顆粒性（granular）與無顆粒性（agranular）兩種，顆粒性白血球由紅骨髓發育而來，佔75%，胞質可染色、胞核分成多葉，有嗜中性球（neutrophil）、嗜酸性球（eosinophils）、嗜鹼性球（basophils）；無顆粒性白血球是由類淋巴組織及骨髓發育而來，佔25%，胞質不染色，胞核呈球形，有單核球（monocyte）及淋巴球（lymphocyte）。

功能與特性

分　類	種　類	功　能　與　特　性
顆粒性白血球	嗜中性球	・具有趨化性：可藉阿米巴運動穿過血管壁，接近侵入的微生物並吞噬之。 ・是血液中比例最多的白血球。 ・於急性感染時數量會增加，且最快到達感染區，對抗急性細菌傳染病。
	嗜酸性球	・在過敏反應中釋出酵素分解組織胺的物質，解除過敏反應。 ・專門吞噬被抗體標示的物質。 ・氣喘、寄生蟲感染、猩紅熱等會使數量增加。
	嗜鹼性球	・在過敏反應時釋出組織胺，與過敏現象的形成有關。 ・是血液中比例最少的白血球。 ・可製造肝素（heparin），防止血液凝固。
無顆粒性白血球	單核球	・是最大的白血球。 ・慢性感染時術量會增加，並釋出內生性致熱原。 ・是吞噬功能最強的白血球。 ・至組織間隙可轉變成巨噬細胞，存在於肝（庫氏細胞）、肺（灰塵細胞）、腦（微小膠細胞）、骨骼（破骨細胞）等處。
	淋巴球	・可轉變成漿細胞製造抗體，來參與抗原抗體免疫反應。 ・B細胞負責體液性；T細胞負責細胞性免疫。

臨床指引：

白血病（Leukemia）是一種癌症，會產生許多不正常的白血球細胞，這些不正常的白血球細胞會堆積在骨髓、淋巴結、脾及肝臟內，使這些器官無法正常運作；也不能抵抗病毒細菌，造成身體發燒與感染。正常白血球在一萬以下，白血病則從幾萬到幾十萬，確定診斷需做骨髓穿刺檢查。

最常見的白血病有：

1. 急性淋巴性白血病（ALL）：最常見於年幼小孩，成人患者多半在65歲以上。

2. 急性骨髓性白血病（AML）：小孩成人均可發生。

3. 慢性淋巴性白血病（CLL）：最常發生在55歲以上的成年人，幾乎不發生在小孩。

4. 慢性骨髓性白血病（CML）：主要發生在成年人，少部分小孩也患有此症。

　　發生白血病的原因可能是暴露輻射線與電磁場中，染色體缺陷（唐氏症小孩易得白血病）與病毒感染等。化學治療可用來摧毀不正常白血球細胞，使正常細胞恢復功能。一般而言，2～10歲小孩比其他年齡的病患有較佳的預後（50～60%）。

血小板（Platelets）

構造

　　血小板是骨髓中的巨核細胞（megakaryocytes）的細胞質碎片掉落後，被細胞膜包住所形成的凝血細胞（thrombocyte）。進入循環的血小板沒有細胞核，外形呈圓形或卵圓形，直徑約3～4μm。

功能

　　血小板在血液凝固中扮演著重要角色。血凝塊大部分由血小板構成，因為血小板細胞膜上的磷脂質可活化血漿中的凝血因子，使纖維素產生並結成絲狀，加強血小板栓塞。而血凝塊中的血小板會釋放血清胺（serotonin），刺激血管收縮，減少受傷部位的血流量。血小板也分泌生長因子（PDGF）來維持血管的完整性。

生命期與數目

　　每立方毫米血液中約有25萬至40萬個血小板，約可存活5～9天，老舊血小板會在脾臟及肝臟中被破壞。血小板60～70%在血循中，其餘存於脾臟，所以脾切除後血小板數量會增加。

血漿（Plasma）

　　將血漿的定形成分去除後，剩下的液體稱為血漿，是由91.5%的水和8.5%的溶質所組成。在血漿溶質中含量最多的是血漿蛋白（plasma protein），其餘為非蛋白質的含氮物質、食物分子、呼吸氣體及電解質等物質。

血漿蛋白（Plasma Protein）

　　血漿蛋白可分成血漿白蛋白（albumin；佔55%）、血漿球蛋白（globulin；佔38%）、纖維蛋白元（fibrinogen；佔7%）等三大類，現將其製造、功能、特徵敘述於下：

種　　類	製造處	特　徵　與　功　能
白蛋白	肝臟	・含量最多，與球蛋白的比例是1.5：1或3：1。 ・維持血液膠體滲透壓的物質，以維持血液的黏滯性及避免水腫的發生。 ・可攜帶游離脂肪酸和膽紅素。 ・兼具酸鹼反應的兩性物質，故有緩衝劑的作用。
球蛋白	漿細胞	・分α、β、γ三種，其中α、β作為運輸用，而γ球蛋白可產生抗體，為抗體蛋白，可產生免疫作用。 ・血漿蛋白中唯一不由肝臟製造者。
纖維蛋白元	肝臟	・配合血小板參與血液凝固的機轉。

其餘溶質（Other Components）

　　含有電解質（鈉、鉀、氯等）、氣體（二氧化碳、氧、氮）、營養物質（葡萄糖、胺基酸、維生素等）及少數代謝廢物（尿素、尿酸及膽色素）。

血液凝固（Blood Clotting）

基本機轉（Basic Mechanism）

　　當血管受損或破裂時，會活化一連串的生理機制，以防失血。只要血管內皮層損傷，其下結締組織的膠原蛋白暴露於血液中，即會引發止血（hemostasis）機制，但此機制通常對小血管失血有用，對大量失血還得靠適當的人為處理。

血管痙攣（Vascular Spasm）

　　受傷的血管鄰近組織之痛覺會引發神經反射，使血管壁平滑肌收縮。再加上受傷的血小板會釋出血清素（serotonin），一樣會使血管壁平滑肌收縮，以減少血液流失達30分鐘，此時間內會發更進一步的止血機轉。

形成血小板栓塞（Platelet Plug Formation）

　　受傷的血管壁膠原纖維暴露，活化了血液中之血小板，於是血小板開始變大，彼此黏附於膠原纖維上並釋出腺嘌呤核苷雙磷酸（ADP）、血漿血栓素A_2（thromboxane

A₂），此釋出物質可吸引新的血小板到附近並黏附於原先活化的血小板上，並釋出腺嘌呤核苷雙磷酸（ADP）、血漿血栓素A₂吸引更多的血小板凝集，形成血小板栓子塞住傷口，但結構鬆散，需靠凝血因子的強化（圖9-4）。

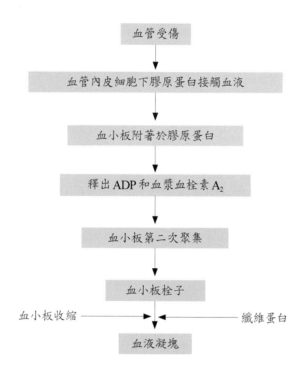

圖9-4　血小板栓子及血液凝塊的形成

血液凝固（Blood Clotting）

在出血的15～20秒即會開始血液凝固的反應，若是血管受損太嚴重，血小板栓子無法防止失血，血液凝固的複雜過程即開始。

心臟（Heart）

胚胎發育時是由一條會跳動的血管扭曲癒合而形成心臟，約在胚胎第七週發育完成，是循環系統的中樞，每天約可跳動十萬次以上，約可送出7000公升的血液，經血管供應全身。

解剖學（Anatomy）

大小與位置（Size and Location）

心臟位於兩肺之間的中縱膈腔內，約有2/3在身體中線的左側（圖9-5a），大小如握緊的拳頭，呈中空圓錐狀，重量約為250～350公克。

心尖（apex）是左心室形成的尖端，指向左前下方，正好位於左鎖骨正中線與第五肋間，是心室壁最厚的地方。

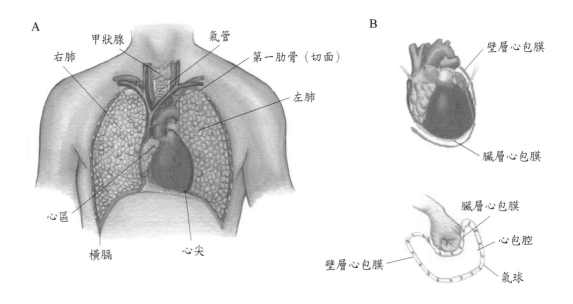

圖9-5　心臟在胸腔內的位置

構造（Structures）

心外層：心包膜（pericardium）

心包膜包圍著心臟，並將其固定於一定的位置。心包膜包括纖維性（fibrous）與漿膜性（serious）兩部分（圖9-5b）。

1. 外層纖維性心包膜：含有許多纖維性結締組織，可防止心臟過度擴張、保護心臟並將其固定於縱膈腔內。

2. 內層漿膜性心包膜：較薄且細緻的雙層膜，其壁層（parietal layer）緊貼纖維性心包膜的內側；臟層（visceral layer）緊貼於心肌表面，即是心外膜（epicardium）。壁層與臟層間的空間稱為心包腔，內含心包液（漿液），能減少心臟活動時膜與

膜間的摩擦。

心臟壁（heart wall）

　　心臟壁分成三層（圖9-6）。

1. 外層：心外膜（epicardium）：是由漿膜組織與單層鱗狀上皮之間皮所組成的透明薄膜，亦即漿膜性心包膜的臟層。

2. 中層：心肌（myocardium）：構成心臟主體，負責心臟的收縮。心肌纖維是不隨意、具橫紋、有分叉且融合的合體細胞，介於兩個心肌細胞的交接處有可加強收縮訊息傳導的間盤。心肌細胞含有大量的粒線體，為心肌努力工作提供ATP，也有豐富的血液供應及高濃度的肌紅素來儲存氧氣。

3. 內層：心內膜（endocardium）：由心臟大血管內皮延伸過來的內皮組織，襯於心肌層的內表面，同時覆蓋瓣膜及腱索。

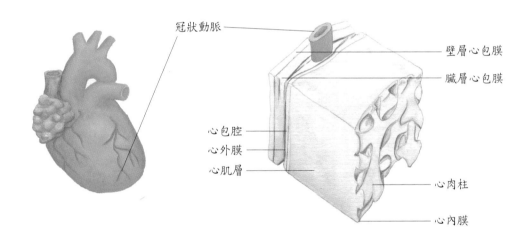

圖9-6　心胞膜與心臟壁的構造

心內層（interior of heart）

　　1. 分4個腔室（four chambers），以接受循環血液（圖9-7）。

　　上面兩個腔室稱為左、右心房（atria），心房上附有心耳（auricle），以增加心房的表面積。心房的內襯表面有梳狀肌（pectinate muscles）。左、右心房間有心房間隔（interatrial septum），間隔在右心房面上有一卵圓形凹陷，是為卵圓窩（fossa ovalis），此窩在胎兒時為卵圓孔，於出生後48小時內永久性關閉而成窩。下面兩個腔室是左、右心室（ventricles），兩心室間有心室間隔分開。心室壁上有乳頭肌（papillary muscles），腱索連接瓣膜尖端與乳頭肌，共同配合指引血流的方向。左、右心室壁上的凸起是心肉柱（trabeculae carneae）如圖9-6，由粗糙心肌纖維束所形成。左心室的心肌層最厚，以因

應需用強大的力量將血液打入全身各部位的血管中，其花費的力氣是肺循環的6到7倍。

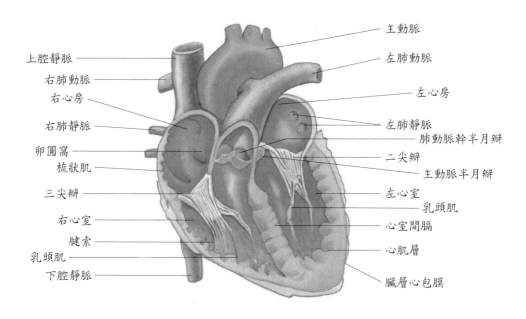

圖9-7　心臟的內部構造（冠狀切面）

　　心臟外表在心房、心室間有冠狀溝（coronary sulcus）環繞，後方埋有冠狀竇（coronary sinus）。在左、右心室間前後各有前室間溝及後室間溝。這些溝埋有冠狀動脈及心臟的靜脈。如圖9-8。

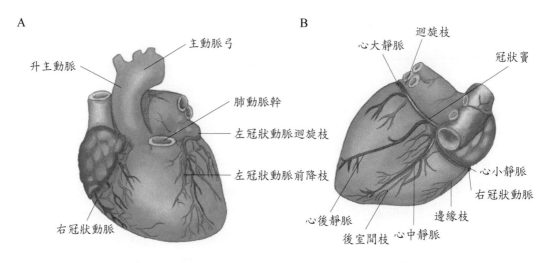

圖9-8　心臟的外觀及冠狀循環。A.前面觀　B.後面觀

2. 瓣膜（valves）

當心臟每個腔室收縮時，可將一部分血液推入心室中，或經由動脈而將血液送出心臟。為了防止血液逆流，心臟具有由緻密結締組織所組成的四組瓣膜（圖9-7）。

種類	解剖位置		瓣尖	瓣數	血流方向	目　的
房室瓣	二尖瓣：左心房、心室間		朝下	2	左心房→左心室	防止血液逆流回心房
	三尖瓣：右心房、心室間		朝下	3	右心房→右心室	
半月瓣	主動脈與左心室間		朝上	3	左心室→主動脈	防止血液逆流回心室
	肺動脈與右心室間		朝上	3	右心室→肺動脈	

腱索與乳頭肌在房室瓣方面扮演了相當重要的角色，當心室正在充填血液時，乳頭肌是鬆弛狀態，房室瓣膜朝心室壁開啟，以使心房血液在沒有阻力的情況下流向心室。當心室收縮時，房室瓣膜會被增加的血液壓力推擠而閉合，同時乳頭肌收縮拉緊腱索，以防止瓣膜向上翻入心房內。此時，若有少量的血液逆流，會產生獨特的聲音，是為心雜音（murmur）。

半月瓣是由三個半月形的瓣膜組成，每一片瓣膜基部都與動脈壁相連，游離端則向外突入至動脈管腔，且無腱索附著。當心室收縮時，血液壓力迫使半月瓣打開，使血液流向動脈；心室鬆弛時，一些血液倒流填充於半月瓣瓣膜和動脈壁之間的空間，以迫使半月瓣關閉，防止血液逆流入鬆弛的心室。

3. 連接心臟的大血管（associated great vessels of the heart）共有九條（圖9-9）

上腔靜脈（superior vena cava）收集上半身的靜脈血液；下腔靜脈（inferior vena cava）收集下半身的靜脈血液；冠狀竇收集心臟壁大部分的靜脈血液，此三條靜脈血管將收集的血液送入右心房，接著送入右心室，經肺動脈幹的左、右肺動脈（pulmonary arteries）將血液送入肺臟進行氣體交換，再由四條肺靜脈流回左心房，進入左心室，送往主動脈（aorta），經其分枝將血液送往全身各部位。

種　類	數目	含氧情形	血流方向
上腔靜脈	1條	缺氧血	上半身靜脈血→上腔靜脈→右心房
下腔靜脈	1條	缺氧血	下半身靜脈血→下腔靜脈→右心房
冠狀竇	1條	缺氧血	冠狀靜脈→冠狀竇→右心房
肺動脈幹	1條	缺氧血	右心室→肺動脈幹→肺動脈→肺

（續）

種　類	數目	含氧情形	血流方向
肺靜脈	4條	充氧血	肺→肺靜脈→左心房
主動脈	1條	充氧血	左心室→主動脈

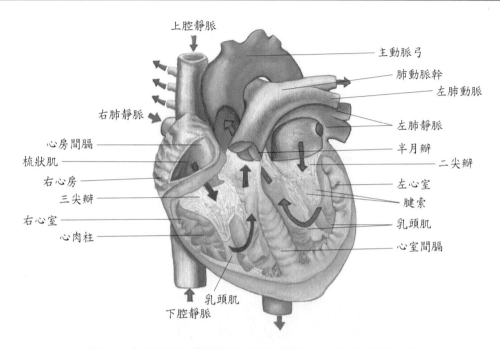

圖9-9　血液流經心臟的途徑（藍色表缺氧血、紅色表帶氧血）

血液供應（Blood Supply）

　　供應心肌的血管有左、右冠狀動脈（coronary artery），兩者皆起源於升主動脈，左冠狀動脈在左心房下，馬上就分成左前降枝（在前室間溝的前室間枝）及迴旋枝，左前降枝供應兩心室壁的血液；迴旋枝則供應左邊的心房、心室。右冠狀動脈在右心房下，並分成右前降枝（在後室間溝的後室間枝）及邊緣枝，右前降枝供應兩心室壁的血液；邊緣枝則供應右邊的心房、心室。左、右冠狀動脈間有些小分枝相互連接，稱為吻合（anastomosis），以使左、右冠狀動脈發生壓力的變動時，也能維持供應心肌血流量的恆定。

　　左前降枝、左迴旋枝與右冠狀動脈是供應心肌營養的三大血管。如圖9-8。

　　心臟大部分的缺氧血，先收集至冠狀竇，再注入右心房。冠狀竇的主要支流是收集心臟前部靜脈血液的心大靜脈（great cardiac vein）、收集心臟後部靜脈血液的心中靜脈（middle cardiac vein）及收集心臟右側血液的心小靜脈。心前靜脈直接將血液注入右心

房，未經過冠狀竇；而心最小靜脈或稱德氏靜脈（thebesian veins）更特別，血液直接通往心臟的四個腔室。

休息時，人類的冠狀血流平均255ml/分，佔心輸出量的4～5%。心臟收縮時，心肌的收縮對心肌內血管造成壓迫，因此，此時冠狀動脈的血流量最小。當冠狀動脈有90%阻塞時，會形成側枝循環，雖然側枝循環血管皆很小，但心肌只要能接受正常血流量的10～15%即能存活，所以在活動增加時，由於心肌的耗氧增加，冠狀動脈血流量無法負荷時，即會出現缺血性心臟病的現象。

臨床指引：

冠狀動脈疾病（Coronary Artery Disease, CAD），泛指因冠狀動脈病變而導致的心臟疾病。冠狀動脈供應心肌營養，當冠狀動脈阻塞或狹窄時，會引起心肌缺氧或壞死，引起CAD。其症狀有心絞痛、心肌梗塞、心律不整及猝死。在西方國家已名列死亡原因之首，在台灣是十大死因第四名。

造成CAD的元凶是動脈粥狀硬化（atherosclerosis），就是在動脈血管壁上有塊斑（plaque）的形成，塊斑大多由膽固醇及血栓組成。造成的因素有吸菸、高血脂、高血壓、糖尿病、肥胖、少運動等。

罹患CAD的病患在初期以控制危險因子來著手，包括減重、多運動、多吃低脂、低鹽、多纖維的食物，並控制好血壓與血糖等。當臨床症狀加重時，可用藥物治療，包括阿斯匹靈、硝化甘油錠、β-腎上腺阻斷劑、鈣離子阻斷劑。當三條冠狀動脈有不同程度阻塞時，可用心導管檢查冠狀動脈攝影術來確定阻塞部位，並藉由氣球擴張術甚至放置血管支架來治療。

如果三條冠狀動脈都阻塞的話，則實施冠狀動脈繞道術（CABG）；移植患者腿上靜脈，在狹窄位置建立一條血流通路到心肌，來繞過冠狀動脈阻塞的部位。

傳導系統（Conduction System）

心臟的傳導系統是由特化的心肌組織構成，能產生並傳導衝動以刺激心肌纖維的收縮。這些特化的組織依傳導順序包括了竇房結（sinoatrial node）、房室結（atrioventricular node）、房室束（atrioventricular bundle）及其分支、浦金埃氏纖維（Purkinje fibers），見圖9-10。自主神經對心臟只有調節的功能，並不會引發心臟收縮。

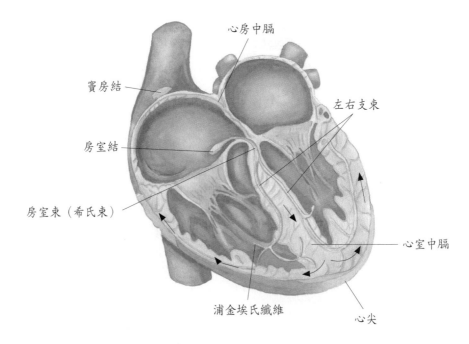

心房中膈

竇房結

左右支束

房室結

房室束（希氏束）

心室中膈

浦金埃氏纖維

心尖

圖9-10　心臟的傳導系統

竇房結（S-A node）具自我興奮性，能自發有節律的產生動作電位，故稱為節律點（pacemaker），它是位於右心房壁、上腔靜脈開口下方的細胞組織，其節律可受自主神經、血液中的甲狀腺素或正腎上腺素等化學物質的作用而改變。傳導速度為每秒鐘0.05公尺。

竇房結一旦引發一個動作電位，此衝動即會傳遍兩個心房使其收縮（傳導速度每秒鐘1米），同時使位於心房間隔下方的房室結（A-V node）去極化，然後以每秒鐘0.05公尺的速度傳至心室間隔的房室束（His bundle），以每秒鐘1公尺的速度經房室束左右分支至左、右心室壁，再經浦金埃氏纖維以每秒鐘4公尺的速度穿入心肌纖維，使左右心室同時收縮。由此可見，傳導速度最快的是浦金埃氏纖維。

心動週期（Cardiac Cycle）

左、右兩個心房充血後，同時收縮將血液送入心室。接著兩個心室同時收縮，將血液送入肺循環和體循環。當心房收縮時，心室是舒張的；當心室收縮時，心房是舒張的。心動週期就是指心臟收縮與舒張重複進行的週期性變化，故包括了收縮期（systole）與舒張期（diastole）。

若每分鐘平均心跳75次，每一個心動週期需要0.8秒。心房收縮期為0.1秒，舒張期為0.7秒；心室收縮期為0.3秒，舒張期為0.5秒。當心跳比較快時，舒張期就會縮短。

　　用聽診器聽診，主要是聽由瓣膜關閉使血液產生渦流時的心音。第一心音，聲音長而低，是心室在等容積收縮時房室瓣關閉所產生的。第二心音，聲音尖而短，是當心室內壓力降到低於動脈壓時半月瓣關閉所產生的。若房室瓣關閉不全，少量血流會倒流回心房，即會引起不正常的心音，稱心雜音（murmurs）。

血管（Blood Vessel）

　　血管形成一個遍及全身的網路，使血液可由心臟經動脈到達體中所有活細胞後，再經靜脈返回心臟。血液離開心臟經過的動脈管腔逐漸縮小，所以有大、中、小動脈，然後經過微血管進入管腔逐漸變大的靜脈，返回心臟。

　　動脈壁和靜脈壁皆是由三層膜組成（圖9-11）：

1. 外膜（tunica externa）：動、靜脈皆是由結締組織組成，動脈主要由膠原纖維和彈性纖維組成，神經和淋巴管也存在於此層，厚度在20mm以上的大動脈管壁有小血管分布來供應所需養分，此小血管是血管滋養管（vasa vasorum），在外膜和中膜的外層形成為血管網；靜脈除了膠原、彈性纖維外，還有平滑肌。

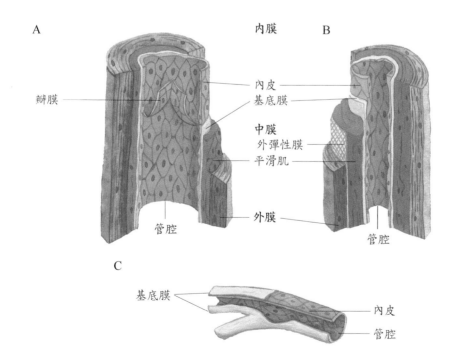

圖9-11　各種血管構造的比較。A.靜脈　B.動脈　C.微血管

2. 中膜（tunica media）：動脈此層最厚，含有具彈性的彈性纖維及收縮性的平滑肌，且中膜與外膜間有外彈性膜；靜脈的彈性纖維及平滑肌含量皆較少，無外彈性膜，但有較多的白色纖維組織，所以管壁比動脈薄。

3. 內膜（tunica interna）：最內層是單層扁平上皮的內皮，直接與血液接觸。內皮的外面是基底膜，在基底膜外動脈比靜脈多了一層內彈性膜。

動脈（Arteries）

身體大部分區域接受兩條以上的動脈分枝，分枝末端彼此結合的稱為吻合（anastomosis），所以一枝發生阻塞時，會產生側枝循環。無吻合的動脈稱為終動脈（end arteries），若阻塞即產生此區的壞死，例如心肌梗塞。

彈性動脈（Elastic Arteries）

彈性動脈或稱輸送動脈、傳導動脈，為大的動脈，它包括主動脈、頭臂動脈、頸總動脈、鎖骨下動脈、椎動脈、髂總動脈等。其特徵是中膜含較多的彈性纖維，較少的平滑肌，所以管壁較薄。此類動脈可承受由左心室壓縮射出大量血液的巨大壓力，心臟舒張時，又可反彈使血液向前流動，故有引導血液的功能。其血管總橫切面積最小，血流速度最快。

肌肉動脈（Musclar Arteries）

肌肉動脈又稱分配動脈的中等口徑動脈，它包括腋動脈、肱動脈、橈動脈、肋間動脈、脾動脈、腸繫膜動脈、股動脈、脛動脈等。其特徵是含平滑肌較彈性纖維多，所以管壁較厚，有較大的收縮力和擴張力來調節血量。

小動脈（Arterioles）

小動脈是血管中阻力最大的血管，又稱阻力動脈。其起端構造似動脈，末端似微血管幾乎由內皮構成，周圍散列平滑肌細胞（圖9-12），故可改變血管直徑，影響周邊阻力，與血壓調節有關。

微血管（Capillaries）

微血管連接小動脈和小靜脈（圖9-12），幾乎所有細胞的附近皆有它的存在。體內微血管的分布因組織的活動性而有差異，活動性較高的如肌肉、肝臟、腎臟、肺臟、神經系統等處就富含微血管；活動性較低的肌腱、韌帶等的微血管就不密集；像表皮、眼角膜、軟骨等地方就無微血管。

微血管壁是由單層的內皮細胞及基底膜所構成，管腔雖小但總橫切面積最大，血流速度慢，便於營養物質與廢物能在血液與組織細胞間交換。流至微血管的血液量完全

由小動脈的血流阻力來決定，在小動脈接近微血管處的後小動脈外圍散列著平滑肌細胞（圖9-12），這些平滑肌的收縮和鬆弛可調節血量和血流的力量。微血管的起始部分有微血管前括約肌（precapillary sphincter），雖無神經分布，但可依據氧與二氧化碳濃度、pH值、溫度及循環化學物質的變化而收縮或擴張，以控制進入微血管的血流，這種不需依賴激素或神經刺激的反應，稱為自動調節（autoregulation）。如圖9-12。

　　微血管間以網狀互相連接形成微血管網。有些後小動脈藉著通道直接和小靜脈相連，此為動靜脈吻合如圖9-12，不經由微血管網，直接連接小動脈和小靜脈。和通道相似的是側枝管道（collateral channel），它在手指、手掌、耳垂分布很多，以控制熱的喪失，管壁較厚無法進行物質交換。

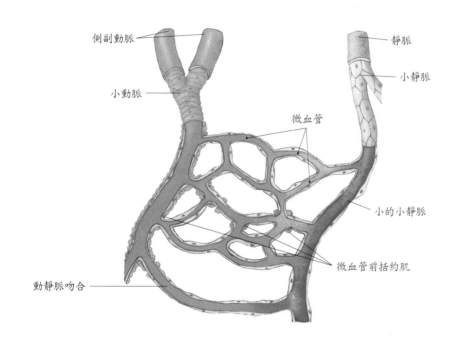

圖9-12　小動脈與微血管組成的微血管網

靜脈（Veins）

　　靜脈包括了小靜脈（venules）在內，小靜脈是由許多微血管匯集而成，它收集來自微血管的血液，最後注入靜脈（veins）。靠近微血管的小靜脈構造較簡單，只有內皮組成的內膜及結締組織組成的外膜，當靠近靜脈時，構造即似靜脈，亦含有中膜。

　　當血液離開微血管流入靜脈時，已失去大部分的血壓，所以血管破裂時，血流速度比動脈慢。低的靜脈壓不足以使血液返回心臟，特別是下肢的靜脈，所以需靠骨骼

肌收縮及靜脈瓣膜來幫助靜脈回流，及防止血液倒流，如圖9-13。若因遺傳、長期站立、懷孕或年紀大使瓣膜功能不全，會使大量血液因地心引力而積存於靜脈遠端，於是靜脈擴大、彎曲形成靜脈曲張（varicose veins）。若靜脈曲張發生於肛道壁，即是痔瘡（hemorrhoid）。

靜脈竇（venous sinus）又稱血管竇，是只含薄層的內皮管壁靜脈，不含平滑肌，所以不能改變其直徑。如硬腦膜形成的靜脈竇、心臟的冠狀竇、肝臟的竇狀隙皆屬血管竇。

靜脈、小靜脈、靜脈竇約含全身血液的75%，動脈含20%，微血管含5%，因此靜脈中存有大量的血液，被稱為血液的貯存所。

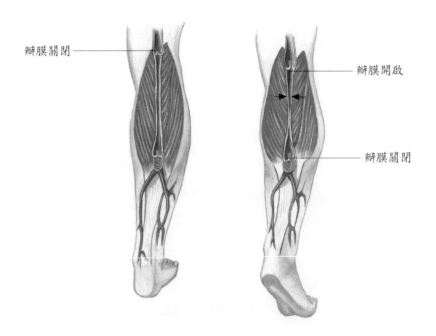

瓣膜關閉

瓣膜開啟

瓣膜關閉

圖9-13　靜脈瓣膜的功能

血液循環（Blood Circulation）

血液的循環路線包括心臟與肺之間的肺循環（小循環），如圖9-14；心臟與全身之間的體循環（大循環），以及胎兒時期的胎血循環。

肺循環（Pulmonary Circulation）

　　肺循環是將來自全身的缺氧血由右心室送至肺進行氣體交換後，使缺氧血變成充氧血送回心臟的過程。

　　如圖9-14的中間部分，右心室將暗紅色的缺氧血經肺動脈幹送至左、右兩條肺動脈，分別進入左、右肺臟。肺動脈進入肺臟後一再分枝，最後形成微血管圍繞於肺泡周圍進行氣體交換，將缺氧血變成鮮紅色的充氧血，經肺內微血管合成的小靜脈、靜脈，最後形成左、右各兩條肺靜脈，將充氧血送入左心房、左心室。肺靜脈是胎兒出生後唯一含充氧血的靜脈。

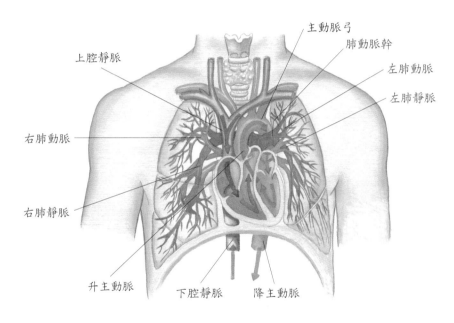

圖9-14　肺循環系統

體循環（Systemic Circulation）

　　體循環是指充氧血由左心室出來，將氧及營養物質攜至全身各個組織，再將組織移除的二氧化碳及代謝廢物又送回右心房的過程。

體循環的主要動脈（main systemic arteries）

　　所有體循環的動脈皆源自於接受左心室血液的主動脈（aorta），它在肺動脈幹深部往上行而成升主動脈（ascending aorta）。升主動脈至心肌層分成左、右冠狀動脈；往左後方彎曲即成主動脈弓（aortic arch）。主動脈弓彎曲至第四胸椎的高度往下降成為降主動脈（descending aorta），它貼於體腔後壁並靠近椎體，在胸腔的位置是胸主動脈

（thoracic aorta）、在腹腔的位置為腹主動脈（abdominal aorta），至第四腰椎的高度而分成左、右髂總動脈（common iliac arteries）。

1. 升主動脈：是主動脈的第一部分，基部分出左、右冠狀動脈可營養心肌。

2. 主動脈弓：將血液送至頭頸部、上肢及一部分的胸壁構造，有三條主要的分枝，即頭臂動脈、左頸總動脈、左鎖骨下動脈，詳細敘述如下表。其中左、右椎動脈進入顱腔後合成基底動脈，再延伸出兩條供應大腦枕葉與顳葉的後大腦動脈和內頸動脈的分支會合在腦部而形成威氏環（circle of Willis）。如果其中一條小動脈被堵住，腦部仍可由其餘血管得到供血。如圖9-15。

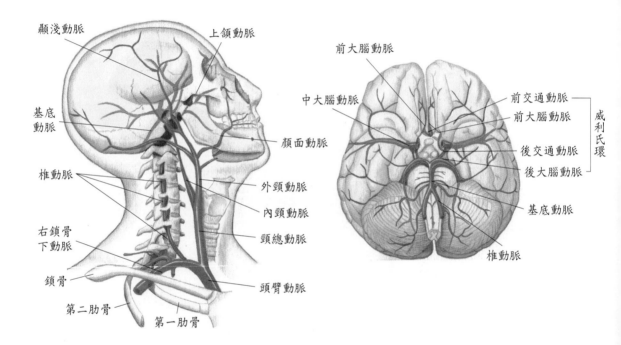

圖9-15　頸及腦部動脈分布

分　枝	分布區域
頭臂動脈（主動脈弓的第一分枝） 　右頸總動脈 　　右外頸動脈 　　右內頸動脈 　　　前大腦動脈 　　　中大腦動脈 　右鎖骨下動脈 　　椎動脈 　　　基底動脈 　　腋動脈 　　　肱動脈 　　　　尺動脈 　　　　橈動脈 　　　　　掌動脈弓 　　　　　　指動脈	 頭頸部右側 顏面、舌頭、甲狀腺、頸部、枕部頭皮 腦部、眼眶、前額 與基底動脈的分枝在顱底形成威氏環 右側上肢、胸腔壁、肩胛、背部 左右椎動脈穿過枕骨大孔即爲基底動脈 與內頸動脈的分枝在顱底形成威氏環 至腋窩即爲腋動脈 上臂，量血壓即是在上臂測肱動脈 前臂、手部 前臂、手部，量脈搏處 手部 手指
左頸總動脈	同右頸總動脈，但位於身體左側
左鎖骨下動脈	同右鎖骨下動脈，但位於身體左側

3. 胸主動脈：介於第四至第十二胸椎高度間，分枝分布至胸部內臟及體壁。橫隔的上面是胸主動脈，下面是腹主動脈。胸主動脈的分枝如下：

分　枝	分布區域
支氣管動脈 食道動脈 後肋間動脈 橫膈上動脈	支氣管、肺臟 食道 肋間及胸部的肌肉、胸膜 橫膈後上部

4. 腹主動脈：介於第十二胸椎至第四腰椎高度間，將血液送至腹盆腔的內臟器官、後腹壁、橫膈。其分枝情況如下：

分　枝	分布區域
橫膈下動脈	橫膈的下表面
腹腔動脈幹（最大分枝） 　肝總動脈 　左胃動脈 　脾動脈	 肝臟、膽囊、十二指腸及胃的一部分 胃及食道的下段 脾臟、胰臟及胃的一部分

（續）

分　　枝	分布區域
腸繫膜上動脈	由十二指腸至橫結腸的右二分之一
腎上腺動脈	腎上腺
腎動脈 　腎上腺下動脈	腎臟、腎上腺
生殖腺動脈	成對，睪丸或卵巢
腸繫膜下動脈	由橫結腸左二分之一至直腸
腰動脈	脊髓、脊髓膜、腰部肌肉與皮膚

　　5. 髂總動脈：腹主動脈在第四腰椎處分叉成左、右髂總動脈，每一分枝下行約5公分再分成髂內、外動脈，分別至骨盆腔內臟、臀部、會陰、下肢。其分之情況如下：

分　　枝	分布區域
髂內動脈 　子宮動脈 　內陰動脈	骨盆腔臟器、臀部、會陰 子宮、子宮韌帶、輸卵管、陰道 肛管、會陰、生殖三角內的構造
髂外動脈 　外陰動脈 　股動脈 　膕動脈	下肢、外生殖器 與內陰動脈共同供應會陰及生殖三角內構造 大腿、前腹壁 膝關節及鄰近構造
脛前動脈 　　足背動脈 　脛後動脈 　　腓動脈 　　足底動脈	小腿前部 足背 小腿後部 小腿後外側 足底

　　所有動脈循環系統如圖9-16。

體循環的主要靜脈（main systemic veins）

　　所有體循環的靜脈血會匯流入上腔靜脈、下腔靜脈、冠狀竇，進入右心房。體循環的主要靜脈和動脈雖有許多類似的地方，但亦有下列之差異：

- 心臟是由一條主動脈將動脈血送至全身；而靜脈血液則是由上腔靜脈及下腔靜脈二條血管送回心臟，同時心臟的靜脈血液另由冠狀竇送回右心房。
- 動脈皆位於身體的深部，而靜脈除位於深部外，尚有些位於皮下。除了少數例外，深部靜脈皆與動脈相伴，且名稱相同。

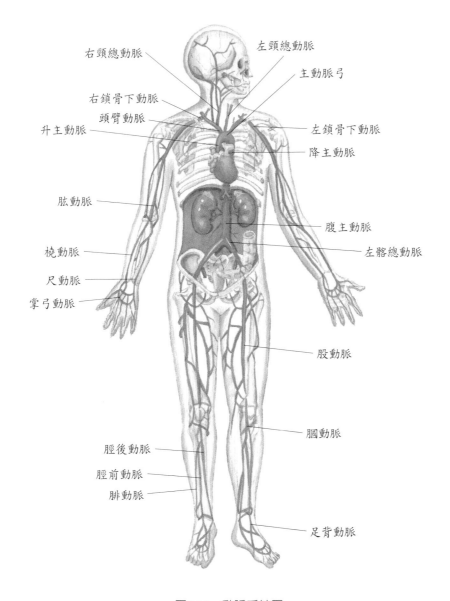

右頸總動脈

左頸總動脈

主動脈弓

右鎖骨下動脈

頭臂動脈

升主動脈

左鎖骨下動脈

降主動脈

肱動脈

腹主動脈

橈動脈

左髂總動脈

尺動脈

掌弓動脈

股動脈

膕動脈

脛後動脈

脛前動脈

腓動脈

足背動脈

圖9-16　動脈系統圖

- 在部分的身體部位，其動脈的分布與靜脈的匯流都相類似，但在某些身體部位的靜脈匯流卻較特別。例如：腦部的靜脈血液在顱腔內先匯流至靜脈竇；來自消化器官的靜脈血需先經過肝門脈循環進入肝臟，才回到體循環的靜脈。

1. 匯流入上腔靜脈的靜脈血管：

(1)頭頸部靜脈血管：如圖9-17。

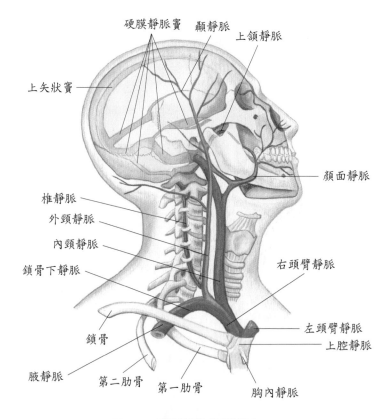

圖9-17　頭頸部的主要靜脈

靜　脈	匯流的部位
外頸靜脈	匯流頭頸部的淺層靜脈血液，最後注入鎖骨下靜脈
內頸靜脈	在頸靜脈孔處與顱腔內的靜脈竇相連，收集腦部、顏面及頸部的靜脈血液。在頸部兩側下行，分別與左、右鎖骨下靜脈會合成左、右頭臂靜脈，最後合成上腔靜脈
椎靜脈	在頸部與椎動脈伴行，收集枕部及頸深部的靜脈血液，最後注入頭臂靜脈

(2)上肢的靜脈血管，如圖9-18：

　　上肢的深層靜脈與動脈走在一起，名稱亦相同。它們首先在手掌部匯流至深及淺掌靜脈弓，再往上至尺靜脈、橈靜脈、肱靜脈、腋靜脈，最後至鎖骨下靜脈。而淺層靜脈位於皮下，易於由體表觀察，它起始於手背靜脈弓，再匯流入頭靜脈（cephalic vein）、貴要靜脈（basilic vein）、前臂正中靜脈，最後進入深層靜脈。在手肘前面有肘正中靜脈（median cubital vein）連接頭靜脈與貴要靜脈，是施行靜脈抽血、注射或輸血的部位。

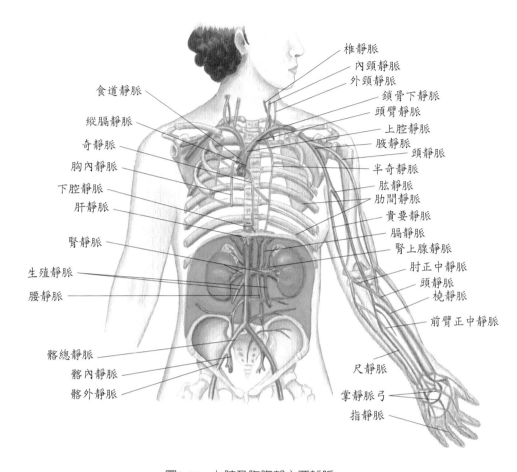

食道靜脈

縱膈靜脈

奇靜脈

胸內靜脈

下腔靜脈

肝靜脈

腎靜脈

生殖靜脈

腰靜脈

髂總靜脈

髂內靜脈

髂外靜脈

椎靜脈

內頸靜脈

外頸靜脈

鎖骨下靜脈

頭臂靜脈

上腔靜脈

腋靜脈

頭靜脈

半奇靜脈

肱靜脈

肋間靜脈

貴要靜脈

膈靜脈

腎上腺靜脈

肘正中靜脈

頭靜脈

橈靜脈

前臂正中靜脈

尺靜脈

掌靜脈弓

指靜脈

圖9-18　上肢及胸腹部主要靜脈

靜脈	主要分枝	匯流部位
淺層靜脈	頭靜脈	在前臂外側，在肘前以肘正中靜脈與貴要靜脈相連，最後注入腋靜脈
	貴要靜脈	在前臂內側，與肱靜脈合成腋靜脈
	前臂正中靜脈	匯流掌靜脈弓而在前臂上行，注入肘正中靜脈
深層靜脈	尺靜脈	收集掌靜脈弓血液匯流至前臂尺骨側靜脈血
	橈靜脈	收集掌靜脈弓血液匯流至前臂橈骨側靜脈血
	肱靜脈	由橈靜脈及尺靜脈合成
	腋靜脈	由肱靜脈及貴要靜脈合成
	鎖骨下靜脈	為腋靜脈往上延伸的部分

⑶胸部的靜脈血管，如圖9-18：

來自乳腺及第三肋間以上的胸部靜脈血液直接匯流入頭臂靜脈，其餘的靜脈血則由奇靜脈系統（azygos system）收集，匯流入上腔靜脈。奇靜脈系統位於體腔內、脊柱的兩側，由奇靜脈（azygos vein）、半奇靜脈（hemiazygos vein）、副半奇靜脈（accessory hemiazygos vein）組成。

靜脈	主要分枝	匯流部位
奇靜脈	右腰升靜脈 右後肋間靜脈 右支氣管靜脈	右半側胸靜脈血液匯流至奇靜脈，之後於第四胸椎的高度注入上腔靜脈
半奇靜脈	左腰升靜脈 左後肋間靜脈（T_{8-11}）	左胸下半部靜脈血液匯流入半奇靜脈，之後於第九胸椎的高度注入奇靜脈
副半奇靜脈	左後肋間靜脈（T_{4-7}）	左胸上半部靜脈血液匯流入副半奇靜脈之後於第八胸椎的高度注入奇靜脈

2. 匯流入下腔靜脈的靜脈血管，如圖9-18：

⑴腹部及骨盆的靜脈血管：

髂內靜脈（internal iliac vein）匯集骨盆部靜脈血液，與來自下肢的髂外靜脈匯合成髂總靜脈（common iliac vein）。左、右髂總靜脈在匯合成下腔靜脈。

下腔靜脈也匯集來自腹腔內臟器官及腹壁的靜脈血液，但其中來自脾臟、胃、胰臟及部分大腸血液的脾靜脈與來自腸胃的腸繫膜上靜脈匯合成肝門靜脈。肝動脈送來的充氧血與肝門靜脈送來的缺氧血先後入肝臟，再由肝靜脈注入下腔靜脈，此過程即為肝門循環（hepatic portal circulation）。

在腎臟方面比較特別的是左、右匯入下腔靜脈的方式不同。左邊的腎上腺靜脈、生殖靜脈先匯入左腎靜脈才匯流至下腔靜脈；而右邊的腎上腺靜脈、生殖靜脈、腎靜脈卻是直接匯流入下腔靜脈。

⑵下肢的靜脈血管，如圖9-19：

下肢的深層靜脈與動脈相伴，名稱亦相同。下肢的淺層靜脈在皮下，最後注入深層靜脈。

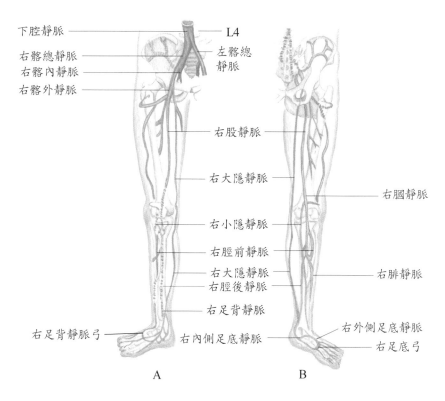

圖9-19 骨盆與下肢靜脈。A.前面 B.後面

靜脈	主要分枝	匯流的部位
淺層靜脈	大隱靜脈	由足背靜脈弓的內側,沿著小腿、大腿內側上行。在大腿上方,近鼠蹊韌帶處,匯流入股靜脈。是人體內最長的血管,也是最易發生靜脈曲張的地方。
	小隱靜脈	由足背靜脈弓的外側,沿著小腿外側上行,匯流入膕靜脈。
深層靜脈	脛後靜脈	由足底內、外側靜脈於內踝後側匯合,沿小腿深部上行,並接受腓靜脈。在小腿上端和脛前靜脈匯合成膕靜脈。
	脛前靜脈	是足背靜脈的延續,行於脛骨與腓骨之間。
	膕靜脈	由脛前、脛後靜脈匯合而成,位於膝窩內。
	股靜脈	為膕靜脈的延伸,並收集大腿深部的靜脈血液,進入骨盆腔後即稱為髂外靜脈。

肝門靜脈系統(Hepatic Portal System)

　　將血液由胃、腸以及其他器官帶到肝臟。所謂門脈系統是指起始點和終止點皆為微血管者;因此,在一條動脈和一條最終靜脈間有兩套微血管。上腸繫膜動脈將血液帶到小腸,此處即有第一套微血管。許多靜脈會合起來形成可將血液帶到肝臟的肝門靜脈,

在此形成第二套微血管。接著,肝靜脈離開肝臟而進入下腔靜脈。如圖9-20。

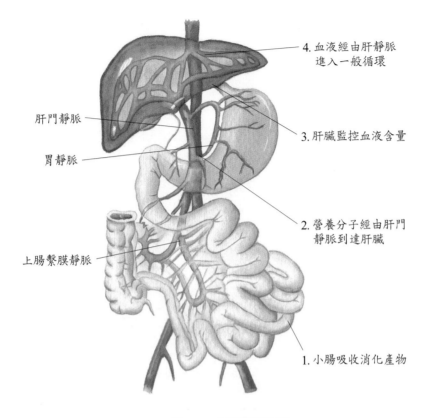

圖9-20 肝門靜脈系統

圖中標示:
- 4. 血液經由肝靜脈進入一般循環
- 3. 肝臟監控血液含量
- 2. 營養分子經由肝門靜脈到達肝臟
- 1. 小腸吸收消化產物
- 肝門靜脈
- 胃靜脈
- 上腸繫膜靜脈

胎兒循環(Fetal Circulation)

在母體中的胎兒因其肺臟、腎臟、肝臟及消化道不具功能,因此需經由臍帶(umbilical cord)在胎盤(placenta)與母體血液進行物質交換(圖9-21)。臍帶中含有兩條由胎兒髂內動脈來的臍動脈(umbilical arteries)及經由靜脈導管導入下腔靜脈的臍靜脈(umbilical vein);尚有一條來自胎兒膀胱的臍尿管(urachus)。臍動脈將胎兒血液送至胎盤內之葉狀絨毛膜絨毛的血管,而絨毛內的血液循環則經由臍靜脈回流至胎兒。母體血液則被輸送引流至位於絨毛間的基蛻膜內的空腔中,所以胎兒與母體的血液在胎盤內可以更接近但不會直接混合。

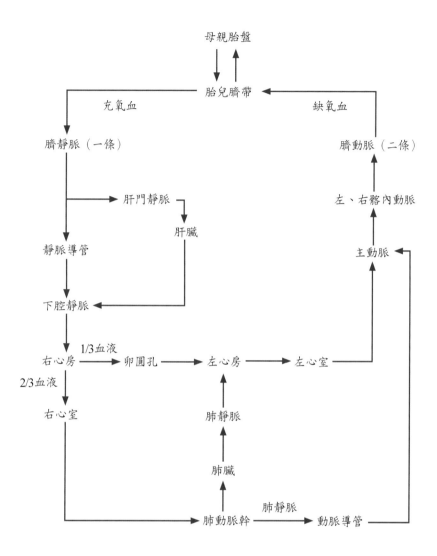

圖9-21　胎兒循環圖

　　胎盤是母體和胎兒血液間物質交換的場所。氧氣及養分由母體擴散至胎兒，而二氧化碳和廢物則以相反方向擴散。但是，胎盤不僅是母親與胎兒血液交換的被動導管，它本身具有非常高的代謝率，對母體血液所提供的氧氣和葡萄糖的利用率達三分之一；蛋白質的合成率也比肝臟高；並能產生種類繁多的酵素，能將激素和外來的藥物轉化成較不活化的分子，來防止母體血液中可能有害的分子傷害胎兒。

　　胎兒出生後，肺臟、腎臟、肝臟及消化器官立即產生功能，但胎兒原先的特殊循環則會產生下列變化：

胎兒體內原本構造	器官產生的變化	重要特徵
臍尿管	轉變成正中臍韌帶	來自胎兒膀胱
臍動脈	轉變成外側臍韌帶	二條，含缺氧血
臍靜脈	轉變成肝圓韌帶	一條，含充氧血
胎盤	以胎衣排出母體	胎盤由絨毛膜與子宮內膜構成
靜脈導管	轉變成靜脈韌帶	連接臍靜脈與下腔靜脈
動脈導管	轉變成動脈韌帶	連接主動脈與肺動脈幹
卵圓孔	轉變成卵圓窩	使左、右心房相通

自我測驗

一、問答題

1. 請敘述血液的主要功能。
2. 請敘述血液的組成成分。
3. 請敘述紅血球成熟所必須的因子。
4. 請敘述各種白血球的功能與特性。
5. 請簡述連接心臟的大血管。
6. 請敘述動脈的種類及特性。
7. 請比較三種不同的微血管。
8. 請簡述肺循環與體循環。
9. 何謂胎兒循環？

二、選擇題

(　) 1. 下列何者非體內血液的功能？
  (A) 運送激素　(B) 提供身體結構的支持　(C) 攜帶廢物由排泄器官排出
  (D) 含有緩衝系統，以調節血液pH值

(　) 2. 正常人體血液pH範圍，下列何者最適當？
  (A) 6.35～7.05　(B) 7.05～7.35　(C) 7.35～7.45　(D) 7.45～8.05

(　) 3. 下列何者不屬於顆粒性白血球？
  (A) 嗜中性球　(B) 嗜伊紅球　(C) 嗜鹼性球　(D) 單核球

（　）4. 下列那一種血球細胞沒有細胞核？

(A) 紅血球　(B) 白血球　(C) 單核球　(D) 淋巴球

（　）5. 與免疫有關的白血球是：

(A) 單核球　(B) 嗜酸性白血球　(C) 嗜鹼性白血球　(D) 淋巴球

（　）6. 血小板受刺激，則釋出Serotonin，其作用是：

(A) 活化凝血機轉　(B) 促進受傷地區的血管收縮　(C) 促進血小板栓的形成
(D) 促進血小板的製造

（　）7. 血液的凝固需要一種重要的離子牽涉於其過程中，此離子是：

(A) 鈉離子　(B) 鈣離子　(C) 鉀離子　(D) 鎂離子

（　）8. 下列那一項不具有抗凝血的作用？

(A) 肝素　(B) 檸檬酸鹽　(C) 維生素K　(D) 雙香豆素

（　）9. 正常人心尖位於胸腔的何處？

(A) 左側2～3肋間　(B) 右側2～3肋間　(C) 左側5～6肋間　(D) 右側5～6肋間

（　）10.有關心臟的正確敘述為：

(A) 肺動脈有兩片　(B) 冠狀竇開口於右心房　(C) 僧帽瓣位於右心房與右心
室之間　(D) 右心室內有兩個乳突孔

（　）11.身體腹部、骨盆、下肢及一部分胸部之靜脈血回到右心房之前會先注入：

(A) 上腔靜脈　(B) 下腔靜脈　(C) 冠狀竇　(D) 肺靜脈　(E) 肺動脈

（　）12.營養心肌的血管是：

(A) 冠狀動脈　(B) 肺動脈　(C) 上腔靜脈　(D) 內頸動脈

（　）13.心臟的節律點位於：

(A) 上腔靜脈入口下方的右心房壁上　(B) 下腔靜脈入口下方的右心房壁上
(C) 心房中膈的最上端　(D) 心房中膈的最下端

（　）14.心電圖之QRS波代表：

(A) 心室去極化　(B) 心房去極化　(C) 心室再極化　(D) 心房再極化

（　）15.當頸動脈竇內壓力增高時，下列何者是感壓反射所引起的生理反應？

(A) 血壓下降、心跳變慢　(B) 血壓下降、心跳變快　(C) 血壓上升、心跳變
慢　(D) 血壓上升、心跳變快

（　）16.動脈與靜脈在血管構造上均分有外膜、中膜及內膜，但其主要區別乃是：

(A) 動脈之中膜較薄，一旦割破易塌陷　(B) 動脈管內有瓣膜存在　(C) 動脈
含有彈性組織較靜脈多　(D) 靜脈含有多量彈性組織

（　）17.血液循環中阻力最大的地方為下列何者？

(A) 心臟　(B) 主動脈　(C) 小動脈　(D) 微血管

（　）18.人體儲存血量最多的地方是：

(A) 動脈　(B) 靜脈　(C) 微血管　(D) 臟器

（　）19.循環系中何處血管的血壓最低？

(A) 主動脈　(B) 腔靜脈　(C) 小靜脈　(D) 微血管

（　）20.下列激素中何者會引起小動脈收縮，並使血壓升高？

(A) ADH　(B) GH　(C) PTH　(D) TSH

（　）21.下列何動脈是主動脈弓的分支？

(A) 冠狀動脈　(B) 右頸總動脈　(C) 左鎖骨下動脈　(D) 食道動脈

（　）22.下列各種動脈，不屬於腹腔動脈幹分枝的是：

(A) 左胃動脈　(B) 上腸繫膜動脈　(C) 肝總動脈　(D) 脾動脈

（　）23.腓動脈為何動脈的分支？

(A) 脛前動脈　(B) 膝膕動脈　(C) 脛後動脈　(D) 足底外側動脈

（　）24.人體最長的靜脈是：

(A) 股靜脈　(B) 膕靜脈　(C) 大隱靜脈　(D) 小隱靜脈

（　）25.胎兒循環中的臍靜脈，在出生後會閉鎖成為：

(A) 側臍韌帶　(B) 靜脈韌帶　(C) 肝圓韌帶　(D) 卵圓窩

解答：

1.(B)　　2.(C)　　3.(D)　　4.(A)　　5.(D)　　6.(B)　　7.(B)　　8.(C)　　9.(C)　　10.(B)

11.(B)　12.(A)　13.(A)　14.(A)　15.(A)　16.(C)　17.(C)　18.(B)　19.(B)　20.(A)

21.(C)　22.(B)　23.(C)　24.(C)　25.(C)

第十章 淋巴系統與免疫

本章大綱

淋巴系統

淋巴

淋巴管

淋巴結

淋巴器官

淋巴循環

淋巴系統的發育

淋巴系統（Lymphatic System）

淋巴系統是一個大的淋巴網狀系統，由淋巴結的小塊組織連接而成（圖10-1）。它的組成包括了淋巴、淋巴管、淋巴組織及淋巴器官。

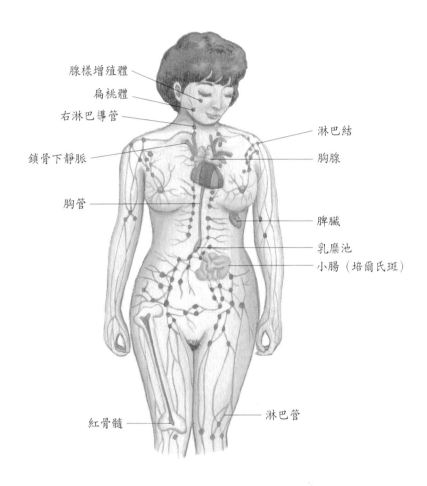

腺樣增殖體

扁桃體

右淋巴導管

鎖骨下靜脈

胸管

紅骨髓

淋巴結

胸腺

脾臟

乳糜池

小腸（培爾氏斑）

淋巴管

圖10-1 淋巴系統

淋巴系統的主要功能為：

1. 淋巴管能將微血管滲入組織間隙的含蛋白質液體導回心臟血管系統中，以維持水在組織與血液之間的分布。
2. 淋巴液能將消化後的脂肪運送至血管中。
3. 淋巴組織能製造淋巴球並產生抗體，與巨噬細胞共同擔任監督與防禦功能。

淋巴（Lymph）

　　血漿成分可以通過微血管壁進入組織間隙，即為組織間液（間質液）。當組織間液由組織間隙進入微淋巴管後，即成淋巴。所以組織間液與淋巴基本上是相同的，只是所在位置不同而已。

　　身體約含1～2公升的淋巴液，占體重的1～3%，組織間液、淋巴的成分與血漿相似，三者皆不含紅血球及血小板，只是蛋白質的含量較血漿少，那是因為血漿內蛋白質分子太大無法輕易通過微血管壁。組織間液、淋巴尚有一點與血漿不同的是含有不定數目的白血球，因為白血球可藉血球滲出作用進入組織間液；而淋巴組織本身即為製造顆粒性白血球之處。

　　淋巴中的單核球是白血球的一種，可轉變成巨噬細胞（macrophages），巨噬細胞可聚集形成網狀內皮系統，亦可游走至許多其他組織並附於其上，稱為組織巨噬細胞，例如：肺泡的巨噬細胞、肝臟竇狀隙的庫氏細胞、脾臟皮索內的巨噬細胞等。當外來物質太大無法吞噬時，巨噬細胞即會聚集於異物周圍，限制其擴散蔓延。另一種白血球是淋巴球，可分成B淋巴球和T淋巴球，或稱B細胞和T細胞，B細胞遇到外來異物刺激時會轉變成漿細胞產生抗體；T細胞則攻擊外來細胞，故與免疫反應有關。

淋巴管（Lymphatic Vessels）

　　淋巴管起始於細胞間細微的微淋巴管（lymph capillaries），如圖10-2，它可能單獨一條或密集成叢。淋巴管遍及全身，但不含血管的組織、中樞神經系統、脾臟、骨髓等構造則無淋巴管。

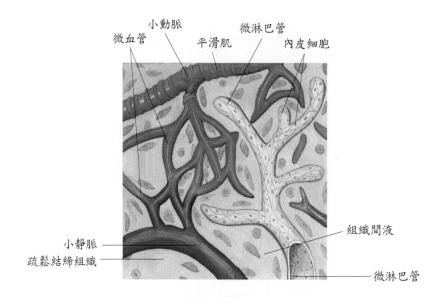

圖10-2　微淋巴管的分布特徵

微淋巴管的管徑比微血管大，通透性也較佳，有一端是盲端，且管壁是由單層扁平內皮細胞互相重疊成皮狀小瓣膜（圖10-2），使液體容易流入不易流出，類似單向瓣膜。管壁的內皮的外表面藉固定絲連結在周圍組織上（表10-1）。

　　如同微血管匯集成小靜脈和靜脈，微淋巴管也會匯集成較大的淋巴管（圖10-3），淋巴管在構造上與靜脈相似（表10-2），但管壁較薄、有較多的瓣膜、每一段間隔含有淋巴結。淺層的淋巴管位於皮下組織層中與靜脈伴行；內臟的淋巴管通常與動脈伴行，並形成叢狀繞在臟器周圍。所有的淋巴管最後匯集於胸管和右淋巴管。

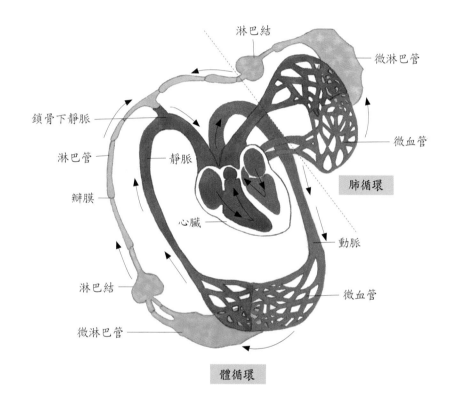

圖10-3　淋巴系統與心臟血管系統的關係

表10-1　微淋巴管與微血管的比較

比較	微淋巴管	微　血　管
歸屬	淋巴循環系統	血液循環系統
內皮細胞	連續性的內皮細胞且有部分發生重疊，形成類似瓣膜的開口	內皮細胞有連續性或不連續性的

（續）

比較	微淋巴管	微血管
始末端	一端接淋巴管，一端爲盲端	一端接小動脈，一端接小靜脈，但腎絲球例外，始末端皆爲動脈
成分	淋巴液	血液
功能	收集組織液成淋巴液進入淋巴管，是血液循環的輔助路線	完成血液與組織細胞間的物質交換
分布	在中樞神經系統、脾臟、骨髓中不存在	較廣
瓣膜	較多	沒有
脂肪	高	低
管腔、壁孔	大	小
通透性	更佳	佳
血流量	大	小
阻力	小	大

表10-2 淋巴管與靜脈管的比較

比　較	淋巴管	靜脈管
歸屬	淋巴循環系統	血液循環系統
構成	由內皮、平滑肌、結締組織構成	由內皮、平滑肌、結締組織構成
位置	微淋巴管→淋巴管→鎖骨下靜脈	微血管→靜脈→心房
管壁	較薄	較厚
成分	淋巴液	血液
瓣膜	較多	較少
功能	將淋巴液送回靜脈，又成血液	將微血管血液送回心臟
特殊構造	間隔間有淋巴結	無
管徑	較大	較小

淋巴結（Lymph Nodes）

在身體的前脊椎區、腸繫膜、腋窩、鼠蹊等疏鬆結締組織中可發現成卵圓形或腎臟

形的淋巴結，長約1～25mm。淋巴結略呈凹陷的部分稱為門（hilum），此處有輸出淋巴管（圖10-4）。每一個淋巴結被一層緻密結締組織構成的囊（被膜）所包覆，囊向內延伸成小樑（trabeculae）。囊、小樑、網狀纖維與網狀細胞組成淋巴結的基質部分；淋巴結的實質可分為皮質（cortex）及髓質（medulla）兩部分。外層皮質含有緊密排列成團淋巴球所形成的淋巴小結，淋巴小結的中央是生發中心（germinal centers），為製造淋巴球的地方。內層髓質的淋巴球排列成索，稱為髓索（medullary cords），其間有巨噬細胞和漿細胞。

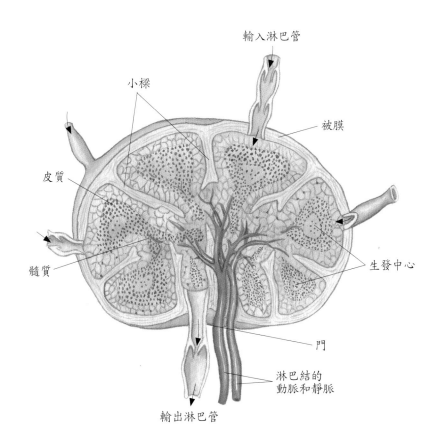

圖10-4　淋巴結的構造

　　在淋巴結的凸側有幾條含有瓣膜開口朝向淋巴結的輸入淋巴管，淋巴液由輸入淋巴管流入淋巴結後，最後流入管徑較大且含有瓣膜開口朝外的輸出淋巴管，將淋巴匯流離開淋巴結。當淋巴循環流經淋巴結時，外來的異物會被淋巴結內的網狀纖維及巨噬細胞補捉、分解、吞噬。

　　當細菌（血絲蟲）反覆入侵引起淋巴管發炎，會引起人體某部位淋巴聚積在皮下

組織，使周邊皮膚或結締組織增生，以腿最常見，通常腫得跟象腳一樣，稱為象皮病（Elephantiasis）。

淋巴結可以單獨一個存在，也可形成大的集團，稱為聚集淋巴結，例如迴腸黏膜下層的培氏斑（Peyer's patch）即屬聚集淋巴結。

淋巴器官（Lymphatic Organs）

扁桃體（Tonsils）

許多淋巴結聚集被黏膜包埋的構造稱為扁桃體，它不具輸入淋巴管，而是由組織周圍的微淋巴管叢匯流入輸出淋巴管，故無過濾淋巴液的功能。扁桃體可製造淋巴球與抗體，參與身體的防衛與免疫反應。它有下列三種扁桃體，與咽後壁小淋巴結構成Waldeyer's ring，是人體口咽部抵禦細菌病毒的第一道防線：

種類	數量	解剖位置	異常
咽扁桃體	1個	鼻咽後壁	在童年或青春期時常感染腫大，稱為腺樣增殖體。過於腫大則易打鼾
腭扁桃體	2個	腭咽弓與腭舌弓間的扁桃窩內	扁桃腺炎即指此處發炎。是一般扁桃體切除的位置
舌扁桃體	多個	舌的基部	腫大易造成異物感及喉部不適

臨床指引：

扁桃腺炎（tonsillitis）及扁桃腺切除術（tnsillectomy）

腭扁桃體是人體入口的淋巴組織，當細菌或病毒入侵時，會引起一連串免疫反應，引起扁桃發炎、紅腫、發燒、咽喉疾病等，就是扁桃腺炎。當病原體被消滅掉時，發炎反應就會結束。但如果是鏈球菌（streptococcus）感染，則會長期寄生在扁桃體內，造成慢性扁桃腺炎。久而久之，鏈球菌也隨著血液循環至骨頭、關節、心臟、腎臟，造成風濕性關節炎，風濕性心臟病、腎臟炎等。此時，就必須實施扁桃腺切除術。摘除腭扁桃並不會影響免疫功能，因為其他Waldeyer's ring的淋巴組織會取代其功能。

所以實施扁桃切除術有下列幾個原因：

1. 反覆感染發作：一年五次以上或一個月兩次以上的扁桃急性發炎。
2. 扁桃體過度肥大，影響生長發育、呼吸阻塞（打鼾）。
3. 扁桃腺腫瘤。
4. 已有併發症者。

胸腺（Thymus Gland）

　　胸腺位於上縱膈腔、胸骨之後與兩肺之間的扁平狀的淋巴組織。往上延伸入甲狀腺下方，往下至第四肋骨。胸腺與身體比例是在二歲時最大，在兒童時期呈紅色，至青春期時最大，此後逐漸萎縮而被脂肪組織和結締組織取代呈黃色，雖萎縮、退化，但仍具功能。

　　圖10-5可見胸腺的外貌，包圍胸腺的外被將其分成二胸腺葉，被膜伸入胸腺葉中形成小樑，將每一葉又分成許多小葉，每一小葉由緻密排列的外部皮質和內部髓質組成，皮質內淋巴球進行有絲分裂，當T細胞成熟時將其移入髓質內，最後進入該區域的特化血管，輸送至脾臟和淋巴結，和外來異物作用，產生免疫反應，只是許多胸腺淋巴球在離開胸腺前已退化。散布在淋巴球間的是上皮細胞，負責胸腺激素（thymosin）的生成，對T細胞的成熟分化很重要。

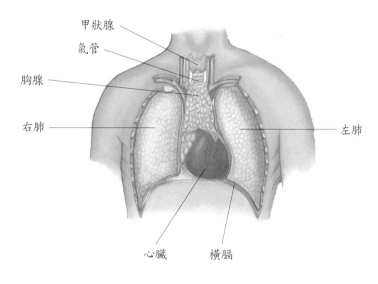

圖10-5　胸腺的位置

脾臟（Spleen）

　　卵圓形的脾臟位於左季肋區、胃底與橫膈間，左腎和降結腸的上方，是身體最大的淋巴組織，長約12公分，重160公克。胃、左腎、降結腸在其表面造成壓跡。脾臟被一層緻密結締組織與散布平滑肌纖維的囊包住（圖10-6），這層囊又被一層漿膜（腹膜）包被。它與淋巴結相似，有門、小樑、網狀纖維與細胞構成脾臟的基質。脾動脈、脾靜脈及輸出淋巴管通過脾門，但不具輸入淋巴管，沒有過濾淋巴液的功能。

　　脾臟的實質包括紅髓（red pulp）和白髓（white pulp）。紅髓是由充滿血液的靜脈竇和脾索（splenic cord）所組成，脾索是索狀細胞組織，含有紅血球、巨噬細胞、淋巴球、

漿細胞、顆粒性白血球；白髓是包圍中央動脈排列而成的淋巴組織。脾內各處皆有淋巴球聚成淋巴小結，稱為脾小結（splenic nodules）。

　　脾臟主要的功能是製造B淋巴球，產生抗體；也能吞噬細菌與衰老的紅血球、血小板；靜脈竇能儲存大量血液，在危急時受交感神經刺激，可引起外囊中平滑肌收縮而放血；在胚胎第五個月時，也是一個重要的造血器官。

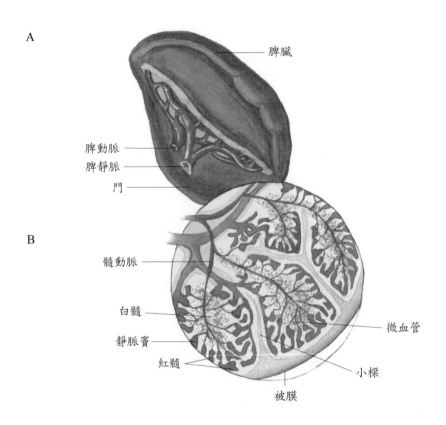

圖10-6　脾臟的構造

聚集的淋巴小結-培氏斑（Aggregated Lymph Nodules-Peyer's Patches）

　　聚集淋巴小結位於小腸和闌尾，是不被一層囊包住的聚集淋巴組織，亦稱為腸道淋巴組織。相同的淋巴組織也可見於全身的黏膜組織，例如：呼吸道及消化道的黏膜，故稱為黏膜相關淋巴組織（mucous associated lymphoid tissue, MALT）。當有外來抗原進入，腸道聚集淋巴結的B細胞會成熟變為漿細胞，產生大量抗體，已完成免疫反應。

淋巴循環（Lymph Circulation）

　　淋巴由有盲端的微淋巴管（lymph capillary）進入較大的淋巴管（lymphatics），再由

輸入淋巴管進入淋巴結（lymph node），流經淋巴竇後由輸出淋巴管離開淋巴結再進入其他個或群淋巴結。然後再進入相近淋巴管會合而成的淋巴幹（lymph trunk），匯流入胸管（thoracic duct）及右淋巴管（right lymphatic duct），最後進入內頸靜脈與鎖骨下靜脈交會處，進入右心房參與血液循環（圖10-7）。

　　胸管是體內最粗大的淋巴管，起源於第二腰椎前的乳糜池（cisterna chyli），它接受來自左側頭、頸、胸、上肢及肋骨以下身體的淋巴液回流。右淋巴管則收集右上半部來的淋巴回流，亦即匯流右頸淋巴幹、右鎖骨下淋巴幹及右支氣管縱膈淋巴幹來的淋巴。

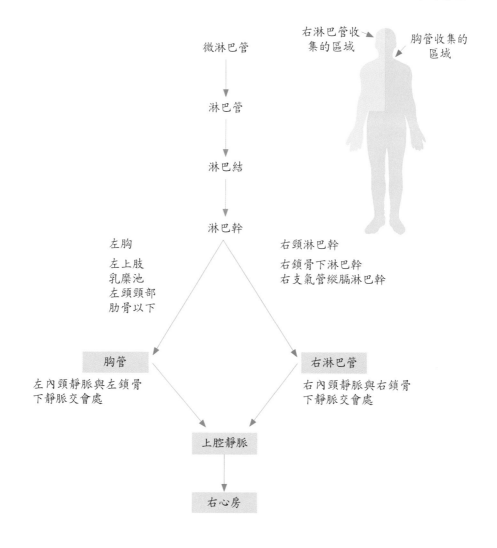

圖10-7　淋巴循環的路線

淋巴系統的發育（Developmental of the Lymphatic System）

淋巴系統的發育始於胚胎第五週末，淋巴管是由六個原始淋巴囊發育而成。成對的頸淋巴囊（jugular lymph sacs）延伸到頭、頸部即手臂；成對的髂淋巴囊（iliac lymph sacs）延伸到下軀幹及下肢；單一的腹膜後淋巴囊（retroperitoneal lymph sac）及乳糜池延伸至消化道。至第九週時，頸淋巴囊藉著左、右胸管連接乳糜池，使淋巴管吻合連結在一起。成熟的胸管是由右胸管的末端開始發育，然後與左胸管的頭段部吻合；而右淋巴管則是由右胸管的頭段部發育而成。乳糜池的上段直到出生後才發育，在胎兒早期，除了上段以外的乳糜池特化成淋巴結，當間葉細胞侵入淋巴囊後破壞囊腔發育成淋巴竇。胎兒骨髓產生不成熟的淋巴球會移行至胸腺，變成成熟的T細胞。

扁桃體是由口腔與咽喉附近的淋巴小結發育而成，而脾臟則是由胃腸繫膜內的間葉細胞發育而成。

自我測驗

一、問答題

1. 請簡述淋巴系統的功能。
2. 請簡述血漿、組織間液、淋巴液的異同點。
3. 請列表說明微淋巴管與微血管的差異點。
4. 請列表明淋巴管與靜脈管的差異點。
5. 請簡述淋巴結的構造與功能。
6. 人體最大的淋巴組織為何？簡述其位置、構造及功能。

二、選擇題

（　）1. 下列那一項與免疫機能無關？

(A) 胸腺　(B) 脾臟　(C) 淋巴腺　(D) 甲狀腺

（　）2. 有關淋巴系統的錯誤敘述是：

(A) 可幫助調節水在組織與血液間的分布　(B) 可運送消化後的脂肪　(C) 可製造淋巴球，為防禦系統的一部分　(D) 毛細淋巴管之構造與功能，和微血管完全一樣

（　）3. 淋巴細管異於微血管之處，在於：a.管徑較小　b.通透性較大　c.一端為盲端，不與動靜脈相連接　d.管腔內有瓣膜

(A) bcd　(B) abcd　(C) cd　(D) ad

（　）4. 下列有關淋巴結的敘述，何者錯誤？

(A) 主要位於鼠蹊、腋窩、頸部　(B) 輸出淋巴管較輸入淋巴管的數目少

(C) 它的生發中心可製造淋巴球　(D) 淋巴結內無巨噬細胞

（　）5. 臨床上所謂的扁桃腺切除術，是切除：

(A) 顎扁桃體　(B) 咽扁桃體　(C) 舌扁桃體　(D) 顎、咽、舌扁桃體全部切除

（　）6. 脾臟表面沒有下列何構造形成的壓跡？

(A) 左腎　(B) 胃　(C) 胰臟　(D) 肝臟

（　）7. 下列有關胸腺的敘述，何者為誤？

(A) 其每一小葉皆分為皮質部和髓質部　(B) 製造T淋巴球　(C) 具有輸入淋巴管　(D) 具有輸出淋巴管

（　）8. 需有胸腺幫助才能形成的淋巴細胞為：

(A) B淋巴細胞　(B) M淋巴細胞　(C) S淋巴細胞　(D) T淋巴細胞

（　）9. 下列何者直接流入左鎖骨下靜脈的淋巴管？

(A) 左腰幹　(B) 右淋巴總管　(C) 右腰幹　(D) 胸管

（　）10.下列那一種白血球可能進入組織中並發展成組織巨噬細胞？

(A) 淋巴球　(B) 單核球　(C) 嗜中性球　(D) 嗜鹼性球

（　）11.乳糜池是那一條淋巴管的源頭？

(A) 胸管　(B) 右淋巴管　(C) 鎖骨下淋巴幹　(D) 腰淋巴幹

解答：

1.(D)　2.(D)　3.(A)　4.(D)　5.(A)　6.(D)　7.(C)　8.(D)　9.(D)　10(B)

11.(A)

第十一章　呼吸系統

本章大綱

　　呼吸系統是由胸腔以上之上呼吸道的鼻、咽、喉氣體進出通道及胸腔內之下呼吸道的氣管、支氣管、細支氣管與肺泡等器官所組成（圖11-1）。此外，與呼吸作用有關的構造尚有口腔、副鼻竇、胸壁、肋骨、橫膈、腹壁肌肉及頸部的前、中、後斜角肌、胸鎖乳突肌等，與參與呼吸調節的神經組織、內分泌物質等。

　　在大氣、血液與組織細胞間氣體交換的過程稱為呼吸作用，它包括了：

　　1. 肺的換氣作用：是指空氣在外界與肺之間做氣體交換的過程，即一般的呼吸。

　　2. 呼吸氣體的運輸：是指氧及二氧化碳在細胞組織與肺之間的氣體運輸。

　　3. 外呼吸：是指肺泡與微血管間的氣體交換過程。

　　4. 內呼吸：是指在微血管與細胞組織間的氣體交換過程。

　　呼吸系統可分為傳遞空氣至呼吸區的鼻、咽、喉、氣管、支氣管組成的傳導區及氣體與血液之間氣體交換的肺臟呼吸區。氣體與血液之間氣體交換是透過肺泡囊進行，肺泡的氣囊僅有一層細胞的厚度，可使氣體快速擴散。

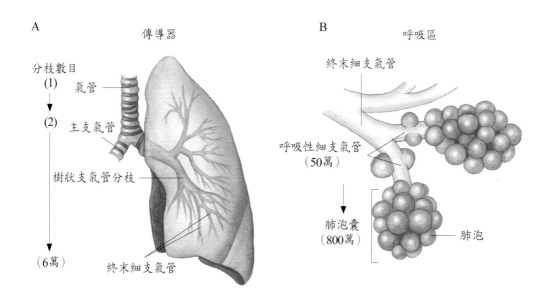

圖11-1　A.呼吸器官　B.肺部分放大，氣體交換在肺泡囊發生

呼吸器官（Respiratory Organs）

鼻（Nose）

　　氣體傳送管道由鼻部開始，終止於與肺泡相接的細支氣管，是上述的傳導區。空氣從鼻孔進入鼻腔，鼻腔的前面與外鼻部相連，後面由後（內）鼻孔與咽相通，如圖11-2，另有額竇、蝶竇、篩竇、上頜竇四種副鼻竇及鼻淚管皆開口於鼻腔。鼻腔頂部由篩骨水平板（篩板）組成，有嗅神經通過；底部是由腭骨及上頜骨之腭突所形成，是口腔與鼻腔的分界板；後面則由篩骨垂直板和犁骨及前面的軟骨形成鼻中膈；外側壁則由有上中鼻甲的篩骨、上頜骨及下鼻甲所構成，上、中、下鼻甲將鼻道分成上、中、下鼻道，而副鼻竇的蝶竇、後篩竇開口在上鼻道；前篩竇、額竇、上頜竇的開口在中鼻道；鼻淚管則開口在下鼻道。

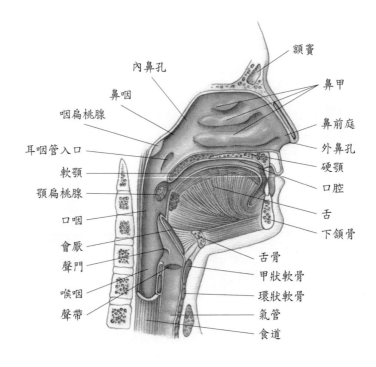

圖11-2　上呼吸道及相關構造

　　鼻黏膜的嗅覺區在鼻腔頂部，上鼻甲以上及鼻中膈的上部，嗅覺感受器即位於上鼻甲以上的內襯膜。嗅覺區以下的部分為呼吸區，其黏膜上皮為偽複層纖毛柱狀上皮，含有微血管及杯狀細胞，當空氣經過時，會受到微血管的加溫，而杯狀細胞所分泌的黏液

則能潤濕空氣並黏住灰塵顆粒。由上述可見，鼻的功能有：

- 接受嗅覺刺激。
- 將吸入的空氣加溫、潤濕、過濾。
- 是發聲的共鳴箱。

臨床指引：

　　因感冒病毒或細菌感染造成鼻竇開口阻塞發炎，導致鼻竇內黏液無法排出，積久成膿，稱為鼻竇炎。阻塞時間短暫稱為急性鼻竇炎，以藥物治療或局部沖洗清黏液，可以解決此症。但鼻竇開口長期發炎導致狹窄，黏液或膿液無法排除，鼻竇黏膜愈來愈厚，黏液膿液愈來愈多，因而成為慢性鼻竇炎。目前治療慢性鼻竇炎以手術效果為佳，藥物治療僅能治標。手術以增大鼻竇開口方式為主，使黏膿液順利排出，使纖毛排出黏液機能逐漸恢復。現在有鼻竇內視鏡手術（Functional Endoscopic Sinus Surgery, FESS）及微創絞吸手術（Microdebrider）來處理。

咽（Pharynx）

　　咽位於鼻腔、口腔及喉的後方，俗稱喉嚨。咽壁由骨骼肌及內襯黏膜所組成，可作為空氣與食道的通道及發聲的共鳴箱，分成鼻咽（nasopharynx）、口咽（oropharynx）、喉咽（laryngopharynx）三部分（圖11-2），共有七個開口。

1. 鼻咽：在咽的上段，其前壁有兩個內鼻孔與鼻腔相通；左、右側壁各有一個耳咽管（歐氏管）開口，連絡中耳與鼻咽，可維持鼓膜內外的壓力平衡，而幼兒耳咽管短、直，故易感染中耳炎；其後壁有咽扁桃體，又稱為腺樣增殖體。
2. 口咽：在咽的中段，上與鼻咽以軟腭為界，下與喉咽以舌骨為界。口咽可經由咽門與口腔相通，在腭咽弓與腭舌弓間有咽扁桃體，在舌基部有舌扁桃體，是食物與空氣的共同通道，兼具消化與呼吸的功能。口咽有一通往口腔的開口稱為咽門（fauces），當吞嚥或喘息時打開，以便吸入更多的空氣量。
3. 喉咽：在咽的下段，前方有開口與喉相通，喉往下是氣管，喉咽下方則延伸成食道，所以氣管在前，食道在後，與口咽相同兼具消化與呼吸的功能。

喉（Larynx）

　　喉又稱音箱，故與發音有關，位於喉咽前面，氣管的上端，約第四至第六頸椎的高度。喉壁共有九塊軟骨組成（圖11-3）。分別是單一的甲狀軟骨、會厭軟骨、環狀軟骨和成對的杓狀軟骨、小角軟骨和楔狀軟骨。

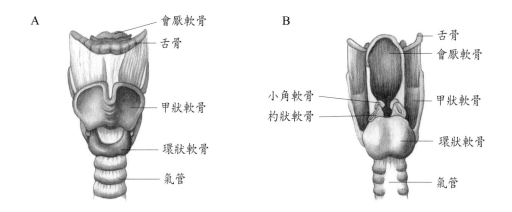

圖11-3　喉的軟骨的構造。A.正面　B.後面

1. 甲狀軟骨（thyroid cartilage）：主要由兩塊透明軟骨板融合而成，前方突出的部分稱為喉結，又稱亞當蘋果，在青春期後之男性特別明顯。是九塊軟骨中最大的一塊。位於聲帶的前方，是聲帶的起點，運動時可帶動聲帶的震動。

2. 會厭軟骨（epiglottic cartilage）：位於喉頂部的葉狀彈性軟骨，其柄附著於甲狀軟骨，葉片部分則是游離的。在吃東西吞嚥時，喉會往上提，會厭下壓蓋住氣管入口，防食物進入氣管中，若食物誤入氣管，則會引發咳嗽反射，將異物排出。

3. 環狀軟骨（cricoid cartilage）：位於所有軟骨的最下方，相當於第六頸椎的位置，下方與第一塊氣管軟骨環相連。

4. 杓狀軟骨（arytenoid cartilage）：呈錐體形，位於環狀軟骨後上緣，又稱披裂軟骨。與聲帶、喉肌相連，是聲帶的止端，因此運動可帶動聲帶的震動。

5. 小角軟骨（corniculate cartilage）：位於杓狀軟骨的頂端。

6. 楔狀軟骨（cuneiform cartilage）：位於會厭皺襞上。

　　喉在聲帶以下的部分，其內襯上皮為偽複層纖毛柱狀上皮，有杯狀細胞、基底細胞，可幫忙捕捉異物顆粒。

聲音的產生（Voice Production）

　　喉的黏膜形成兩對皺襞，在上者為前庭（喉室）皺襞（ventricular folds），此為假聲帶；在下位者為聲帶皺襞（vocal folds），為真聲帶，由甲狀軟骨內壁至杓狀軟骨。左、右真聲帶間的空隙是聲門裂（rima glottidis），聲門（glottis）則包括聲帶皺襞及聲門裂。發音時聲門呈細裂狀，休息時聲門呈三角形狀（圖11-4）。

　　聲音起源於呼氣時空氣振動聲帶而發聲。但要將聲音變成可認知的語言，需加上喉、鼻腔、口腔、副鼻竇等共鳴腔來共同完成。而音調是由聲帶皺襞的張力來決定，若聲帶皺襞被環甲肌拉緊，張力增加，振動速度較快，會產生高（尖銳）音調。男生的聲

帶皺襞較女性厚、長，振動慢，產生的聲音就較低沉。音量則是由空氣壓力及聲門大小來決定，例如環杓後肌收縮會使聲門變大，產生較大聲音。

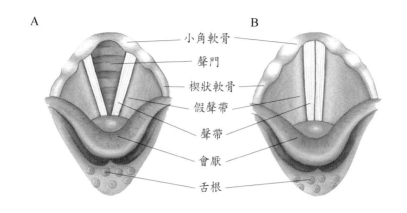

圖11-4　聲門上面觀。A.休息時　B.發音時

氣管（Trachea）

　　氣管長11公分、寬2.5公分，位於食道的前面，喉部的下緣，相當於環狀軟骨的高度，往下延伸至第四、五胸椎間的椎間盤高度，分成左、右支氣管，右支氣管較左支氣管大、寬、直，所以異物較易卡住右支氣管。

　　氣管內的黏膜層是由偽複層柱狀纖毛上皮，內含杯狀細胞，纖毛的擺動和黏液的分泌可淨化和潤濕空氣。整條氣管由16～20塊水平排列的C型透明軟骨與平滑肌組成（圖11-5）。C型軟骨的開口朝向食道，平滑肌在C型軟骨的缺口上，使食物通過食道時能擴張突向氣管，同時C型軟骨對氣管的支持作用，使氣管壁不會向內塌陷而阻礙氣體的通過。

臨床指引：

　　　因異物卡在氣管容易造成呼吸阻塞而窒息。哈姆立克法（Heimlich Maneuver）以美國外科醫師發明此法而命名，可以快速而有效的拯救異物導致窒息病人。

　　　此法首先你站在病人後面，以雙手環境他的腰部，以你一隻手抓緊你另一隻手（成拳頭狀），將此拳頭放在肚臍上方的腹部上（胸部下），將你拳頭由腹部快速向內向上往胸部擠壓，並重複數次。此法可將橫膈膜上提，使胸腔產生壓力去排除阻塞的異物。如在嬰兒使用哈姆立克法，則將其臉部放在自己膝蓋上，以食指中指的指腹代替拳頭向上胸部壓迫。此法通常重複數次後，可將異物推擠出來。

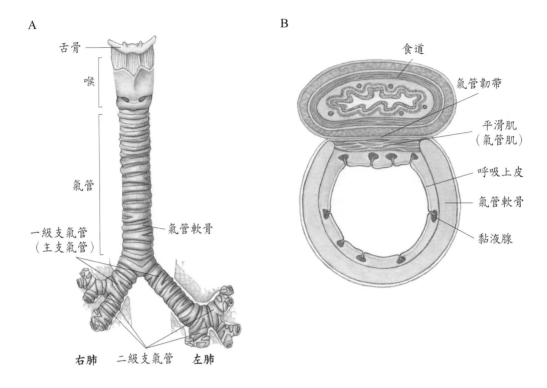

圖11-5　A.氣管前面觀　B.氣管與食道橫切面

支氣管（Bronchi）

　　氣管於胸骨角或第四、五胸椎間的椎間盤高度分枝成左、右主支氣管，分別進入左、右肺。其分枝高度正好也是上、下縱膈腔的分界高度；第二肋骨的位置；食道中段的狹窄處。

支氣管樹（Bronchial Tree）

　　氣管一再分枝就像樹幹和其分枝一般，故稱為支氣管樹（圖11-6）。現由大至小排列如下互相比較。

支氣管樹	特　　　　性	軟骨及杯狀細胞	上皮組織
主支氣管	・右主支氣管短、寬、垂直，易有異物阻塞。 ・左主支氣管則長、細、彎。	＋	偽複層纖毛柱狀上皮
肺葉支氣管（次級支氣管）	・進入每一個肺葉，左二葉、右三葉 ・右肺由水平裂及斜裂分成上、中、下三葉，中葉最小。 ・左肺由斜裂分成上、下兩葉。	＋	偽複層纖毛柱狀上皮

（續）

支氣管樹	特　　性	軟骨及杯狀細胞	上皮組織
肺節支氣管 （三級支氣管）	・右肺由三葉分成十肺小節。 ・左肺由二葉分成八肺小節。 ・進入每一肺小節，左八節、右十節	＋	偽複層纖毛柱狀上皮
細支氣管	・軟骨逐漸消失，幾乎沒有軟骨，含大量平滑肌。 ・當氣喘發作時易引起肌肉痙攣，關閉空氣通道。	＋→－	單層纖毛柱狀上皮
終末細支氣管	・沒有軟骨	－	單層立方上皮
呼吸性細支氣管	・末端為肺泡囊，可進行氣體交換。	－	單層立方上皮
肺泡	・是肺的功能性單位，可進行氣體交換。 ・肺泡壁只有一個細胞的厚度能允許氣體自由擴散。 ・肺泡壁上有表面活性素，由中膈細胞分泌。 ・參與呼吸膜的形成。	－	單層鱗狀上皮

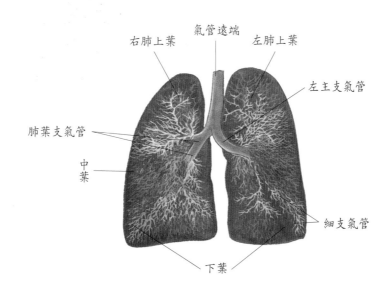

圖11-6　支氣管樹

肺（Lungs）

肺臟為胸腔內的成對圓錐狀器官，每一邊肺臟皆被胸膜（肋膜）包圍、保護。胸膜是兩層漿膜，外層為襯於胸腔內壁的壁層胸膜；內層為覆於肺臟表面的臟層胸膜，壁層與臟層間的空間稱為胸膜腔（pleural cavity），內含胸膜所分泌的漿液，可防止呼吸時所造成的摩擦。胸（肋）膜腔永遠為負壓（低於肺內壓），才能保持肺的膨脹，只有在咳嗽、用力解便時為正壓。

肺由橫膈膜延伸至鎖骨上方約1.5～2.5公分，前後緊鄰肋骨（肋骨面）。肺寬廣的下部為肺底（base）在橫膈膜上，肺狹窄的頂部為肺頂或肺尖（apex）在鎖骨上緣2.5公分。肺的縱膈面為肺門（hilus）是支氣管、肺血管、淋巴管、神經進出肺臟的部位。左肺的縱膈面有心臟壓跡（cardiac impression），下有舌狀突出的小舌（lingula）；右肺下有肝臟，所以右肺較粗、厚、短、高（圖11-7）。

每一肺葉由結締組織隔膜將其分成肺節，左肺8節，右肺10節。每一肺節又分成許多肺小葉。每一小葉被彈性結締組織包圍，內含淋巴管、小動脈、小靜脈、終末細支氣管、呼吸性支氣管、肺泡管、肺泡囊、肺泡。

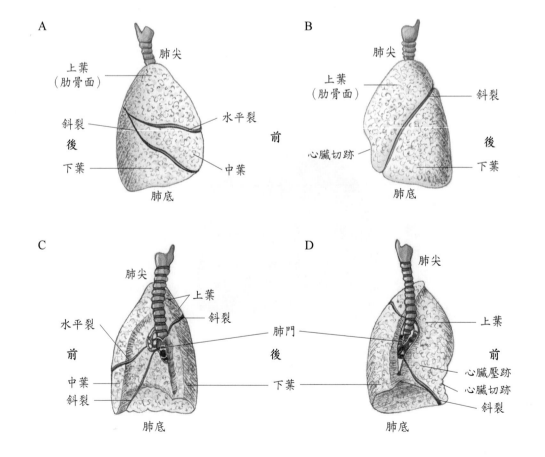

圖11-7　肺臟

　　肺泡壁是由鱗狀肺上皮細胞及表面張力細胞（surfactant cell）所組成。鱗狀肺上皮細胞又稱肺泡第一型（type I）細胞，細胞較大，構成肺泡壁的連續內襯；表面張力細胞又稱肺泡第二型（type II）細胞，細胞較小，散布於鱗狀肺上皮細胞之間，可產生表面張力素（surfactant），以降低表面張力，防止肺泡塌陷。新生兒缺乏表面張力素，就會造成嬰兒呼吸窘迫症候群（respiratory distress syndrome, RDS），早產兒較容易有此異常。在肺泡壁亦可見游離的肺泡巨噬細胞（aveolar macrophage），具吞噬作用，可除去肺泡腔內的灰塵顆粒及其他碎片。肺泡周圍有微血管網，所以微血管最豐富的器官是肺臟。如圖11-8。

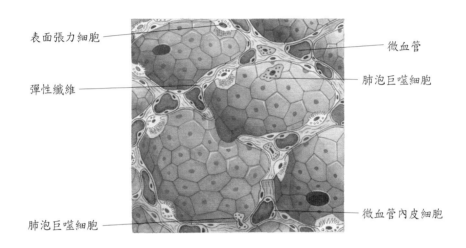

表面張力細胞
彈性纖維
肺泡巨噬細胞
微血管
肺泡巨噬細胞
微血管內皮細胞

圖11-8　肺泡的構造

臨床指引：

　　慢性阻塞性肺疾病（chronic obstruvtive pulmonary disease, COPD）是由慢性支氣管炎和肺氣腫合稱的疾病，多由吸菸而引起的。

　　急性上支氣炎多由細菌感染引起的，使用抗生素可治癒，但慢性支氣管炎不是由感染引起，而是因持續刺激支氣管內襯，導致支氣管內襯上皮發炎引起退化性改變，使得上皮纖毛喪失保護清潔功能。得此症的人經常久咳不癒，多發生在吸菸者身上。

　　肺氣腫（emphysema）是肺泡囊破壞導致肺泡組織瓦解而喪失彈性，如此空氣滯留在肺臟，肺泡與血液的氣體交換面積減少，患者會因透不過氣來而咳嗽並使呼吸道阻塞缺氧。X光片的判讀可用來確定肺的疾病。

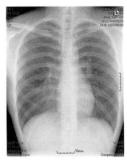

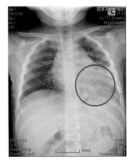

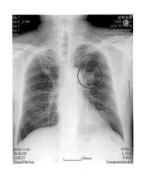

(a)正常胸X光   (b)左葉肺炎   (c)肺腫瘤

呼吸膜（Respiratory Membrane）

　　肺臟內的氣體交換是在30億個極小的肺泡依壓力增減率來進行。在肺與血液之間的氣體交換是藉由通過肺泡壁及微血管壁的擴散作用而產生，所通過的肺泡壁－微血管壁的膜即為呼吸膜（圖11-9）。此呼吸膜包括了肺泡腔的表皮組織（表面張力素、肺泡上皮組織、肺泡基底膜）、組織間隙及微血管的內皮組織（微血管基底膜、微血管的內皮細胞）。由肺泡至微血管是氧的擴散方向；由微血管至肺泡是二氧化碳的擴散方向。

　　會影響呼吸膜氣體擴散的因素有：呼吸膜的厚度、呼吸膜的表面積、氣體對呼吸膜的擴散係數、膜兩側的壓力差、肺的血流量。因此若要利於擴散，呼吸膜要薄、表面積要大、膜兩側的壓力差要大、肺血流量高且氣體的擴散係數要大。

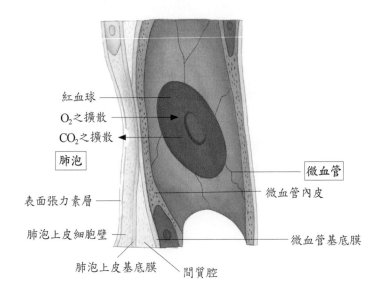

紅血球
O_2 之擴散
CO_2 之擴散
肺泡
微血管
微血管內皮
表面張力素層
肺泡上皮細胞壁
微血管基底膜
肺泡上皮基底膜
間質腔

圖11-9　肺泡及呼吸膜的細部構造

呼吸機制（Mechanics of Respiration）

空氣由鼻、咽、喉進入肺臟肺泡的換氣作用，是利用壓力差的原理在進行。

肺的換氣作用（Pulmonary Ventilation）

肺的換氣作用是指大氣與肺泡之間氣體交換的過程。空氣能在大氣與肺之間流動是因壓力差的關係，當肺內（肺泡）壓低於大氣壓時，空氣會自然流入肺臟；反之，則呼出氣體（圖11-10）。實際上，大氣壓力值是非常恆定的，而肺內壓的改變是由於肺體積的改變，此根據波義耳定律（Boyle's law）：「定量氣體的壓力與其體積成反比」。吸氣時，肺的體積增加使肺內壓降低成負壓，空氣因此吸入；反之，則空氣呼出。肺部體積的改變則是因為呼吸肌使胸腔體積改變造成。

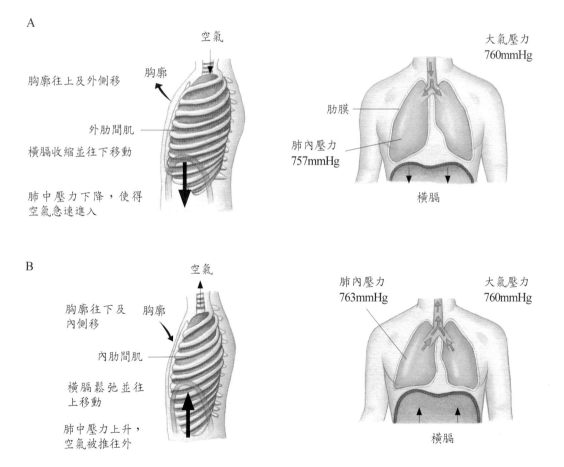

A

空氣

胸廓往上及外側移

胸廓

外肋間肌

橫膈收縮並往下移動

肺中壓力下降，使得空氣急速進入

大氣壓力 760mmHg

肋膜

肺內壓力 757mmHg

橫膈

B

空氣

胸廓往下及內側移

胸廓

內肋間肌

橫膈鬆弛並往上移動

肺中壓力上升，空氣被推往外

肺內壓力 763mmHg

大氣壓力 760mmHg

橫膈

圖11-10　呼吸動作時胸腔體積的變化

呼吸調節（Regulation of Breathing）

　　刺激呼吸肌的運動神經主要是由兩個下行徑控制，一個負責隨意的呼吸活動，另一個負責不隨意的呼吸活動。無意識、規律的呼吸控制受到由感受器所感測的動脈血中之二氧化碳分壓、氧分壓及pH值等的感覺回饋調控所影響。

　　吸氣、呼氣是由負責呼吸的骨骼肌收縮、放鬆來完成，這些骨骼肌的活動則是由脊髓的體運動神經元活化而產生。這些運動神經元活性又受延髓的呼吸控制中樞之下行徑及大腦皮質的神經所控制。

呼吸中樞（Respiratory Center）

　　胸廓大小是受呼吸肌動作的影響，而呼吸肌的收縮和鬆弛則是受腦幹網狀結構的呼吸中樞所調控，節律中樞在延腦，調節中樞在橋腦。呼吸中樞則是由一群廣泛分布神經元所組成，依功能可分成三個部分：

1. 背側呼吸神經元群：使橫膈收縮引發吸氣動作。
2. 腹側呼吸神經元群：此神經元群包含了吸氣與呼氣神經元，以產生節律性呼吸模式。
3. 呼吸調節中樞：橋腦有長吸中樞及呼吸調節中樞，長吸中樞可刺激延腦的吸氣神經元以促進吸氣；而呼吸調節中樞是和長吸中樞拮抗，以抑制吸氣作用，來調節呼吸的速率與模式。

呼吸運動的調控（Regulation of Respiratory Activity）

大腦皮質的調節（Cortex Regulation）

　　大腦皮質與腦幹呼吸中樞間有神經連繫，亦即可隨意志改變呼吸方式，甚至短暫的停止呼吸，只是停止呼吸的能力與時間會受到血液中二氧化碳分壓的限制。例如聞到不喜歡的味道，可暫時閉氣，但時間無法很久，只要血液中的二氧化碳分壓達到某一量時，延腦的吸氣區就會受刺激，送出神經衝動至吸氣肌，使呼吸重新開始。

膨脹反射（Inflation Reflex）

　　在整個支氣管樹的壁上有牽張感受器（stretch receptors），當吸入空氣使肺充氣膨脹時，會過度牽張這些感受器而引起神經衝動，並經由迷走神經傳至延腦的呼吸中樞及橋腦的呼吸調節中樞，以抑制橋腦的長吸區及延腦的吸氣區的作用而隨之產生呼氣，此為膨脹反射，可防止肺臟過度膨脹，又稱為赫鮑二氏反射（Hering-Breur's reflex）。

化學調節（Chemical Regulation）

中樞的化學感受器（central chemoreceptors）

　　在延腦有化學感受器，對血液中二氧化碳的濃度上升非常敏感。動脈血中二氧化碳分壓上升會造成血液中H^+濃度的升高，但H^+無法越過血腦屏障（blood-brain barrier），CO_2可越過血腦屏障，在腦脊髓液中形成碳酸，碳酸產生的H^+可使腦脊髓液的pH值降低，直接刺激延腦的化學感受器。當動脈血中二氧化碳分壓持續上升，延腦中的化學感受器能促使換氣增加達70～80%，不過此反應需經數分鐘。能立即促使換氣增加的機制是周邊化學感受器所造成。如圖11-11。

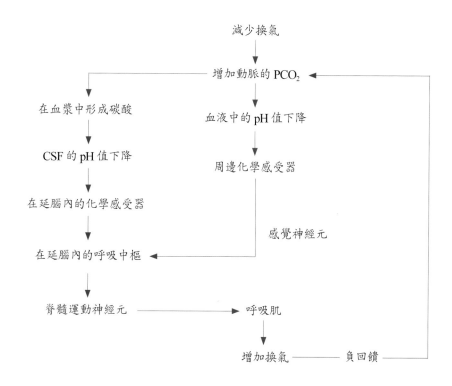

圖11-11　呼吸的化學感受器控制

周邊化學感受器（peripheral chemoreceptors）

　　周邊化學感受器包在一些與主動脈和頸動脈相連的小結節內，經由小動脈分枝感測來自主動脈和頸動脈的血液。周邊化學感受器有位於主動脈弓附近的主動脈體（aortic bodies）及位於頸總動脈分支成內、外頸動脈處的頸動脈體（carotid bodies）。主動脈體與頸動脈體經由迷走神經與舌咽神經的感覺神經纖維將感測氧分壓降低的訊息傳至延腦而間接控制了呼吸活動。

　　周邊化學感受器只對動脈氧分壓大量降低時敏感，若動脈血的氧分壓由正常的

105mmHg降至50mmHg時，即會刺激感受器將衝動送至延腦吸氣區，以增加呼吸速率。若氧分壓降至50mmHg以下，則吸氣區的細胞會因缺氧而無法對化學感受器產生良好反應，減少傳至吸氣肌的衝動，使呼吸速率變慢，甚至停止。

其他影響因素（Others Influences）

除了上述因素外，尚有些身體周邊的因素也參與調節呼吸的頻率及強弱。

1. 血壓：血壓突然上升，呼吸速率會減慢。若切斷迷走神經或夾緊頸動脈下方，經反射後會使血壓上升、心跳加快、呼吸速率增加；若牽扯迷走神經或刺激頸動脈竇，經反射後會使血壓下降、心跳減慢、呼吸速率減少。
2. 體溫：發燒時體溫上升會使呼吸速率增加，體溫下降則呼吸速率降低。
3. 疼痛：長期疼痛中呼吸速率增加，突然劇痛則會呼吸暫停。
4. 登高山：高山上大氣壓力較海平面為低，血液中紅血球內氧的飽和度下降，呼吸頻率會增加。
5. 藥物：例如使用麻醉劑抑制呼吸中樞，若過量會造成呼吸停止。

自我測驗

一、問答題

1. 呼吸系統的相關組成構造有那些？
2. 簡述呼吸系統的功能。
3. 咽包括那三個部分？請說明其位置和作用。
4. 請簡述支氣管樹。
5. 請說明構成喉的軟骨有那些？
6. 何謂呼吸膜？
7. 何處是週邊的化學感受器？
8. 簡述呼吸調控的方式有那些？

二、選擇題

（ ）1. 嗅覺區位於何處？

    (A) 鼻前庭　(B) 上鼻甲上面　(C) 中鼻甲上面　(D) 下鼻甲上面

（ ）2. 咽為一管狀構造，稱為喉嚨，共有幾個開口？

    (A) 四個　(B) 五個　(C) 六個　(D) 七個

（ ）3. 喉部是由下列軟骨所構成，其中最大的一塊是：

    (A) 會厭軟骨　(B) 甲狀軟骨　(C) 環狀軟骨　(D) 披裂軟骨

（　）4. 當吞嚥時，下列何者形成一個蓋子將聲門關閉？

(A) 甲狀軟骨　(B) 會厭軟骨　(C) 環狀軟骨　(D) 杓狀軟骨

（　）5. 位於喉部最下方的軟骨是：

(A) 杓狀軟骨　(B) 環狀軟骨　(C) 楔狀軟骨　(D) 甲狀軟骨

（　）6. 下列喉部軟骨中，何者是成對的？

(A) 甲狀軟骨　(B) 環狀軟骨　(C) 會厭軟骨　(D) 杓狀軟骨

（　）7. 氣管起始處相當於下列何構造的高度？

(A) 舌骨　(B) 甲狀軟骨　(C) 環狀軟骨　(D) 第四頸椎

（　）8. 氣管分叉點同一水平的結構是：

(A) 心尖　(B) 胸骨角　(C) 男性乳頭　(D) 第一肋骨與胸骨交接處

（　）9. 關於呼吸道的構造敘述，下列何者為誤？

(A) 最大的喉軟骨是甲狀軟骨　(B) 氣管的C形透明軟骨開口朝向食道　(C) 氣管在第五胸椎的高度分支為左、右主支氣管　(D) 左支氣管較右支氣管短、寬及垂直

（　）10. 肺相關構造敘述如下，何者正確？

(A) 肺位於縱膈兩側之肋膜腔，肺表面完全被壁層肋膜包住　(B) 肺為鈍錐形，有橫膈面、肋骨面、縱膈面；右肺有上、中、下三葉　(C) 肺門位於縱膈面，右肺縱膈面有一明顯之心壓跡及肺小舌　(D) 左支氣管比右支氣管短且寬大，異物較易掉入左支氣管

（　）11. 肺的功能性單位是：

(A) 肺泡　(B) 肺泡囊　(C) 肺泡管　(D) 肺葉

（　）12. 下列細胞中，何者分泌表面活性素？

(A) 內皮細胞　(B) 肺泡第一型細胞　(C) 肺泡第二型細胞　(D) 巨噬細胞

（　）13. 下列有關吸氣初期的敘述，何者為正確？

(A) 胸內壓上升　(B) 腹內壓下降　(C) 肺內壓下降　(D) 無效腔內氧分壓下降

（　）14. 下列何肌參與呼氣過程？

(A) 外肋間肌　(B) 胸鎖乳突肌　(C) 內肋間肌　(D) 前斜角肌

（　）15. 覆於肺臟表面的是下列何者？

(A) 腹膜　(B) 胸膜　(C) 肺泡膜　(D) 縱膈

解答：

1.(B)　2.(D)　3.(B)　4.(B)　5.(B)　6.(D)　7.(C)　8.(B)　9.(D)　10.(B)

11.(A)　12.(C)　13.(C)　14.(C)　15.(B)

第十二章　消化系統

本章大綱

人體藉由食物的供應來補充身體生長及修補組織所需的營養，但攝入的食物無法全部被利用，因此需經由消化及分解的過程來轉換成身體所能使用的營養形式。將攝入的食物分解成小分子來供身體細胞利用的過程，稱為消化作用，而執行這種消化作用的器官為消化系統。食物被消化吸收後，在體內進行各種合成與分解的化學反應，以維持各種生命過程的作用，稱為新陳代謝。

消化步驟（Digestive Processes）

攝入的食物經過消化分解後變成可被身體利用的小分子，它可經由擴散、促進擴散、主動運輸、胞飲作用等方式，由腸胃道進入血液循環，運送至全身各細胞、組織，以供建造及修補，未能被利用的物質則排出體外。整個消化過程可分成下列幾個步驟：

1. 運動性（motility）：食物經由下列過程通過消化道的運動。
   - 攝食（ingestion）：食物及水分由口攝入消化道。
   - 咀嚼（mastication）：嚼碎食物並與唾液混合。
   - 吞嚥（deglutition）：吞下食物。
   - 蠕動（peristalsis）：食物團在消化道中的移動。
2. 分泌（secretion）：包括內、外分泌。
   - 外分泌（exocrine secretion）：液體、鹽酸、重碳酸鹽離子與許多消化酵素被分泌進入消化道管腔，如唾液、胃酸、胰液等，以助食物的分解。
   - 內分泌（endocrine secretion）：胃及小腸分泌許多激素，例如：胃泌素、腸促胰激素等，以幫助調控消化系統。
3. 消化（digestion）：食物經機械性及化學性消化，能將食物大分子分解成可被吸收的小分子。
4. 吸收（absorption）：消化後小分子經由腸道細胞吸收後，進入血液及淋巴液中。
5. 貯存及排泄（storagean delimination）：是指暫時貯存並排除不能被消化的食物分子。

消化系統的組成（Organization of the DigestiveSystem）

消化系統亦稱腸胃系統（gastrointesternal system），由消化道（digestive tract）及相關的附屬構造所組成。消化道又稱胃腸道（gastrointesternal tract, G-I tract），起始於口腔而止於肛門約9公尺。消化道穿越胸腔在橫膈平面進入腹腔，肛門則在骨盆腔的下半部。它

包括了口腔、咽、食道、胃、小腸、大腸（圖12-1）。而相關的附屬構造則包括牙齒、舌頭、唾液腺、肝臟、膽囊、胰臟，其中除了牙齒、舌頭、唾液腺位於口腔，其餘均位於消化道外，但有導管連接消化道管腔，能將分泌物送到消化道中幫助消化作用的進行。

消化系統在口腔進行的是咬碎與酵素作用；咽部進行的是吞嚥作用；食物經由食道進入胃；胃則暫存食物並利用酵素與酸分解食物；小腸進行消化及吸收作用；大腸則吸收水分、礦物質及維生素，並將不能消化的成分運送至肛門排出體外。

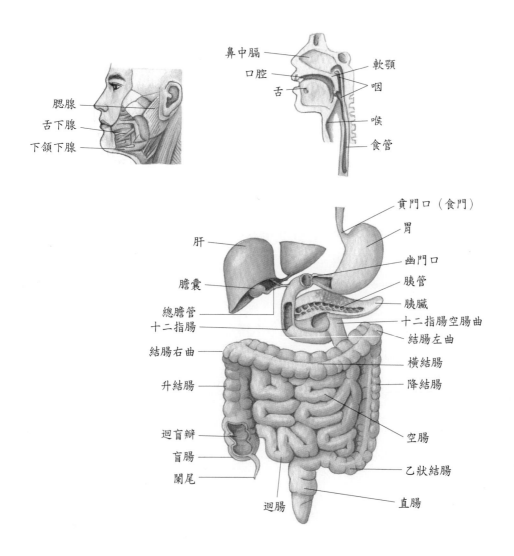

圖12-1　消化系統的組成

消化道的組織學（Histology of the Digestive Tract）

　　由食道至肛門的這段消化道管壁的組成具有相同的基本組織排列，由內至外可分成下列四層（圖12-2）：

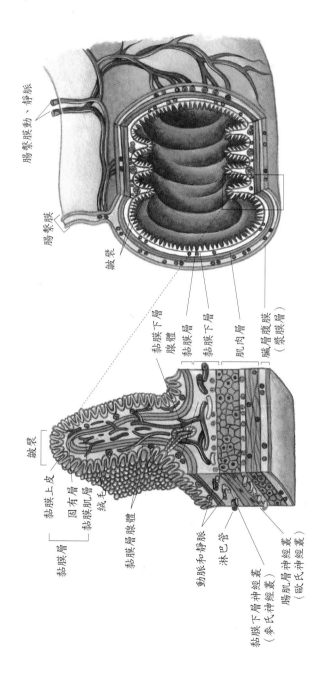

圖12-2　消化道剖面之典型構造

黏膜層（Mucosa）

黏膜層是消化道管腔的內襯，由三層所構成：

1. 上皮層（epithelium）：直接與消化道內容物接觸。在口腔、舌、食道、肛門是複層鱗狀上皮，具保護、分泌功能；其餘部分是單層柱狀上皮，腸部有特化細胞，如杯狀細胞可分泌黏液，腸絨毛可助吸收，故具分泌與吸收功能。
2. 固有層（lamina propria）：在上皮之下，是疏鬆結締組織層，含有許多血管、淋巴管、神經纖維及腺體。具有分泌、運送營養物及對抗細菌感染的功能。
3. 黏膜肌層（muscularis mucosae）：是固有層外一層薄的平滑肌肉層，構成消化道一部分的皺褶，以增加消化、吸收的表面積，且在飽餐後具相當的擴充性。

黏膜下層（Submucosa）

相當厚的黏膜下層是富含血管及淋巴管的結締組織，尚具有黏膜下神經叢或稱Meissner神經叢，屬自主神經，管制消化道腺體的分泌。在迴腸黏膜下層具有培氏斑（Peyer'spath），富含β淋巴球。

肌肉層（Muscularis）

肌肉層負責消化道的分節運動及蠕動，內層為環狀肌層，外層為縱走肌層，當平滑肌肉層收縮時，可運送食物通過腸道並進行磨碎及與酵素混合。在兩層肌肉層間的腸肌層神經叢或稱Auerbach's神經叢，屬自主神經，是支配消化道活動力最主要的神經。交感神經刺激抑制肌肉的活性並使其鬆弛；副交感神經刺激則是增加肌肉的張力與活性。

漿膜層（Serosa）

位於消化道的最外層，由疏鬆結締組織表面覆蓋單層鱗狀上皮所構成，為腹膜臟層，具有連結及保護的功能。腹膜是人體最大的漿膜，有腸繫膜、結腸繫膜、鐮狀韌帶、大網膜、小網膜等五種延伸構造，分述於後。但食道無漿膜覆蓋。

消化道的解剖學（Anatomy of the Digestive Tract）

口腔（Oral Cavity）

口腔是由口唇、頰部、硬腭、軟腭及舌所圍成的空腔（圖12-3）。頰（cheek）在口腔側壁，是肌肉的構造，外覆皮膚，內襯非角質化複層鱗狀上皮。頰的前部止於上、下

唇。在頰、唇與牙齒間的空間是前庭（vestibule），由牙齒與牙齦的後方直至咽部的開口是口腔本體。

唇（Lips）

環繞口腔開口的肉質皺襞是唇（lips），外覆皮膚，內襯黏膜，兩者交會處形成唇紅緣（vermilion border），其上皮非角質化，透過透明的表層可清晰的看到下層血液顏色。唇極端敏感，口輪匝肌使唇可做各種動作。上唇上有一垂直的凹溝，稱為人中（philtrum）。每一片唇的中線位置有一條唇繫帶與牙齦連接。

唇位於消化道的開口，有助於食物放入口中並固定其位置以利咀嚼；可與頰肌共同將食物由前庭推向口腔本體。頰肌與舌頭還能在咀嚼時，將食物流在臼齒間。

膠（Palate）

膠構成口腔的頂板和鼻腔的底板，它包括膠前2/3的硬膠及膠後1/3的軟膠。硬膠是由上頜骨的膠突和膠骨的水平板構成。軟膠附著在硬膠後緣，構成膠後纖維肌肉部，向下方延伸形成彎曲的游離緣，游離緣懸吊著一錐形突起，稱為懸雍垂（uvula），基部兩邊有二個肌肉皺襞連著舌頭和咽部，前面的是膠舌弓，後面的是膠咽弓，兩者之間有膠扁桃體。軟膠後緣經過咽門開口至口咽，所以軟膠是鼻咽和口咽的分界點，吞嚥時可蓋住鼻咽，以避免食物跑到鼻腔。膠腱膜（palatine aponeurosis）是膠帆張肌（tensor veli apalatine）的肌腱延伸而成，附於硬膠後緣，構成軟膠前部的主要構造，可強化軟膠；後部主要是肌肉構成。

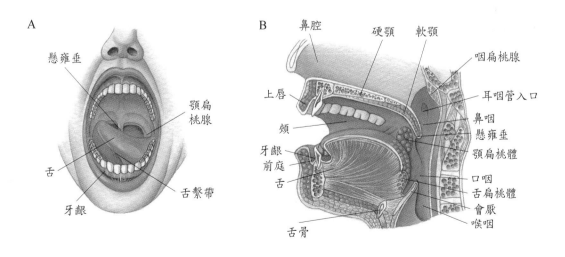

圖12-3 口腔的構造

舌（Tongue）

舌頭是可動的肌肉器官，每一半有四條內在肌及四條外在肌等骨骼肌組成，外覆黏膜。內在肌包括上縱肌、下縱肌、橫向肌和垂直肌，起、止端都在舌之內，故可改變舌的形狀及大小，以利講話與吞嚥，也可產生如捲舌的靈巧動作；外在肌包括舌骨舌肌、頦舌肌、莖突舌肌和腭舌肌，起始於舌的外面，終止於舌，它可使舌朝兩邊移動，或伸出、縮回，可翻動食物以利咀嚼，使食物形成食團，並可迫使食團移向口腔後方以利吞嚥。

舌繫帶（lingual frenulum）位於舌下表面中線的黏膜皺襞，可限制舌頭向後運動。如果舌繫帶太短，舌頭運動會受到限制，造成口齒不清，稱為結舌（tingue tie）。可切割鬆弛舌繫帶加以矯正。

舌上表面與兩側覆有舌乳頭（papillae），舌乳頭上方有味蕾（taste bud），可辨別酸、甜、苦、鹹四種味覺。舌乳頭有下列三種：

1. 絲狀乳頭（filiform papillae）：位於舌前2/3，平行排列，數目最多，體積最小，不含味蕾，含有感覺纖維末梢，對觸覺敏感。若角化過盛產生太多角蛋白，即形成舌苔。

2. 蕈狀乳頭（fungiform papillae）：散布於絲狀乳頭間，以舌尖處最多，大多數含有味蕾。

3. 輪廓乳頭（circumvallate papillae）：體積最大，數目最少，只有10～12個，成倒V字形排列於舌根，全部含有味蕾。

唾液腺（Salivary Glands）

唾液腺分泌唾液，每日分泌量約1000～1500cc，含99.5%水分與0.5%的溶質，溶質中有氯化物、重碳酸鹽、磷酸鈉、磷酸鉀鹽類及一些可溶性氣體、尿素、尿酸、血清白蛋白、球蛋白、溶菌酶、唾液澱粉酶等有機物。唾液平時潤濕整個口腔黏膜，攝入食物時，分泌量增加，以使潤滑、溶解食物，進行化學性分解。

唾液腺主要有耳下腺、頷下腺與舌下腺三對（圖12-4），並比較於下：

分類	耳下腺（腮腺） （Parotidgland）	頷下腺 （Submandibulargland）	舌下腺 （Sublingualgland）
控制神經	舌咽神經	顏面神經	顏面神經
位置	耳前下方，皮膚與嚼肌間	舌基部下，口腔底板的後部	頷下腺之前
腺體	複式管泡狀腺體	複式泡狀腺體	複式泡狀腺體

（續）

分類	耳下腺（腮腺） （Parotidgland）	頷下腺 （Submandibulargland）	舌下腺 （Sublingualgland）
導管開口	穿過頰肌，開口於正對上列第二白齒的前庭處	走在口腔底部黏膜下，開口於舌繫帶基部之舌下乳頭	開口於口腔底部之舌下皺襞，部分匯流入頷下腺導管
腺體大小	最大	其次	最小
分泌量	25%	70%（最多）	5%
唾腺細胞	漿液性細胞	漿液及黏液性細胞	黏液細胞
分泌成分	漿液內含唾液澱粉酶	漿液與黏液之混合液，內含唾液澱粉酶	黏液

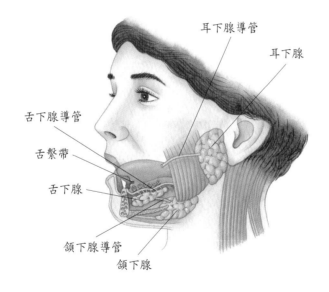

圖12-4　唾液腺

唾液的特性與功能

1. 潤滑作用：唾液中的黏蛋白溶於水形成黏液，能潤滑食物並保護口腔黏膜，有助於吞嚥。
2. 消化作用：唾液可溶解食物使其生味，因含氯化物可活化唾液澱粉酶，能使澱粉分解成麥芽糖，是口腔中唯一的消化酶，入胃後仍可作用15～30分鐘，直至胃酸出現為止。
3. 保持口腔潮溼：唾液可作為刺激味蕾分子的溶液。
4. 便利齒唇的運動：以協助說話。

5. 口齒的清潔：唾液中富含proline的蛋白質，可保護牙齒珐瑯質，並能結合有毒的鞣酸（tannin）。

6. 抗菌功能：唾液中的溶菌酶可破壞細菌的細胞壁；免疫球蛋白（IgA）對抗細菌和病毒的第一道免疫防線。

7. 具緩衝功能：由於唾液中的重碳酸鹽和磷酸鹽作為緩衝物，以助唾液維持pH值在6.35～6.85的微酸性。

8. 中和胃酸：減輕胃液反流至食道時引起的疼痛。

牙齒（Teeth）

牙齒經由咀嚼動作將食物分裂成更小的碎塊，以使消化酶易於分解食物分子，每個人的牙齒發育包括了乳齒及恆齒，發展情況如下：

齒列	開始長的時間	最先長的牙齒	總數	完成年齡
乳齒	六個月	下頜門齒	20顆	2歲半
恆齒	六歲	下頜第一臼齒	32顆	成年

各類牙齒各以不同的方式來處理食物，門齒用來咬、切食物；犬齒用來刺穿、撕裂食物；臼齒用來壓碎及研磨食物。恆齒比乳齒多了2顆前臼齒及第三臼齒，第三臼齒又稱智齒（wisdomteeth），通常在青春期後才長出，有時則埋在齒槽內或根本不生長。除了第三臼齒外，其餘的約在18歲前就會長齊。

每一顆牙齒皆包括了露出牙齦的可見部分之齒冠（crown）及埋於齒槽內的齒根（root），齒冠與齒根的接合處為齒頸。齒冠外覆有珐瑯質（enamel），主要含鈣鹽，是人體最硬的部分。齒根外覆有牙骨質，並以牙周韌帶（牙周膜）與齒槽壁相連，韌帶內的神經末梢可感覺咀嚼的壓力並將感覺傳到與咀嚼有關的腦部中樞。正常情況，門齒及犬齒只有一個齒根，前臼齒有一個或兩個齒根，而臼齒有2～3個齒根。

齒質（dentin）或稱象牙質，是牙齒的主體，其中間的空腔是齒髓腔（pulp cavity），內有齒髓（tooth pulp），包括結締組織、血管、淋巴管、神經。齒髓腔在齒根的緊縮部分稱為根管（root canal），根管在齒根尖端的開孔稱為根尖孔（apical foramen），是神經、血管進入牙齒的通道。

齒齦是包圍在齒槽突外層覆有黏膜的結締組織，其複層鱗狀上皮有輕微的角化現象，以抵抗咀嚼時所產生的摩擦。齒齦通常附著於齒冠周圍的珐瑯質上，但隨著年齡的增長會有退化現象，有時牙齦線會退至牙骨質以下。

食道（Esophagus）

　　食道是參與吞嚥的器官之一，位於氣管後面，降主動脈前面，約20～25公分的肉質管狀構造。食道起自喉咽末端，亦為環狀軟骨下緣的正中線，在脊柱前通過胸腔的縱膈，然後穿過橫膈的食道裂孔，終止於胃的賁門口，約第六頸椎至第十胸椎的範圍。

　　食道黏膜層的上皮為非角質化的複層鱗狀上皮；肌肉層的上1/3為骨骼肌，中1/3同時具有骨骼肌與平滑肌，下1/3全為平滑肌；最外一層不是漿膜層而是纖維性外膜層。食道有三個狹窄處：喉頭環狀軟骨後方約第六頸椎高度、氣管分叉處約第四胸椎的高度、橫膈食道裂孔處約第十胸椎的高度。通常誤食的異物容易在第一狹窄處卡住。此食道異物必須迅速予以移除，以免造成食道穿孔，導致縱橫腔炎引起死亡。

　　食道兩端的括約肌在休息時是關閉的。上端的是食道上括約肌，關閉並不是主動的收縮，而是食道在放鬆時自然產生的張力效果。下端的食道下括約肌是食道末端與胃接合的部分，此處管壁肌肉較厚、壓力較高所產生的生理性括約肌，它只有在食物與液體通過時才會放鬆，其餘時間皆處於收縮狀態，以防胃酸在腹腔壓力增加時進入食道。呼吸、懷孕末期、正常消化時胃的收縮等情況會使腹壓增加，若此時下括約肌不收縮，胃酸會被擠回食道，造成食道上皮層的灼熱痛，又稱心灼熱，常被認為是心臟疼痛。

胃（Stomach）

　　胃可儲存食物，能進行機械性及化學性的消化作用，上端與食道、下端與十二指腸相連。胃在橫膈下方，位於腹上區、臍區及左季肋區，約2/3在身體正中線左側。胃的位置、形狀及大小會因不同情況而改變。例如：吸氣時橫膈會將胃下壓；呼氣時則將胃往上拉。

　　胃可區分為賁門部、胃底部、胃體部、幽門部四個部分（圖12-5）。賁門部（cardiac region）是鄰近食道開口的小區域；胃底部（fundus）是位於賁門部上外側的膨大部分；胃體部（body）是胃中間的主體部分；幽門部（pyloric region）是與十二指腸相連的狹窄部分。幽門的末端有幽門括約肌，可控制胃的排空。胃凹陷的內側緣是胃小彎，凸出的外側緣是胃大彎。

　　胃壁是由典型的消化道之四層基本構造所組成，只是黏膜層和肌肉層具有一些特別的特徵，以扮演特定的功能。胃黏膜的表面上皮為單層柱狀上皮，黏膜凹陷處有胃小凹（gastric pits）是胃液湧出孔，胃黏膜及黏膜下層在胃排空時呈縱行皺襞（rugae），飽餐後即消失；肌肉層除了一般的環肌層（在幽門處形成幽門括約肌）與縱肌層外，最內層尚多了斜走肌層（賁、幽門處無此層），以使胃不但能推動食物，攪拌食物，還能將食物分解成小顆粒與胃液混合。覆蓋於胃的外膜是腹膜臟層的一部分，在胃小彎處，兩層臟層腹膜併合向上延伸到肝門形成小網膜；在胃大彎處，臟層腹膜向下蓋過腸道而形成

大網膜,也稱脂肪圍裙。

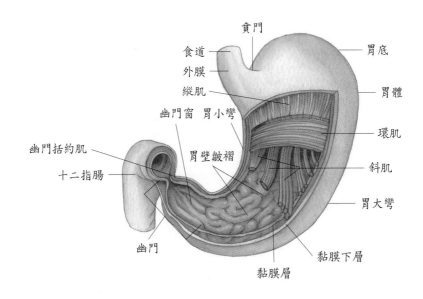

圖12-5 胃的內部與外表構造

胃黏膜在賁門部、胃底部、幽門部處形成胃腺(gastricglands),所分泌的胃液經由胃小凹至胃黏膜的表面。胃腺含有下列四種細胞(圖12-6):

1. 黏液細胞(mucous cells):位於胃腺的上部靠近胃小凹處,可分泌黏液,中和胃酸,保護胃壁不受胃酸的傷害。

2. 主細胞(chief cells):可分泌胃蛋白酶原(pepsinogen),是胃蛋白酶的先質。

3. 壁細胞(parietal cells):又稱泌酸細胞,分泌鹽酸,能將胃蛋白酶原轉變成具有活性的胃蛋白酶,可分解蛋白質。

4. 腸內分泌細胞(enteroendocrine cells):又稱嗜銀細胞(argentaffin cells)或G細胞,主要位於幽門,可分泌胃泌素(gastrin),以刺激鹽酸和胃蛋白酶原的分泌;並能使下食道括約肌收縮,防止食物逆流回食道;可增加胃腸道的運動,使幽門括約肌、迴盲瓣鬆弛,以助胃的排空。

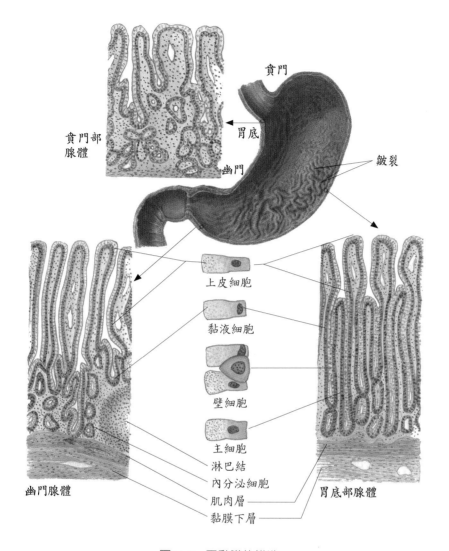

貴門

胃底

皺裂

貴門部
腺體

幽門

上皮細胞

黏液細胞

壁細胞

主細胞

淋巴結

內分泌細胞

肌肉層

黏膜下層

幽門腺體

胃底部腺體

圖12-6　胃黏膜的構造

臨床指引：

　　消化性潰瘍（peptic ulcer）就是食道、胃、十二指腸消化道的黏膜受到胃酸侵蝕而形成表面上皮的潰爛損傷。發生在胃部，稱為胃潰瘍；發生在十二指腸的部位稱為十二指腸潰瘍。在消化性潰瘍的人大多有上腹疼痛，消化道有燒灼感、悶痛、脹痛，甚至劇烈腹痛，併有噁心、嘔吐、食慾不振的感覺；當潰瘍穿孔嚴重時，會有解黑便、吐血的症狀產生。

　　消化性潰瘍的原因包括體質（分泌過多胃酸），消化道黏膜抵抗力減弱（老化、糖尿病、重大壓力），細菌感染（幽門螺旋桿菌）及外在因素（服用止痛藥、飲酒過多）。

治療以消除幽門螺旋桿菌，以制酸劑中和胃酸，使用H₂受體拮抗劑及離子幫浦抑制劑來降低胃酸分泌等。病患最好能戒酒，保持心情愉快，配合醫護人員指示定時服用抗生素及制酸劑才能成功治癒消化性潰瘍。

小腸（Small Intestine）

小腸由胃幽門括約肌延伸至大腸的起始部分，長約6公尺，捲曲在腹腔的中央及下方，它包括：十二指腸（duodenum）、空腸（jejunum）、迴腸（ileum）三部分（圖12-7），負責食物的消化與吸收。十二指腸是小腸的第一部分，長約25公分，呈C字型彎曲，圍繞胰臟頭部，大部分位於腹膜後。空腸位於臍區及左髂骨區；迴腸位於右髂骨區，終止於迴盲瓣（ileocecal valve）是小腸中最長的一段。將小腸固定於後腹壁的是腸繫膜（mesentery）。

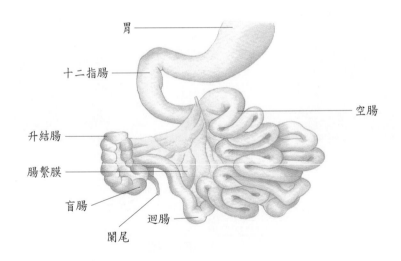

圖12-7　小腸的區分

小腸壁的四層構造與大部分消化道的構造相同，但其黏膜層或黏膜下層經過特化，而強化了小腸的消化吸收功能。黏膜層含有許多襯有腺體上皮的小凹，稱為腸腺。在十二指腸的黏膜層及黏膜下層有布氏腺（Brunner's gland），也就是十二指腸腺，能分泌鹼性黏液，中和食糜中的酸並保護黏膜，此腺體空腸、迴腸皆無。在十二指腸近端至迴腸中段的黏膜層及黏膜下層有肉眼可見的較大皺摺是環狀皺襞（plicae circulares），可使食糜通過小腸時呈螺旋狀前進。

小腸的黏膜上皮是單層柱狀細胞，由黏膜上皮特化向管腔中指狀突起的稱為絨毛

（villi），中間摻雜著分泌黏液的杯狀細胞。每一根絨毛的中心含有一條小動脈、一條小靜脈、微血管網及一條稱為乳糜管（lacteal）的微淋巴管（圖12-8）。位於絨毛底部的細胞向下形成小腸隱窩（intestinal crypts）或稱李氏（Lieberkuhn's）凹窩，亦即小腸腺向下延伸至黏膜層，小腸液即由此注入小腸腔中，在此隱窩的小腸上皮細胞可經有絲分裂產生新的細胞。

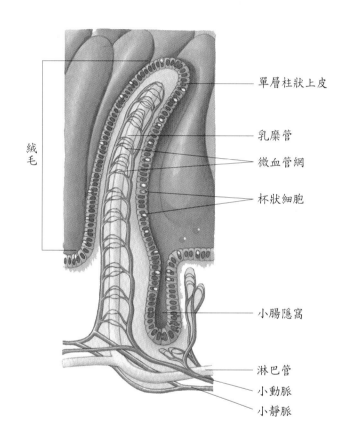

絨毛

單層柱狀上皮

乳糜管

微血管網

杯狀細胞

小腸隱窩

淋巴管

小動脈

小靜脈

圖12-8　小腸的特有構造絨毛

　　每一個絨毛上皮細胞膜表面再形成微小的指狀突起稱為微絨毛（microvilli），在光學顯微鏡下，微絨毛在柱狀上皮細胞邊緣形成模糊的刷狀緣（brush border）可增加消化作用的接觸表面積。所以黏膜的環狀皺褶、絨毛及微絨毛三者增加的吸收表面積可達原來的600倍。

　　小腸肌肉是由兩層平滑肌所組成，外層的縱走肌較薄，內層的環走肌較厚。除了大部分的十二指腸外，小腸表面完全被腹膜臟層所覆蓋。小腸每天可分泌2～3公升pH值為7.6的清澈黃色的消化液。

大腸（Large Intestine）

　　大腸由迴盲瓣一直延伸至肛門，並以三個方向圍繞著小腸。迴腸開口入大腸處有由黏膜皺襞形成的迴盲瓣，以防糞便由盲腸逆流入迴腸。所以食糜是由迴腸經迴盲瓣入大腸先端的盲腸（cecum），糞便經升結腸（ascending colon）、橫結腸（transverse colon）、降結腸（descending colon）、乙狀結腸（sigmoid colon）、直腸（rectum）和肛管（anal canal）方向移動（圖12-9），最後由肛門（anus）排出。直腸是消化道的最後一段，末端的2～3公分稱為肛管。肛管的黏膜形成縱皺襞，稱為肛柱（anal columns），內含動、靜脈血管網。肛管向外的開口是肛門，有內、外括約肌，內括約肌是平滑肌，外括約肌是骨骼肌。

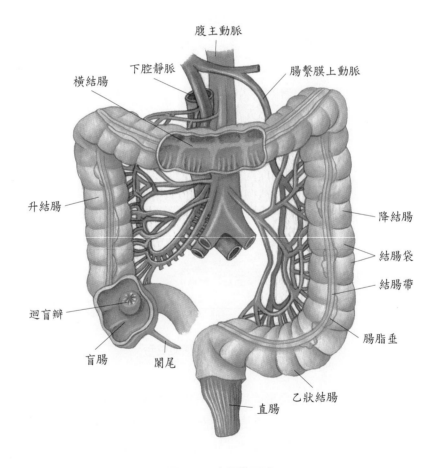

圖12-9　大腸的區分

　　在盲腸的後內側附有一長條的闌尾（vermiform appendix），長約9公分，是大腸最狹窄的地方，其腸壁上富含淋巴小結，功能與淋巴系統相關。俗稱的盲腸炎，實際

上是指闌尾發炎，正確說法應是細菌及未消化的食物陷於闌尾中造成發炎的闌尾炎（appendicitis），需施行闌尾切除術（appendectomy）。

將橫結腸固定於後腹壁的是結腸繫膜（mesocolon）。

大腸黏膜層同小腸一樣，也是由柱狀上皮細胞及分泌黏液的杯狀細胞所覆蓋，且含有分散的淋巴細胞及淋巴小結，但表層是扁平的，沒有絨毛。但肌肉層的縱走肌肉變厚，形成三條明顯的結腸帶（taeniae coli），當結腸帶緊張性收縮時，就會使結腸出現結腸袋（haustra）；環狀肌至肛門時形成內括約肌。大腸外膜是臟層腹膜的一部分，臟層腹膜形成顆粒狀脂肪小袋的腸脂垂（epiploic appendages）附在結腸帶表面。

胰臟（Pancreas）

胰臟是長形的消化腺，它橫過整個後腹壁，且位於胃的後方，胰臟頭位於十二指腸的C字型彎曲部分，胰臟體及尾部則位於胃大彎後方，且尾部對著脾臟。正好在腹部的腹上區及左季肋區（圖12-10）。胰管起始於胰臟尾部腺泡的小導管匯合而成，然後穿個整個胰臟實質部分到達胰臟頭，往下與總膽管聯合形成肝胰壺腹（hepatopancreatic ampulla），並開口於幽門下方10公分處的十二指腸乳頭（duodenal papilla），周圍有Oddi括約肌管制膽汁及胰液進入十二指腸。而副胰管則是在十二指腸乳頭上方2.5公分處注入十二指腸。

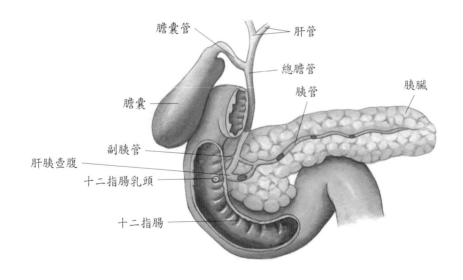

圖12-10　胰臟、肝臟、膽囊、十二指腸間的關係

胰臟是由許多腺體上皮細胞群所構成，這些細胞中有1%是屬於內分泌腺的胰島，能分泌升糖素（glucagon）、胰島素（insulin）及體制素（somatostatin）；其餘99%的細胞為

腺泡（acini），能分泌富含消化酶的液體，是胰臟的外分泌部分。

　　胰臟每天分泌1200～1500ml的清澈無色的胰液，內含水、鹽類、重碳酸鈉及消化酶。重碳酸鈉使胰液呈pH值7.1～8.2的弱鹼性，可終止胃蛋白酶的作用。胰液中同時含有分解碳水化合物、蛋白質、脂肪的各種酵素，如胰脂肪酶、胰澱粉酶、胰核酸酶、胰去氧核酸酶、胰蛋白酶、胰凝乳蛋白酶，所以以胰液是最完全的消化液。

肝臟（Liver）

　　肝臟是體內最大的有管腺體，位於橫膈膜下的右季肋區及腹上區，佔體重2.5%，是人體必要的代謝與合成器官，提供三大功能：調節代謝、調節血液、製造膽汁。鐮狀韌帶將肝臟分成左、右兩葉，它是腹膜臟層的延伸，將肝臟附著於前腹壁和橫膈膜。在內臟面右葉被一H溝分成右葉本部、方葉、尾葉，其中右葉本部最大，尾葉在上方，方葉在下方（圖12-11），而膽囊位於方葉和右葉本部之間。尾葉的右邊有下腔靜脈，左邊有靜脈韌帶，靜脈韌帶是胎兒期的靜脈導管殘留物。鐮狀韌帶的後下游離緣增厚而成肝圓韌帶，是胎兒臍靜脈演化而來，將肝臟附著到臍部。

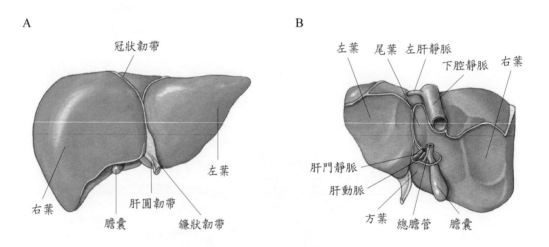

圖12-11　肝臟內臟面構造

　　肝的構造及功能性單位是呈六角形柱狀結構的肝小葉（hepatic lobule）。肝細胞以中央靜脈（central vein）為中心，輻射排列成不規則的分枝板狀構造（圖12-12）。在肝小葉的六個角上有肝三合體（hepatic triad），含有肝動脈、肝門靜脈的分枝和膽管。肝細胞板狀構造間的空隙是竇狀隙（sinusoids），內有星形網狀內皮庫佛氏細胞（Kupffer's cells），可吞噬流經此處血液內衰老的血球、細菌及有毒物質。

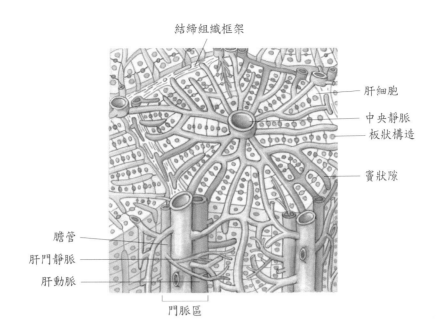

結締組織框架

肝細胞

中央靜脈

板狀構造

竇狀隙

膽管

肝門靜脈

肝動脈

門脈區

圖12-12　肝臟的肝小葉構造

血液供應

　　肝臟由源自腹腔動脈幹的肝動脈接受含氧血，佔25%，；由肝門靜脈接受來自腸道剛被吸收的營楊物質之缺氧血，佔75%。血液流經肝小葉的竇狀隙時，氧、營養物質、毒素被肝細胞處理。營養物質會被儲存或製造成新物質，毒素則被積存或去除毒素。由肝細胞製造的產物，或身體其他細胞所需的營養物質會被釋回血中，血液匯流入中央靜脈，然後再經肝靜脈而流入下腔靜脈。

功能

　　肝臟執行許多重要的生理功能，主要的功能摘要如下：

1. 調節代謝

   ⑴碳水化合物的代謝：當血糖高時，肝臟可將葡萄糖轉變成肝糖（肝糖生成），若仍有剩則經胰島素轉變成脂肪儲存；當血糖低時，肝臟可將肝糖轉變為葡萄糖，亦可將體內的蛋白質、脂肪轉變成葡萄糖（糖質新生），以維持體內正常的血糖。

   ⑵脂肪的代謝：肝臟能將乙醯輔酶A分解出脂肪酸；將過量的乙醯輔酶A轉變成酮體（ketone body）；能合成脂蛋白、膽固醇，並儲存脂肪及膽固醇。

   ⑶蛋白質的代謝：肝臟能產生脫胺作用，將有毒的氨（NH_3）轉變成不具毒性的尿素由尿排出；也能合成大部分的血漿蛋白，（除了γ球蛋白以外）。

2. 調節血液：肝臟可藉用竇狀隙內的庫佛氏細胞的吞噬作用、或肝細胞對有毒分子

作化學改變、或將有毒分子排至膽汁中的方式，將激素、藥物、毒物及其他有生物活性的分子移出血液。

(1)肝臟每天製造並分泌800～1000ml的膽汁，以幫助脂肪的消化與吸收。

(2)肝臟可儲存肝糖、膽固醇、脂肪、鐵、銅及維生素A、D、E、K、B_{12}。

(3)過濾血液：肝臟竇狀隙內的星形網狀內皮細胞能吞噬破舊的血球及一些細菌。

(4)與腎臟參與活化維生素D_3。

(5)製造維生素A：食入的胡蘿蔔素經肝臟可產生維生素A，但過程中需甲狀腺素的幫忙。

膽汁

肝細胞每天約製造並分泌800～1000ml的黃褐色或橄欖綠的膽汁，在肝管中pH值為7.6～8.6；在膽囊中的pH值是7.0～7.4。膽汁內的成分有水、膽紅素、膽綠素、膽鹽、膽固醇、脂肪酸及一些離子，無機鹽中佔最多的是膽鹽。

肝細胞製造的膽汁分泌進入微膽管後，再依序進入膽小管、葉間膽管，再匯集成左、右肝管離開肝門後，左、右肝管聯合成總肝管，總肝管再與膽囊管匯合成總膽管，然後總膽管再與主胰管會合進入肝胰壺腹至十二指腸乳頭，此為膽汁輸送路線。平常膽汁是儲存在膽囊中，需要時才會釋出。

膽鹽參與脂肪的消化吸收，約有97%經由腸肝循環後重返肝臟繼續運作。膽紅素（bilirubin）是主要的膽色素，由血紅素的血基質衍生而來，經肝臟成結合型膽紅素（conjugated bilirubin），分泌至膽汁，再經細菌轉換成尿膽素原（urobilinogen），使糞便著色。約有30～50%的尿膽素原在小腸吸收進入肝門靜脈，部分經腸肝循環又回小腸，部分進體循環，經腎臟過濾至尿中，使尿液有顏色。

臨床指引：

肝炎（Hepatitis）

肝炎有A、B、C、D、E四種類型。A型及E型肝炎都是食用不潔食物或飲水而導致的急性肝病，大部分都可痊癒並有抗體產生。

B、C、D型肝炎的傳染途徑類似，是帶有肝炎病毒的血液（體液）經由不同的路徑進入人體內引起感染；這三種肝炎並且很容易轉成慢性肝炎，或逐漸轉變成肝硬化及肝癌。D型肝炎不能單獨生存，必須合併B型肝炎共同感染，使B型肝炎的病患病情更加嚴重。在台灣，B型肝炎危害最廣，成年人有15～20%是全世界B型肝炎帶原率最高的地區。C型肝炎則佔第二位，約有2～4%感染。B型及C型肝炎會由帶原轉變為慢性肝炎，最後逐漸變成肝硬化及肝癌；肝癌更高居台灣男性癌症第一位，女性癌症死亡第二位。所以B、C型肝炎已成為台灣最常見的本土疾病。

避免與他人共用可能留存血液（體液）的器具，如針頭、牙刷、刮鬍刀；注意安全的性行為，如自己沒有肝炎帶原或肝炎表面抗體，最好能接受B型肝炎疫苗注射。自1984年政府實施新生兒一律注射肝炎疫苗後，台灣學齡前兒童的B型肝炎帶原率已大幅降低。

消化與吸收作用（DigestionandAbsorption）

機械性消化作用是將食物由大變成小以利消化或吸收，如牙齒咬碎及胃中攪拌等。化學性消化作用指消化酵素的作用，而使食物由大變小或由大分子變成小分子而吸收，如澱粉分解成葡萄糖、蛋白質分解成胺基酸。

口腔的消化

經由咀嚼動作，使食物受到舌頭的攪動、牙齒的磨碎，以使食物與唾液充分混合成一個小食團，以利吞嚥，並可減輕胃腸負擔。

口腔中唯一的消化酶是唾液澱粉酶（salivary amylase），能將長鏈的多醣類變成雙醣類，但口中的食物很快就被吞下去，混合在食團中的唾液澱粉酶，在胃中對澱粉仍能作用15～30分鐘，直至胃酸出現抑制其活性為止。所以醣類的消化始於口腔。

食道的作用

食道不產生消化酶，也不進行吸收作用，只分泌黏液，以便吞嚥，藉食道蠕動將食物送往胃。食團進入食道即進入吞嚥的食道期，其過程如圖12-13。

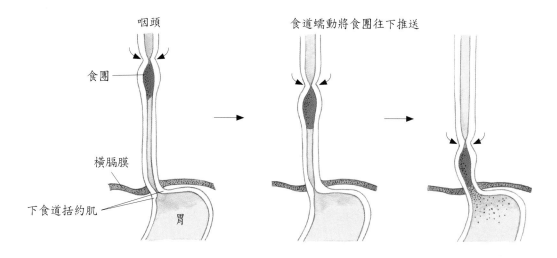

圖12-13　吞嚥過程：食道期

- 環肌收縮將食團往下擠，同時食團下方的縱肌收縮，使食道往外突出，而能容納下落的食團。
- 平時食道下括約肌的緊張性收縮，可防止胃內物質逆流，吞嚥時此塊肌肉放鬆，以使食團順利進入胃部。
- 食物以每秒2～4公分的速度通過食道。質地柔軟或液態食物會受重力影響較快進入胃。

胃的消化與吸收

當食物由食道經賁門進入胃後，藉迷走神經的反射使胃壁肌肉張力降低，食物堆積向外膨脹，胃腺分泌胃液並促使胃壁肌細胞每20秒自發性地產生一次微弱的蠕動伸縮，此為混合波（mixingwave），能使食物與消化液混合形成黏稠、乳膏狀半流體的食糜（chyme），同時也將食物由胃體部推向幽門，但幽門的開口很小，每次蠕動波只能將少量的食糜送入十二指腸，剩餘的則又隨著蠕動波流回胃體部，重複著胃的混合及推進作用。

蛋白質的消化始於胃，胃蛋白酶在胃內極酸（pH值2）的環境下最具活性，可將蛋白質分解成胜肽類（peptides）。胃蛋白酶只會消化食物不會消化胃壁細胞的蛋白質，因為胃蛋白酶原在未與壁細胞分泌的鹽酸接觸前，不會變成具活性的胃蛋白酶來消化胃壁細胞，更何況黏液細胞分泌的鹼性黏液能保護胃黏膜細胞。

胃內雖有胃脂肪酶，但它適在鹼性環境中作用，所以在胃的功能有限。

嬰兒胃中比成人多了凝乳酶（rennin），它與鈣可作用於乳汁中的酪蛋白（casein）以形成凝乳，可增加乳汁在胃的滯留時間。.

由於胃上皮細胞有黏液，不與食團接觸，且在胃中時間不足將食物完全消化，所以大部的物質不能通過胃壁進入血液也不會被吸收，它只能吸收一部分的水分、電解質及某些藥物、酒精。

膽汁的作用

當小腸內沒有食物時，總膽管末端的Oddi氏括約肌收縮而關閉，膽汁因而被擠入膽囊管進入膽囊儲存、濃縮。在每餐飯後30分鐘，或是有食糜進入十二指腸的時候，Oddi氏括約肌會放鬆，而膽囊收縮將膽汁擠入十二指腸。

小腸消化與吸收

小腸最主要的運動方式是分節運動（segmentation），負責研磨、混合，所以只發生在含有食物的區域，能使食糜與消化液充分混合，並使食物成分與黏膜接觸以利吸收。

此運動不會將小腸內容物往前推送，它由環肌收縮將小腸分成好幾節，接著環繞每一節中間的肌纖維也收縮，將這一段小腸重新分節（圖12-14），每分鐘重複12～16次，將食糜來回推送。此運動是由小腸擴張所引發。

　　能將食糜沿著腸管推送的是蠕動（peristalsis），移動慢且弱，食糜在小腸中約停留3～5小時。迴腸末端與盲腸相接處的迴盲瓣常處於半收縮狀態，以減緩迴腸內容物的排空，延長食糜在迴腸中的停留時間以助腸道的吸收作用。

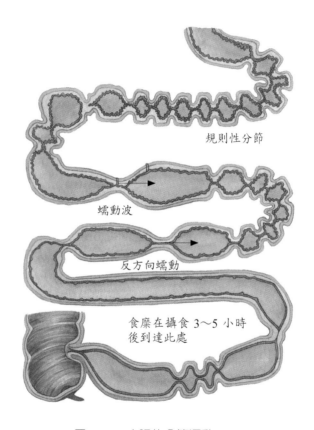

規則性分節

蠕動波

反方向蠕動

食糜在攝食 3～5 小時
後到達此處

圖12-14　小腸的分節運動

　　在口腔中，唾液澱粉酶將澱粉轉變成麥芽糖；在胃中胃蛋白酶將蛋白質轉變為胜肽類，因此，進入小腸的食糜是含有部分消化的碳水化合物、部分消化的蛋白質及未消化的脂質。小腸食糜中的營養物質之消化是集合胰液、膽汁與小腸液的作用而完成的。小腸每天約分泌2～3公升的清澈黃色液體，pH值7.6，內有麥芽糖酶、蔗糖酶、乳糖酶、胜肽酶、核糖核酸酶及去氧核糖核酸酶。

碳水化合物

　　當食糜進入小腸時只有20～40%的澱粉被分解為麥芽糖，尚未分解的澱粉則在小腸內被胰澱粉酶轉變為雙醣。食物中的雙醣需至小腸後由腸壁黏膜上皮細胞表面的雙醣酶

（麥芽糖酶、蔗糖酶、乳糖酶）加以水解成單醣類的葡萄糖、果糖、半乳糖，都在食物到達迴腸終端前，幾乎已全被小腸微絨毛吸收，送至門靜脈血液中。

若腸壁上缺乏雙醣酶，則在吃糖後常會因雙醣殘留物堆積在小腸、結腸而產生腹脹、排氣現象；若留在腸腔內的單醣分子太多，則易引起腹瀉。但因發酵乳（yogurt）中含有細菌性乳糖酶，對牛奶耐受性較差者，仍是可接受的食品。

蛋白質

食物中約有10～20%的蛋白質在胃中被消化，其餘的在小腸上半段經胰臟酶繼續分解成胜肽類，再經由小腸腔、黏膜細胞絨毛及黏膜細胞細胞質中各種蛋白質分解酶，使其分解成單分子的胺基酸，胺基酸在十二指腸及空腸的吸收速率快速，在迴腸的吸收較慢，其吸收路徑和碳水化合物相似，也是經由小腸微絨毛吸收後再進入血液中。

通常在充分咀嚼下進食，大約98%的蛋白質可分解成胺基酸，只有2%不被消化而排入糞便中。

脂肪

在成人幾乎所有的脂肪皆在小腸內消化。脂肪的消化首先需由膽鹽乳化，讓脂肪的表面張力降低，經腸胃道的蠕動、混合，使不溶於脂肪的脂肪酶可與脂肪粒子表面直接作用，所以經膽鹽乳化的脂肪，再經胰脂肪酶的作用分解成脂肪酸及單酸甘油脂，並在膽鹽包容下形成微膠粒。微膠粒才可以進入小腸微絨毛而被吸收。吸收後的微膠粒與磷脂質、膽固醇結合成乳微粒（chylomicrons）。乳糜微粒通過絨毛內的乳糜管而進入淋巴管，最後經由胸管至左鎖骨下靜脈進入血液後而到肝臟。若膽管阻塞或膽囊切除因而導致膽鹽不足，脂肪就無法有效吸收，40%會由糞便排出，也無法吸收維生素A、D、E、K（脂溶性維生素）。在消化道中主要的消化酶見表12-1。

消化過的營養物質：單醣類、胺基酸、脂肪酸、甘油、由消化管進入血液或淋巴中，稱為吸收作用。營養物質約有90%由小腸吸收，其餘的10%由胃及大腸吸收。通常在小腸吸收的物質包括碳水化合物、蛋白質以及脂肪的消化代謝物，還有一些礦物質、水、維生素等；這些都是在十二指腸及空腸吸收；迴腸是吸收維生素B_{12}與膽鹽。

每天進入小腸的液體包括攝入的1.5公升、消化道的分泌液7.5公升，共有9公升，在小腸吸收的有8～8.5公升，其餘0.5～1公升進入大腸。小腸水分的吸收是要配合電解質及消化食物的吸收，以維持血液滲透壓的平衡。

小腸皆可吸收鈉離子、鉀離子、氯離子、鎂離子等。而食物中結合型式的鈣會受胃酸作用游離出來，進入十二指腸、空腸的鹼性環境有利鈣的沉澱吸收，但會受副甲狀腺素、維生素D的影響。而食物中的鐵經胃酸作用解離為三價的鐵離子，其後受維生素C或其他還原劑的作用形成二價鐵離子才會被小腸吸收。

脂溶性維生素與攝入的食物脂肪進入膽鹽形成的微膠粒，最後與脂肪一起被吸收，

若不與脂肪在一起就無法吸收。而大多數的水溶性維生素則是以擴散的方式被吸收，只有維生素B_{12}需與特別的胃內在因子結合，在迴腸部位才能被吸收。

大腸的消化與吸收

剛吃過飯後，立即產生胃迴腸反射（gastroileal reflex），此時胃泌素分泌可使迴盲瓣舒張，迴腸蠕動增加，使食糜進入盲腸，只要盲腸一被擴張，迴盲瓣就會收縮，此時結腸開始運動。

當食糜進入結腸袋使擴張至一定程度時，腸袋壁開始收縮，將內容物擠向下一個結腸袋，此為腸袋攪動（haustral churning）。大腸也能產生蠕動，但速率較其他部位慢（每分鐘約3～12次）。

團塊蠕動（mass peristalsis）是始於橫結腸中段的強力蠕動波，能將結腸內容物推向直腸，又稱為胃結腸反射，是食物一入胃就引發的反射，通常於飯後30分鐘發生，一天約有3～4次。

大腸腺分泌黏液，但不含消化酶，所以此處的消化作用不是酶的作用而是細菌作用。大腸內的細菌可將殘餘的碳水化合物發酵，釋出氫、二氧化碳和甲烷，形成結腸內脹氣的原因。大腸內細菌也能將膽紅質分解成較簡單的尿膽素原，使糞便著色。大腸內細菌也能將殘餘蛋白質轉成胺基酸，並將其分解成產生糞臭的糞臭素（skatole）。某些維生素B與K也可藉細菌作用在大腸內合成，並被吸收利用。

糞便的形成（FecesFormation）

食糜在大腸內停留3～10小時後，依水分吸收的情況變成固體或半固體，此為糞便，內有水、無機鹽、脫落的上皮細胞、細菌、細菌分解後的產物及未消化的食物。雖然大多數水分在小腸吸收，每日進入大腸的水分只有0.5～1公升，其中除了100ml以外，皆在盲腸及升結腸處吸收，對身體的水分平衡很重要。大腸也能吸收一些鈉離子、氯離子及一些維生素。

排便（Defecation）

在電解質和水分被吸收後，團塊蠕動將糞便由乙狀結腸推入直腸，直腸壁擴張刺激壓力接受器，將衝動傳送至骶脊髓節，沿副交感神經傳回降結腸、乙狀結腸、直腸、肛門，直腸縱走肌收縮使直腸變短，增加直腸內部壓力，加上橫膈及腹肌的收縮使腹內壓上升，迫使肛門內括約肌鬆弛，產生便意（圖12-15）。肛門外括約肌可隨意控制，若克制排便的慾望，外括約肌就會阻止糞便進入肛管，而使糞便停留直腸，甚至逆流至乙狀結腸，以待下一次團塊蠕動波所引發的另一個反射。但嬰兒的排便反射是直腸自動排空，不受肛門外括約肌的隨意控制。

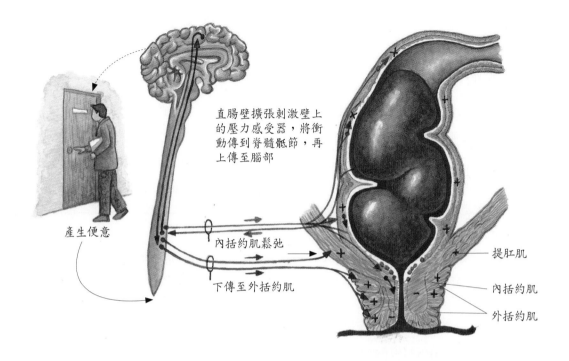

直腸壁擴張刺激壁上
的壓力感受器，將衝
動傳到脊髓骶節，再
上傳至腦部

產生便意

內括約肌鬆弛

下傳至外括約肌

提肛肌

內括約肌

外括約肌

圖12-15　排便反射

自我測驗

一、問答題

　　1. 請簡述消化道管壁的四層構造。

　　2. 比較乳齒與恆齒的數目及長出時間。

　　3. 說明胃腺的細胞與功能。

　　4. 請說明肝臟的解毒方式。

　　5. 請敘述肝臟在身體的功能有那些？

　　6. 請敘述膽汁的功能。

　　7. 請說明小腸的消化作用。

　　8. 請說明血液如何進出肝臟？

　　9. 何謂團塊運動？

二、選擇題

( ) 1. 下列何者不屬於消化系統的器官？

(A) 十二指腸　(B) 脾　(C) 胰　(D) 肝

( ) 2. 腸壁的構造，由腸腔至外正確的排列是：

(A) 黏膜層→漿膜層→肌層　(B) 黏膜層→肌層→漿膜層　(C) 肌層→黏膜層→漿膜層　(D) 漿膜層→黏膜層→肌層

( ) 3. 下列有關消化道管壁構造的正確敘述是：

(A) 黏膜的上皮全由單層柱狀上皮細胞組成　(B) 黏膜下層是由結締組織組成　(C) 環形肌纖維在縱形肌纖維的外面　(D) 漿膜層的外面蓋有臟層腹膜

( ) 4. 位於小腸壁縱肌與橫肌間的神經叢為：

(A) Meissner's神經叢　(B) Auerbach's神經叢　(C) 黏膜下神經叢　(D) A＋C

( ) 5. 將肝臟分成左右兩葉的是：

(A) 鐮狀韌帶　(B) 肝圓韌帶　(C) 三角韌帶　(D) 冠狀韌帶

( ) 6. 由肝臟下面延伸到胃小彎的腹膜稱：

(A) 腸繫膜　(B) 小網膜　(C) 大網膜　(D) 固有腸系膜

( ) 7. 有脂肪圍裙之稱的是：

(A) 腸繫膜　(B) 鐮狀韌帶　(C) 大網膜　(D) 小網膜

( ) 8. 下列何者非由腹膜形成？

(A) 腸繫膜　(B) 大網膜　(C) 結腸帶　(D) 鐮狀韌帶

( ) 9. 被腹膜完全包圍的器官是：

(A) 迴腸　(B) 直腸　(C) 腎臟　(D) 膀胱

( ) 10. 舌繫帶若過短時，會出現下列何種缺陷？

(A) 唾液分泌減少　(B) 齒列長彎　(C) 講話不靈巧　(D) 咬合疼痛

( ) 11. 有關消化道的構造，下列敘述何者有誤？

(A) 絲狀乳頭在舌根部排成V字形，含有味蕾　(B) 腮腺有腮管貫穿頰肌，開口於上頜第二臼齒外側　(C) 腭扁桃腺位於腭咽弓與腭舌弓之間　(D) 食道長約25公分，其肌肉層上三分之一是橫紋肌

( ) 12. 有關唾液的功能，下列敘述何者有誤？

(A) 消化澱粉　(B) 潤濕口腔　(C) 潤滑作用　(D) 消化脂肪

( ) 13. 有關牙齒的敘述，下列何者為是？

(A) 齒根的外層也有琺瑯質　(B) 象牙質僅見於齒冠部分　(C) 幼兒的門齒數目和成人相同　(D) 齒頸部分無象牙質

( ) 14. 在吞嚥時，食道以下列那一種方式將食團推向胃？

(A) 蠕動　(B) 上皮細胞的纖毛擺動　(C) 分節運動　(D) 因地心引力而使食團自行掉入胃中

(　　) 15.胃腺中有分泌內在因子功能的細胞是：

(A) 主細胞　(B) 壁細胞　(C) 嗜銀細胞　(D) 黏液細胞

(　　) 16.下列何者兼具內分泌和外分泌的雙重作用？

(A) 肝臟　(B) 胰臟　(C) 甲狀腺　(D) 腦下腺

(　　) 17.腸激酶的作用是：

(A) 促進小腸分泌黏液　(B) 促進小腸平滑肌收縮　(C) 活化胰澱粉酶　(D) 活化胰蛋白酶元

(　　) 18.膽囊管與下列何者會合成總膽管？

(A) 右肝管　(B) 左肝管　(C) 總肝管　(D) 主胰管

(　　) 19.膽汁是由下列何者所分泌？

(A) 胰臟　(B) 肝臟　(C) 脾臟　(D) 膽囊

(　　) 20.膽汁的製造、儲存和作用處與下列何者無關？

(A) 胃　(B) 十二指腸　(C) 肝臟　(D) 膽囊

(　　) 21.能分泌黏液的消化道器官是：a.胃　b.空腸　c.十二指腸　d.大腸

(A) ac　(B) bd　(C) abc　(D) abcd

(　　) 22.小腸絨毛中的乳糜管亦即：

(A) 小動脈　(B) 小靜脈　(C) 微血管　(D) 微淋巴管

(　　) 23.小腸的那一動作，會使食糜與消化液充分混合？

(A) 蠕動　(B) 分節運動　(C) 擺動　(D) 絨毛運動

(　　) 24.小腸吸收的單糖類是經由下列何系統運走？

(A) 內分泌系統　(B) 門脈系統　(C) 淋巴系統　(D) 靜脈系統

(　　) 25.微膠粒的作用是：

(A) 消化核酸　(B) 運送腸腔中的脂肪酸至黏膜上皮細胞　(C) 消化蛋白質
(D) 運送腸黏膜上皮細胞中的脂肪酸至乳糜管

解答：

1.(B)　2.(B)　3.(B)　4.(B)　5.(A)　6.(B)　7.(C)　8.(C)　9.(A)　10.(C)

11.(A)　12.(D)　13.(C)　14.(A)　15.(B)　16.(B)　17.(D)　18.(C)　19.(B)　20.(A)

21.(D)　22.(D)　23.(B)　24.(B)　25.(B)

第十三章　泌尿系統

本章大綱

　　人體有皮膚、呼吸、消化、泌尿等四大排泄系統。泌尿系統是由一對製造尿液的腎臟、兩條輸送尿液至膀胱的輸尿管、一個暫時儲存尿液的膀胱及自膀胱排出尿液的尿道所組成。腎臟可藉由血液過濾，將大部分代謝的廢物以尿液的形成，由泌尿系統排出體外，並調節血液的成分與容積，以維持體內的恆定。

泌尿系統的解剖（Anatomy of the Urinary System）

腎臟（Kidneys）

　　成對的腎臟位於脊柱兩側及橫膈和肝臟的下方，緊靠著後腹壁，為腹膜後器官，約在第十二胸椎延伸至第三腰椎的高度。腎臟外形似蠶豆，在成年人每個腎臟約一個拳頭大小，因為肝臟的壓迫，右腎比左腎低，而左腎較右腎大（圖13-1）。

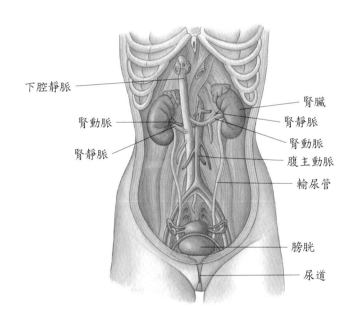

圖13-1　泌尿系統器官圖

　　緊貼腎臟的一層透明纖維膜是腎被膜（renal capsule），腎被膜的外面有厚的脂肪囊（adipose capsule）包圍，以保護腎臟防止外傷，並將腎臟固定於腹腔的一定位置。脂肪囊外面有緻密性結締組織所構成的腎筋膜（renal fascia），它將腎臟固定於周圍的構造及腹壁，且包住腎上腺。如果腎臟的位置移動即成浮腎（floating kidney），若輸尿管或腎臟的血管扭曲打結了就很危險。

　　腎臟的內側面凹陷處的垂直缺口是腎門（renal hilum），是腎動脈進入，腎靜脈和腎盂（renal pelvis）離開的地方。腎盂是輸尿管上方的膨大部分。若將腎臟冠狀切開可看到，外圍顏色較鮮紅色的是皮質（cortex），及其內顏色較深者為髓質（medulla）。皮質有豐富的微血管，含大量腎絲球；髓質是由8～18個腎錐體（renal pyramids）所組成，腎錐體呈條紋放射狀，主要由腎小管組成，尖端為腎乳頭（renal papillae），且伸入腎盞（calyx）內。皮質伸入錐體間的是腎柱（column）。腎乳頭是集尿管（collecting tube）共同開口處，集尿管收集的尿液經腎乳頭至小腎盞、大腎盞，再經漏斗狀的腎盂送至輸尿管（圖13-2A）。

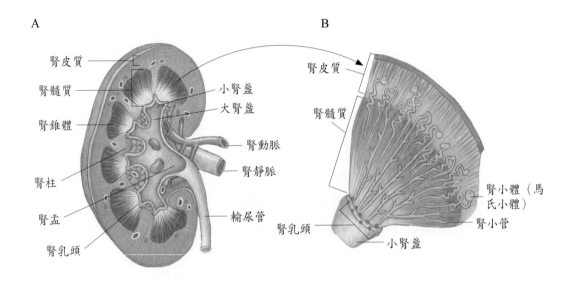

圖13-2　A.腎臟的冠狀切面　B.腎錐體及腎元

腎元（Nephron）

　　腎元是腎臟製造尿液的功能性單位（圖13-2B），包括腎小體（renal corpuscle）及腎小管（renal tubule）。每個腎臟約含100萬個腎元。腎元有皮質腎元和近髓質腎元兩種，皮質腎元的腎小管延伸進入髓質的腎錐體底部，而近髓質腎元的亨利氏環則深入髓質腎錐體深處的內部。皮質腎元的數目約是近髓質腎元的七倍。

　　1. 腎小體：又稱馬氏小體（malpighian body），包含鮑氏囊（腎絲球囊）和腎絲球（圖13-3），負責過濾的功能。

　　　(1)鮑氏囊（Bowman's capsule）：有兩層，外層是由單層鱗狀上皮組成的壁層；內層是由稱為足細胞的特化上皮細胞組成之臟層，兩層之間是中空構造，無血管。

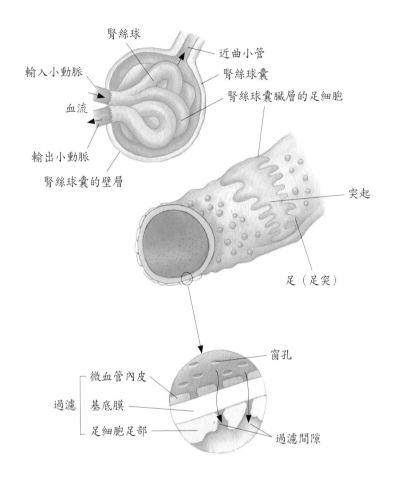

圖13-3　腎小體的顯微結構

(2)腎絲球（glomerulus）：位於腎皮質，是由動脈微血管網盤繞成球狀所構成，微血管管壁間隙較大，是體內微血管通透性最佳的器官。

(3)內皮囊膜（endothelial capsular membrane）：是腎臟的過濾單位，所有被腎臟所過濾的物質皆需經過腎絲球微血管內皮、腎絲球微血管基底膜、鮑氏囊的臟層上皮三層進入鮑氏囊腔，再入近側腎小管。由於腎絲球微血管內皮細胞帶負電荷，所以易通過內皮囊膜的物質分子是陽性分子＞中性分子＞陰性分子。

2. 腎小管：包括近曲小管、亨利氏環、遠曲小管及集尿管，負責再吸收與分泌功能。

(1)近曲小管（proximal convoluted tubule）：是腎小管的第一段，位於皮質或髓質。管壁有可增加再吸收及分泌作用表面積的微絨毛（刷狀緣）之立方上皮，此處呈等張壓，可吸收75%的水分。

(2)亨利氏環（loop of Henle）：位於髓質，下降枝的管壁是由鱗狀上皮所構成；上升枝則由立方上皮或低的柱狀上皮所構成。下降枝進入髓質後變窄，迴轉向上時再度變寬通過髓質進入皮質。此處能濃縮尿液而呈高張壓。

(3)遠曲小管（distal convoluted tubule）：位於皮質或髓質。管壁是由無微絨毛的立方上皮所構成，此處呈低張壓。遠曲小管與亨利氏環上升枝交界處的立方上皮特化成緻密斑（macula densa）。

(4)集尿管：管壁也是由立方上皮所構成，開口於腎乳頭。

近腎絲球器（juxtaglomerular apparatus）

近腎絲球器在皮質中，由近腎絲球細胞（juxtaglomerular cells）和緻密斑組成（圖13-4）。近腎絲球細胞是指在輸入小動脈接近腎小體處，其中膜的平滑肌細胞之細胞核由長形變成圓形，細胞質內的肌原纖維變為顆粒，能分泌腎活素（renin）的細胞；緻密斑則是指在遠曲小管的管壁細胞，它對血鈉離子濃度減少敏感。所以，在流經遠曲小管的血鈉離子濃度減少時，緻密斑即會被刺激，引起近腎絲球細胞分泌腎活素（renin），這與血壓的調整有關。

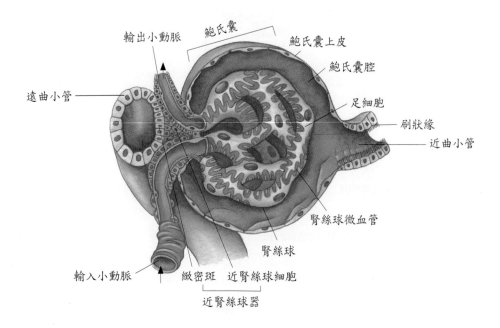

圖13-4　近腎絲球器的顯微構造

血液供應（Blood Supply）

左、右腎動脈輸送的血液量佔心輸出量的四分之一，約為每分鐘1200ml的血液流經腎臟，是全身血流量第二大器官（血流量佔第一位的是肝臟）。

　　源自腹主動脈的腎動脈在經過腎門前先分成數條分枝，進入腎錐體間的腎柱稱為葉間動脈（interlobar artery），延伸至腎錐體的基部彎曲而成弓狀動脈（arcuate artery），正好介於皮質和髓質間。弓狀動脈分出小葉間動脈（interlobular artery）進入皮質，並在皮質內分出輸入小動脈。輸入小動脈進入鮑氏囊內形成纏繞的微血管網之腎絲球，由輸出小動脈離開鮑氏囊。輸出小動脈的血液一部分注入腎小管周圍微血管（peritubular capillary）再流入小靜脈；另一部分注入伴隨亨利氏環進入髓質的直血管（vasa recta）內。腎小管周圍微血管合成小葉間靜脈（interlobular vein），再合成弓狀脈（arcuate vein），然後進入腎柱成葉間靜脈（interlobar vein），最後合成腎靜脈（renal vein）由腎門離開腎臟（圖13-5）。直血管則是將血液送入小葉間靜脈，它與尿液濃縮有關，是逆流交換裝置。

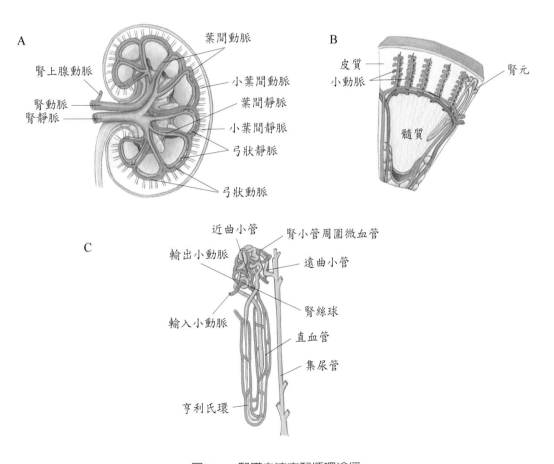

圖13-5　腎臟血流支配循環途徑

神經分布（Nerval Distribution）

　　腎臟的神經分布源自於自主神經系統的腎神經叢（renal plexus），它是由脊髓第十二胸椎至第二腰椎來的交感神經纖維所支配，腎臟無副交感神經。神經伴隨著腎動脈分支到附近血管，故可藉由此小動脈之直徑變化而來調節腎臟的血液循環。

　　人體姿勢的變化、身體的活動、緊迫壓力都會增加交感神經的活動，刺激血管收縮的神經亦可藉著腎絲球內血壓的調整來控制腎臟功能，也能調節腎臟內血流的分布。

　　男性的腎臟神經與睪丸來的神經有連繫，所以腎臟疾病常會引起睪丸疼痛。

生理功能（Physiological Functions）

　　腎臟的五大生理功能：

1. 製造尿液：身體排出的尿液是經由腎絲球的過濾、腎小管的再吸收與分泌作用而形成的。

2. 排除廢物：食物中所含的胺基酸會經由肝臟代謝後形成尿素；所含的核酸代謝後釋出尿酸；肌肉組織中的肌酸代謝後會形成肌酸酐，而腎小管無法全部再吸收這些含氮代謝物質，因而由尿液排除。

3. 調節水分與電解質的平衡：水分與電解質的再吸收作用是藉由腎激素來調節並維持體內的平衡。

4. 維持血液的酸鹼平衡：腎臟因近曲小管、遠曲小管及集尿管分泌H^+再加上HCO_3^-的再吸收，來調節體內的酸鹼平衡。

5. 分泌內分泌物質：腎臟除可分泌腎活素參與血壓的調節外，尚可活化維生素D及刺激紅血球生成的腎紅血球生成因子的分泌。

輸尿管（Ureters）

　　輸尿管有兩條，連接腎臟的腎盂與膀胱，管長約25～30公分，管徑約4～5公釐，上半段是腹膜後器官，下半段位於骨盆腔內，後方是腰大肌，由膀胱底部的上外側角以斜的方向進入膀胱（圖13-6），雖無實際的瓣膜構造，卻有生理上瓣膜功能，在膀胱膨脹時，膀胱內壓力會壓迫輸尿管進入膀胱端關閉，而防止尿液逆流。若此生理瓣膜失效，則易因膀胱炎造成腎臟感染。輸尿管在與腎盂交接處、與髂動脈及靜脈交叉處、進入膀胱等三處較狹窄。

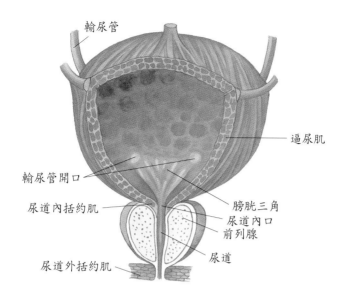

輸尿管

逼尿肌

輸尿管開口

尿道內括約肌

膀胱三角
尿道內口
前列腺

尿道外括約肌

尿道

圖13-6　膀胱與男性尿道（女性無前列腺）

膀胱（Urinary Bladder）

　　膀胱是一個中空的肉質器官，位於骨盆腔內，恥骨聯合的後方。男性的膀胱位於直腸正前方，女性則位於陰道前方及子宮的下方。其形狀隨著所含尿量的多寡而變化，無尿時像洩了氣的氣球，尿量多時呈卵圓形，並上升至腹腔。

　　膀胱底部指向前方的三角形區域是膀胱三角（trigone），在膀胱後壁（圖13-6），尿道內口是此三角的頂端，而底部的兩個點則是輸尿管在膀胱的開口。尿道內口附近的區域稱為膀胱頸，有平滑肌構成的不隨意內括約肌，以提供膀胱對尿液排出的自主性控制。在內括約肌下方有骨骼肌形成的外括約肌，即可隨意控制。

　　膀胱壁包括四層組織，由內而外依序為：

1. 最內層是黏膜層，由變形上皮細胞組成，具有伸展性，當膀胱內是空的時候，黏膜層呈皺褶狀。

2. 第二層是黏膜下層，為緻密結締組織，連結黏膜層和肌肉層。

3. 第三層是肌肉層，由內層縱肌、中層環肌、外層縱肌所組成，合稱迫（逼）尿肌（detrusor muscle）。逼尿肌的收縮可壓縮膀胱將尿液排入尿道。

4. 最外層是漿膜層，為腹膜的一部分，只覆蓋在膀胱的上表面。

尿道（Urethra）

尿道是由膀胱通到體外的一條管子。女性尿道長3.8cm，位於恥骨聯合正後方（圖13-7），並包埋於陰道前壁，斜向前下方，開口於陰道與陰蒂之間，此開口即為尿道口（urethral orifice）。尿道壁有三層構造：

1. 內層為黏膜層，與外陰部的黏膜相連。上段近膀胱處是變形上皮，下段為複層鱗狀上皮。
2. 中層為薄的海綿組織，內含靜脈叢。
3. 外層為肌肉層，是由環狀平滑肌所構成。

男性尿道長約20公分，可分成三部分（圖13-8），在膀胱正下方，垂直通過前列腺的為前列腺尿道（prostatic urethra），長約2.5公分，為射精管開口處；然後穿過泌尿生殖膈的部分，長約2公分，為膜部尿道（membranous urethra），是尿道最短的一段；最後最長的部分，穿過陰莖的尿道海綿體，是為陰莖尿道（penial urethra）。尿道壁的構造有兩層：

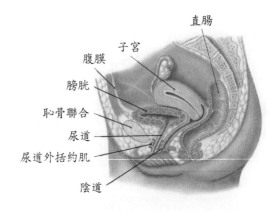

圖13-7　女性尿道位置

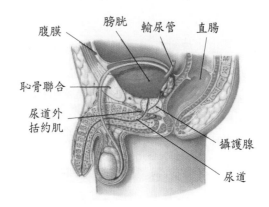

圖13-8　男性尿道位置

1. 內層為黏膜層，在前列腺尿道區是變形上皮；在生殖膈膜區及尿道海綿體區為偽複層上皮；在尿道開口的地方是複層鱗狀上皮。

2. 外層為黏膜下層，將尿道與周圍的構造結合在一起。

尿液形成與排放（The Production and Micturition of Urine）

尿液的形成需經過腎絲球的過濾作用、近曲腎小管的養分再吸收作用及遠曲腎小管的分泌作用三個步驟（圖13-9）。而亨利氏環與集尿系統間的交互作用，可調節水分與鈉鉀離子在尿液中的流失量。

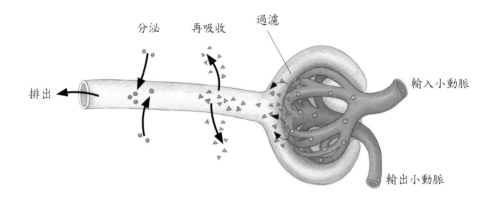

圖13-9　尿液形成的三個主要步驟

腎臟最重要的功能是能控制體液的滲透濃度，當體液太稀時，會將多餘的水分排出，排出的是稀尿而不需抗利尿激素協助；當體液太濃時，則需排出多餘的溶質，此時即需抗利尿激素的協助，且排出的是濃尿。兩種情況皆由抗利尿激素來決定。

尿液是經由排尿的動作由膀胱經尿道排出體外。膀胱的平均容量約為700～800ml，當膀胱內的尿液超過容量一半時，膀胱壁上的牽張感受器會傳送神經衝動至腰、骶段脊髓，這些神經衝動會引起尿意及下意識的排尿反射。

排尿反應是由隨意及不隨意兩種神經衝動共同作用產生。骶椎傳來的副交感神經衝動經反射作用由骨盆神經（S_{2-4}）及交感神經經下腹神經（L_{1-2}）將訊息傳至膀胱壁的迫尿肌及膀胱內括約肌，使迫尿肌收縮、內括約肌舒張。同時腦的意識區將神經衝動傳至膀胱外括約肌，使其舒張，如此才能引起排尿動作（圖13-10）。雖然膀胱排空是由反射作用控制，但因大腦控制了外括約肌，使排尿動作可隨意被引發或停止。

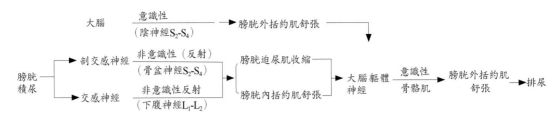

圖13-10　排尿的機制

　　喪失隨意控制排尿動作的能力稱為尿失禁（incontinence）。兩歲以下的嬰兒，因控制外括約肌神經元還沒發育完成，在膀胱擴張至某程度時即會引發反射性的排尿動作，此種尿失禁是正常的。

　　男性的尿道除了是排尿的通道外，也是排出精液的通道，但兩種情況不會同時發生，因為當交感神經興奮產生射精動作，這時的膀胱迫尿肌鬆弛、內括約肌收縮，是抑制排尿的發生，同時可防止精液逆流回膀胱內。

臨床指引：

　　尿毒症（uremia），是腎臟功能衰竭或失去功能，導致體內廢物無法排泄出去而引起的疾病。尿毒症分為急性或慢性兩種；急性尿毒症有85%以上的治癒率，而慢性尿毒症的病患需長期洗腎或換腎治療。

　　急性尿毒症的發病原因主要是大量出血、嚴重休克、心臟衰竭、藥物使用不當（止痛劑、中藥、抗生素）等。老年人及糖尿病患者最易受腎毒性藥物侵害，應小心注意使用。急性尿毒症病患經適當治療或洗腎2～3次，腎功能恢復後即可痊癒。

　　慢性尿毒症是指血液中的毒素或廢物逐漸無法排出體外，而累積在身體內影響正常功能，甚至喪失生命。當腎功能喪失90%的功能時，就需要積極治療了。血中正常的肌酸酐（creatinine）為1mg/dl，當超過8 mg/dl以上時，即腎功能喪失90%，是為腎衰竭。腎衰竭的慢性尿毒症病人可以用血液透析，腹膜透析及腎臟移植來治療。

　　台灣目前最常見的就是血液透析，也就是洗腎。在病患手臂中先建立一條動靜脈廔管；動脈出來的血液先經過體外的人工腎臟，將血液的廢物清除後，再將已透析血液送回人體靜脈內。

　　腹膜透析是以病人的腹膜當做人工腎臟來清除血液中的廢物，再將含有廢物的透析物排出體外即可。

　　腎臟移植即找一健康正常的腎臟來取代原有喪失功能的腎臟。

　　三者方法的存活率都相同。

老化（Aging）

　　腎臟功能會隨著年齡的增加而減少。以25歲腎功能100%來看，45歲時只有88%，至65歲只有78%，至85歲只剩69%，這是因為通往腎臟的動脈逐漸變得狹窄，至70歲時通往腎臟的血流量約減少一半。

　　年齡增長排尿次數增加，以男性來說可能是前列腺肥大。若有尿失禁的問題，則與控制膀胱排尿的肌肉變得無力有關。

自我測驗

一、問答題

　　1. 試述腎元的組成及各部分的功能。

　　2. 試述腎臟的血液供應情形。

　　3. 試述尿液的形成。

　　4. 試述排尿的機制。

　　5. 男、女性的尿道在構造上有何不同？

　　6. 何謂膀胱三角？

二、選擇題

（　）1. 下列有關腎臟的正確敘述是：

(A) 腎臟的前後面都覆蓋著腹膜　(B) 腎臟介於壁層腹膜和後腹壁之間

(C) 右腎的上緣接近第12胸椎　(D) 腎門就是輸尿管上方的膨大不分

（　）2. 腎錐體的敘述如下，正確的是：　a.主要由腎小管構成　b.錐體頂部為腎乳頭　c.8～12個錐體構成皮質　d.腎乳頭開口在腎盞

(A) abc　(B) abd　(C) acd　(D) bcd

（　）3. 有關腎元的敘述，下列何者正確？

(A) 腎髓質及腎皮質均有腎小球　(B) 進出絲球體的血管均為動脈　(C) 亨利氏環具有刷狀緣立方上皮管壁　(D) 鮑氏囊是腎元中吸收水分最多的部位

（　）4. 正常人在休息時，腎臟的血流量應佔心輸出量的多少？

(A) 2倍　(B) 50%　(C) 20%　(D) 10%

（　）5. 各段腎小管中，其上皮細胞具有明顯刷狀緣的是：

(A) 近曲小管　(B) 亨利氏環下降枝　(C) 亨利氏環上升枝　(D) 遠曲小管

（　）6. 下列有關逆流機轉的敘述，何者不正確？

(A) 亨利氏環會使髓質間液滲透度增高　(B) 直血管可帶走髓質中大部分的水分　(C) ADH可增加尿液濃縮能力　(D) 逆流機轉破壞會導致高滲性尿液

（　）7. 有關泌尿器官，下列敘述何者錯誤？

(A) 輸尿管下行時會與髂總動脈交叉　(B) 尿道外括約肌是不隨意肌　(C) 男性膀胱後面有儲精囊和輸精管　(D) 女性尿道外口位於陰道口與陰蒂之間

（　）8. 正常成年男性的腎絲球過濾率每天約有：

(A) 8000公升　(B) 1800公升　(C) 180公升　(D) 18公升

（　）9. 腎活素（renin）是下列何細胞製造？

(A) 腎皮質細胞　(B) 腎髓質細胞　(C) 近腎絲球細胞　(D) 亨利氏管細胞

（　）10.腎小管再吸收的主要部位是：

(A) 近曲小管　(B) 亨利氏環　(C) 遠曲小管　(D) 集尿管

（　）11.控制膀胱迫尿肌收縮及尿道內括約肌舒張的神經是：

(A) 交感神經　(B) 副交感神經　(C) 脊神經　(D) 陰部神經

（　）12.尿液形成時最先發生的步驟是：

(A) 胞飲　(B) 過濾　(C) 再吸收　(D) 分泌

（　）13.下列何者不屬於腎臟功能？

(A) 調解血液酸鹼值　(B) 移除含氮廢物　(C) 移除二氧化碳　(D) 維持血液滲透壓

（　）14.在腎絲球囊的臟層上的特化細胞是：

(A) 裂孔細胞　(B) 刷狀緣細胞　(C) 足細胞　(D) 緻密斑

（　）15.直血管圍繞著：

(A) 集尿管　(B) 腎絲球　(C) 亨利氏環　(D) 緻密斑

解答：

1.(B)　2.(B)　3.(B)　4.(C)　5.(A)　6.(D)　7.(B)　8.(C)　9.(C)　10.(A)

11.(B)　12.(B)　13.(C)　14.(C)　15.(C)

第十四章　內分泌系統

本章大綱

　　內分泌系統和神經系統共同協調並維持身體內、外環境恆定。神經系統是經由神經元傳送電衝動以控制恆定；內分泌系統則是釋放荷爾蒙（hormone）進入血液，改變細胞組織的代謝作用以影響身體活動。內分泌系統和神經系統兩者之間也能互相協調。

內分泌腺（Endocrine Glands）

　　內分泌腺不具導管，能將所分泌的荷爾蒙直接進入血液中，血液再將荷爾蒙送往標的細胞（target cells），以改變細胞組織的代謝作用。許多內分泌腺是分離的器官（圖14-1），包括：腦下垂體（腦下腺）、松果腺（腦上腺）、甲狀腺、副甲狀腺、胸腺。此外，有的器官也含有內分泌組織，例如：胰臟、卵巢、睪丸、腎、胃、小腸、心臟、皮膚、胎盤等（表14-1）。

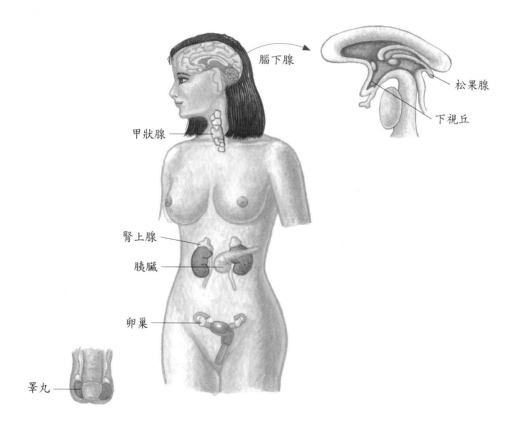

圖14-1　內分泌系統的器官位置圖

表14-1 全身內分泌腺

內分泌腺體	主要荷爾蒙	主要標的器官	主要作用
松果腺	褪黑激素（Melatonin）	下視丘和腦下腺前葉	影響性促素的分泌
下視丘	釋放和抑制激素	腦下腺前葉	調節腦下腺前葉激素（荷爾蒙）的分泌
腦下腺前葉	營養激素（Trophic hormone）	內分泌腺和其他器官	刺激標的器官成長發育；刺激其他激素分泌
腦下腺後葉	抗利尿激素（ADH）	腎臟及血管	促進水分的保留和血管收縮
	催產素（Oxytocin）	子宮及乳腺	促進子宮、乳腺分泌單位的收縮
甲狀腺	甲狀腺素（Thyroxine, T_4）三碘甲狀腺素（T_3）	大多數的器官	促進生長發育，並刺激細胞基礎代謝率
	降鈣素（Calcitonin）	骨骼、小腸、腎臟	參與血鈣濃度調節
副甲狀腺	副甲狀腺素（PTH）	骨骼、小腸、腎臟	增加血鈣濃度
胸腺	胸腺素（Thymopoietin）	淋巴結	刺激白血球的產生
心臟	心房鈉尿激素（ANH）	腎臟	促進鈉離子由尿排出
胰臟	體制素（Somatomedins）	軟骨	抑制細胞分裂、生長
蘭氏小島	胰島素（Insulin）	許多器官	促肝糖、脂肪生成
	升糖素（Glucagon）	肝臟和脂肪組織	促肝糖、脂肪分解
胃	胃泌素（Gastrin）	胃	刺激胃酸分泌
腎上腺皮質	糖皮質酮（Corticoids）	肝臟及肌肉	影響葡萄糖代謝
	醛固酮（Aldosterone）	腎臟	留鈉排鉀
腎上腺髓質	腎上腺素（Epinephrine）	心臟、支氣管、血管	交感神經興奮
小腸	促胰激素（Secretin）	胰臟	刺激胰液分泌
	膽囊收縮素（Cholecystokinin）	肝臟、膽囊	刺激膽囊收縮
腎臟	促紅血球生成素	骨髓	刺激紅血球產生
卵巢	Estrodiol、progesterone	雌性生殖道及乳腺	促第二性徵出現
睪丸	睪固酮（Testosterone）	前列腺、儲精囊及其他器官	刺激第二性徵的發育

荷爾蒙（Hormones）

種類（Types）

　　不同的內分泌腺體所分泌的荷爾蒙（又稱激素）在化學結構上會有很大的差異，但仍可將其分成胺類、蛋白質與胜肽類、類固醇類三大類。

1. 胺類（amines）：此類荷爾蒙是由酪胺酸（tyrosine）及色胺酸（tryptophan）兩種胺基酸衍生而來，包括了腎上腺髓質、甲狀腺、松果腺所分泌的荷爾蒙。

2. 蛋白質（protein）與胜肽類（peptides）：此類荷爾蒙由胺基酸鏈所組成，有的分子結構簡單，如催產素；有的很複雜，如胰島素。其他合成蛋白質與胜肽類的內分泌器官有：垂體前葉、甲狀腺的降鈣素、副甲狀腺、下視丘、胰臟。它與胺類皆為水溶性。是三類中佔最多者。

3. 類固醇類（steroids）：此類荷爾蒙是由膽固醇衍生而來，例如腎上腺皮質分泌的皮質類固醇、性腺分泌的性類固醇，屬脂溶性，可在平滑內質網內製造。激素的化學特性列於表14-2。

表14-2　激素的種類與化學特性之比較

激素種類 / 比較項目	胺類	類固醇類	蛋白質與胜肽類
特徵	由酪胺酸、色胺酸衍生，構造最簡單	由膽固醇衍生	由胺基酸鏈所組成，量最多，有的簡單，有的複雜
製造器官	腎上腺髓質、甲狀腺、松果腺	腎上腺皮質、睪丸、卵巢、胎盤	垂體前葉、甲狀腺、副甲狀腺、下視丘、胰臟
溶解特性	水溶性	脂溶性	水溶性
荷爾蒙名稱	Norepinephrine Epinephrine T3、T4 Thymopoietin	Cortisol、 Aldosterone、 Testosterone、 Estrogen、 Progesterone	GH、TSH、FSH、 ACTH、PTH、HCG、 MSH、Prolactin、 Calcitonin、 ADH、Oxytocin、 Insulin、Glucagon
作用機轉	傳訊作用	基因作用	傳訊作用
接受器	細胞膜	細胞質、細胞核	細胞膜
需c-AMP幫忙	＋	－	＋
需mRNA參與	－	＋	－

＊T3、T4為水溶性荷爾蒙，但其作用機轉為基因作用而非傳訊作用。

作用機轉（Physiological Mechanism）

荷爾蒙經由血液可傳送至身體的每一個細胞，但是只有目標細胞才能與之反應。為了能與此荷爾蒙產生反應，目標細胞上必須有特定的接受器蛋白，而此接受器蛋白和荷爾蒙的交互作用具高度專一性（specificity）、高親和性（high affinity）和低容量性（low capicaty），荷爾蒙與接受器結合易飽和。

在目標細胞中荷爾蒙接受器的所在位置是依荷爾蒙的化學性質來決定。脂溶性荷爾蒙易穿過細胞膜進入標的細胞，所以接受器在細胞質和細胞核內，稱為基因作用；水溶性荷爾蒙無法穿過細胞膜，所以接受器在細胞膜的外表面，且需第二傳訊者的幫忙，稱為傳訊作用。

分泌調節（Regulation of Secretions）

每一種特定荷爾蒙（激素）的分泌都是視身體需要和維持體內恆定而分泌的，所以不會分泌過多或過少，除非調節機轉發生了問題，才會導致荷爾蒙過量或不足而引起疾病。身體調節荷爾蒙分泌的方式有正或負回饋系統。

1. 正回饋系統（positive feedback system）：產生的反應可加強最初的刺激作用，即為正回饋，此種機制在體內較少見。例如：動情素（antrogen）在排卵前以正回饋方式促進黃體生成素（LH）及促性腺激素（GnRF）分泌；分娩時，胎兒對子宮壁的牽扯刺激誘發催產素（oxytocin）分泌，子宮肌的收縮會引發一連串的正回饋作用，產生陣痛而分娩。

2. 負回饋系統（negative feedback system）：產生的反應可降低或改變最初的刺激，即為負回饋，體內大部分的荷爾蒙分泌是藉此系統來調節。例如血糖太高會誘發胰臟蘭氏小島分泌胰島素（insulin），使血糖下降至正常範圍為止。血糖高是個刺激，胰島素的分泌降低血糖濃度即是負回饋的表現。

腦下腺（Pituitary Gland）

腦下腺又稱腦下垂體（hypophysis），呈圓形、豌豆狀、直徑約1.3公分的腺體，位於大腦基部視神經交叉後方蝶鞍的腦下垂體窩，以漏斗部（infundibulum）穿過鞍膈與下視丘相連。腦下腺可分為前葉、後葉。

前葉

前葉又稱垂體腺體部（adenohypophysis），佔垂體總重量的75%，含腺體上皮細胞，其分泌量受下視丘分泌的調節因子所調控。有下列幾種激素分泌：

促腎上腺皮質素（adrenocorticotropic hormone, ACTH）、生長激素（growth hormone, GH）、泌乳激素（prolactin, PRL）、甲狀腺刺激素（thyroid-stimulating hormone, TSH）、濾泡刺激素（follicle- stimulating hormone, FSH）、黃體生成素（luteinizing hormone, LH）。

下視丘可規律製造這些荷爾蒙（激素）來調節腦下腺前葉的活動。這些激素會被分泌到門脈系統（portal system）中。門脈系統即是下視丘微血管網與腦下腺微血管網互相形成循環，以確保激素在進入一般血液循環之前先到達目標細胞。如圖14-2。

後葉

後葉又稱垂體神經部（neurohypophysis），佔垂體總重量的25%，所分泌的抗利尿激素（ADH）和催產素（OT）分別是由下視丘的視上核和室旁核所製造，再經由下視丘－垂體徑運送至垂體後葉儲存。如圖14-2。

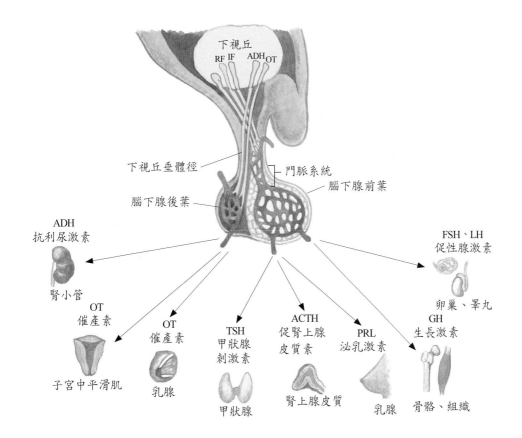

圖14-2　下視丘和腦下腺。下視丘產生兩種激素-在腦下腺後葉儲存及釋放。下視丘控制腦下腺前葉的分泌，腦下腺前葉控制亦為內分泌腺之甲狀腺、腎上腺皮質性的分泌。

前葉分泌的荷爾蒙（Secreting Hormone of Anterior Lobe）

生長激素（Growth Hormone, GH）

生長激素又稱體促素（somatotropin）或促體激素（somatotropic hormone, SH），能促進身體細胞的生長及分裂，最主要的功能是作用於骨骼和骨骼肌的生長速率，並維持兩者間之大小。

功能：

1. 促進蛋白質合成，以引起細胞的生長與繁殖，故與青春期的生長有關。
2. 促使骨骺生長加速，增加長骨長度。
3. 促進脂肪的異化作用，利用脂肪做為能量的來源。
4. GH促使肝糖分解，使血糖升高，引起高血糖症狀，故稱為糖尿病生成效應，而有抗胰島素（anti-insulin）的作用。
5. 促進腸對鈣質及腎對磷質的吸收率，以利鈣、磷沉積於骨質。

分泌調節

生長激素的分泌至少受兩種來自下視丘的調節因子，即生長激素釋放因子（growth hormone releasing factor, GHRF）及生長激素抑制因子（growth hormone inhibiting factor, GHIF）所調節。下視丘釋放的調節因子，可經由腦下垂體門脈循環，以促進及抑制生長激素的分泌。

除了下視丘分泌GHRF可刺激生長激素分泌外，周邊身體的反應也會經由負回饋系統刺激生長激素的分泌（表14-3）。

表14-3　影響生長激素分泌的因素

刺激分泌	抑制分泌
・能量受質缺乏時，如低血糖、禁食 ・循環中某些胺基酸濃度增加 ・升糖素及胰島素 ・生長介質素 ・壓力刺激 ・入睡前 ・多巴胺（dopamine）及乙醯膽鹼（Ach）	・高血糖 ・胺基酸減少 ・脂肪酸增加 ・生長激素量高 ・GHIF分泌 ・熟睡期 ・甲狀腺機能不足

分泌異常

在孩童發育期，生長激素分泌不足，會導致骨骼生長緩慢，未達正常高度骨骺即已閉合，造成身體矮小的垂體性侏儒症（pituitary dwarfism）。若是在孩童發育期分泌過多，則造成巨人症（giantism）。若是在成年時生長激素分泌過多，則因長骨

骨骺板已與骨幹融合，不會繼續增加長度，所以所有末梢皆變肥大，而成肢端肥大症（acromegaly）。

甲狀腺刺激素（Thyroid-Stimulating Hormone, TSH）

功能

1. 對於甲狀腺
   (1)增加碘的攝取和補捉。
   (2)增加甲狀腺素（thyroxine）的合成與分泌。
   (3)促進儲存於甲狀腺濾泡中的甲狀腺球蛋白分解，以釋出甲狀腺素。
2. 對於脂肪組織
   (1)促進脂肪的異化作用。
   (2)增加脂肪酸的釋放。
3. 與GH共同參與體內組織的生長。

分泌調節

1. 受下視丘所分泌的甲狀腺刺激素釋放因子（thyrotropin releasing factor, TRF）的刺激而分泌。
2. TRF的釋放則依血液中甲狀腺素的含量、血糖的含量、身體的代謝率，經由負回饋系統來完成。

黃體生成素（Luteinizing Hormone, LH）

功能

LH與濾泡刺激素合稱為促性腺激素（gonadotropin）。

1. 在女性方面
   (1)LH會與濾泡刺激素共同作用，刺激卵巢中濾泡的成熟。
   (2)刺激卵巢分泌與合成動情素。
   (3)與動情素一起刺激卵巢排卵，又稱排卵激素，並使子宮做好準備以待受精卵著床。
   (4)排卵後刺激卵巢內黃體形成及維持，並分泌黃體素。
   (5)使乳腺做好泌乳準備。
2. 在男性方面
   (1)可刺激睪丸間質細胞的發育，並分泌睪固酮（testosterone），所以男性的LH又稱為間質細胞刺激素（interstitial cell-stimulating hormone, ICSH）。
   (2)促進精子的成熟。
   (3)促進男性第二性徵的表現：如寬肩、窄腰、聲音變低沉等。

分泌調節

1. 受下視丘分泌促性腺激素釋放因子（gonadotropin releasing factor, GnRF）的控制。
2. GnRF的釋放則與動情素、黃體素、睪固酮的負回饋系統有關。

濾泡刺激素（Follicle--Stimulating Hormone, FSH）

功能

1. 在女性方面
   (1)引發每個月的卵泡的發育成熟。
   (2)刺激卵巢卵泡細胞分泌動情素。
2. 在男性方面
   (1)促睪丸發育。
   (2)刺激睪丸曲細精管中精子的製造和成熟。
   (3)促支持細胞分泌抑制素。

分泌調節

1. 受下視丘分泌促性腺激素釋放因子（gonadotropin releasing factor, GnRF）的控制。
2. 受性腺激素的調節
   (1)受女性動情素、黃體素及男性睪固酮的負回饋系統的調節。
   (2)排卵前，受動情素的正回饋系統刺激分泌增加，與LH共同作用。
3. 受排卵後黃體分泌的抑制素（inhibin）的負回饋來調節分泌。

泌乳激素（Prolactin, PRL）

功能

　　與其他激素共同作用，在懷孕時可促乳房發育並刺激乳汁產生。

分泌調節

1. 受下視丘分泌泌乳激素釋放因子（prolactin releasing factor, PRF）及抑制因子（prolactin inhibiting factor, PIF）的雙重調節。
2. 懷孕及生產時可刺激泌乳激素的分泌，但分娩後會短暫地降低分泌，等哺乳時分泌量又會上升。嬰兒吮乳刺激乳房會使下視丘減少PIF的分泌，而使泌乳激素分泌增加。同時PRL會抑制排卵，使卵巢失去活性，所以產後餵母乳的女性會無月經。

促腎上腺皮質素（Adrenocorticotropic Hormone, ACTH）

功能

1. 刺激腎上腺皮質糖皮質固醇、礦物質皮質固醇、性皮質固醇的製造與分泌。

2. 作用於脂肪細胞，增加脂肪的異化作用。

3. 作用於黑色素細胞，使皮膚顏色變黑。

分泌調節

1. 受下視丘分泌的促腎上腺皮質素釋放因子（corticotropin releasing factor, CRF）所調控。

2. 導致壓力的刺激，會使CRF分泌增加。

3. 當糖皮質固醇分泌量發生改變時，會經由負回饋系統來調節ACTH的分泌。

後葉分泌的荷爾蒙（Secreting Hormone of Posterior Lobe）

催產素（Oxytocin, OT）

功能

1. 刺激懷孕子宮平滑肌收縮以利生產之進行。

2. 可刺激乳腺管平滑肌收縮射出乳汁。

3. 產後可增強子宮的緊張度，控制產後出血。

4. 性交時，刺激未懷孕的子宮收縮以利精子的運行與卵子受精。

分泌調節

1. 開始分娩時，子宮頸擴張引起神經衝動傳向下視丘分泌細胞，刺激OT的合成，並使垂體後葉釋出OT入血液至子宮，加強子宮收縮，子宮的收縮產生正回饋使OT分泌更多，最後使胎兒擠出子宮。

2. 嬰兒吸吮乳頭的刺激，使OT分泌，乳腺平滑肌收縮射出乳汁。

抗利尿激素（Antidiuretic Hormone, ADH）

抗利尿激素又稱血管加壓素（vasopressin）。

功能

1. 作用於遠曲小管、集尿管對水的再吸收增加，使尿量減少。

2. 當身體失血時，ADH可作用於小動脈平滑肌，使小動脈收縮而血壓上升。

分泌調節

ADH的分泌量是依身體的需要量而定。例如在高血漿滲透壓下，會刺激下視丘的滲透壓接受器，刺激視上核神經元產生ADH增加，並將儲存於腦下腺後葉的ADH釋放。

分泌異常

1. 分泌過量：某些腦疾、肺癌患者或用藥不慎者，造成ADH分泌異常而出現低血鈉

症、尿液濃縮不良、血液呈低張狀態。

2. 分泌不足：導致尿崩症（diabetes insipidus）。

臨床指引：

　　尿崩症（diabetes insipidus），臨床上因為腎臟受損能導致多尿，但大部分的多尿症是由荷爾蒙失調所引起的。最常見的臨床疾病就是糖尿病及尿崩症。糖尿病會在後面敘及。尿崩症是水份不正常代謝而呈多尿的症狀，每日尿量大於5000cc。

　　尿崩症是腦下垂體後葉不分泌抗利尿激素（ADH）導致，使得腎臟對水分無法保留，而使腎臟排出過多的水分。

　　輕微的尿崩症病人不需特別的治療，只要將水分與電解質的攝取和尿的排出，保持平衡即可。

　　但嚴重尿崩症的病患（每小時排尿超過250cc），且連續兩次以上，則需服用抗利尿劑。

甲狀腺（Thyroid）

解剖學（Anatomy）

　　甲狀腺重約20～25公克，位於喉的正下方，其左、右兩側葉分別位於喉及氣管的兩側，中間約在第2～3氣管環的高度，以峽部（isthmus）相連，有的人峽部會向上伸展出錐狀突。副甲狀腺則包埋在甲狀腺後表面中。如圖14-3及14-5。甲狀腺是體內最大的內分泌腺體，其血液供應豐富，分別來自外頸動脈的甲狀腺上動脈（superior thyroid artery）與來自甲狀腺頸幹的甲狀腺下動脈（inferior thyroid artery）供應每分鐘約80～120ml的血液。

顯微構造（Microscopic Structure）

　　甲狀腺外由結締組織包被，內有許多稱為甲狀腺濾泡（thyroid follicles）的球狀中空小囊（圖14-3），在濾泡內襯有一層單層立方上皮，此為合成甲狀腺素（thyroxine）的濾泡細胞（follicular cells），濾泡內部含有稱為膠質（colloid）的蛋白質液體。在濾泡之間的表皮細胞為分泌降鈣素（calcitonin）的濾泡旁細胞（parafollicular cells）或稱為C細胞。

　　濾泡細胞所製造的甲狀腺素（thyroxine, T_4），含四個碘原子；也製造三碘甲狀腺素（triiodothyronine, T_3），則含三個碘原子，兩者合稱為甲狀腺激素（thyroid hormone）。T_4的分泌量是T_3的5倍，但T_4的活性卻是T_3的3～4倍。

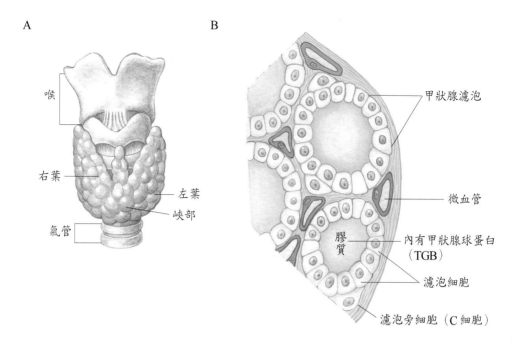

圖14-3　甲狀腺。A.解剖位置　B.濾泡放大圖

甲狀腺激素（Thyroid Hormone）

合成、儲存與釋放（Formation，Storage and Secretion）

食物中的碘是在空腸吸收，在血液中的濃度為0.3μg/100ml。甲狀腺激素的合成是受甲狀腺刺激素（TSH）的影響，在濾泡上皮細胞合成。

合成

體內的碘離子可藉主動運輸的方式由血液運入甲狀腺的濾泡細胞，濾泡細胞內的碘離子濃度可達血中的40倍。濾泡細胞中的碘離子在過氧化氫酶氧化下形成碘原子（iodine）。碘原子再與甲狀腺球蛋白中的酪胺酸（tyrosine）結合成單碘酪胺酸（monoiodotyrosine, MIT），再經碘化成雙碘酪胺酸（diiodotyrosine, DIT）。

在膠質中，酵素會修飾MIT和DIT的結構，再將之配對偶合。當兩個DIT分子經適當修飾偶合成四碘甲狀腺素（T_4）或稱甲狀腺素；若是一個MIT與一個DIT偶合則形成三碘甲狀腺素（T_3）。

儲存

甲狀腺激素合成後，大多會在膠質中與甲狀腺球蛋白（thyroglobulin；TGB）結合成甲狀腺膠體（thyroid colloid）儲存達1～3個月之久。所以，即使合成受阻，也需在數個月後才見到影響。

釋放

經由TSH的刺激，濾泡細胞會藉由胞飲作用吸收小體積的膠質，並將T₃和T₄由甲狀腺蛋白中移出，再將游離的激素分泌至血液中。

進入血流後，大多數甲狀腺激素與血漿中的甲狀腺素結合球蛋白（thyroxine-binding globulin, TBG）結合成蛋白結合碘（protein-bound iodine, PBI），故由血液中的蛋白結合碘（PBI）可測知甲狀腺的機能。

作用（Functions）

1. 調節代謝作用：
   (1) 增加基礎代謝率（basic metabolic rate, BMR）：甲狀腺激素可促使細胞內粒線體分裂加快使數目增加。粒線體是胞內的發電廠，所以可增加能量產生，使BMR加快。
   (2) 可增加醣類的異化作用降低血糖；增加脂肪的異化作用降低血中膽固醇，所產生的能量以熱放出使體溫上升，此為產熱效應（calorigenic effect）。
   (3) 增加小腸吸收葡萄糖速率：所以飯後血糖會上升，但因異化作用加速，使血糖又迅速下降。
   (4) 助肝臟將胡蘿蔔素合成維生素A。
   (5) 增加紅血球的2, 3DPG，使氧與血紅素的解離度增加，解離曲線右移，以供給甲狀腺激素對氧的消耗。
2. 調節生長與發育：甲狀腺激素與生長激素共同促進小孩骨骼、肌肉，尤其是神經組織的生長、發育。
3. 協調神經系統的活動性：甲腺腺激素會增加神經系統的反應性，導致血流速度增加、心跳變快變強、血壓上升、腸胃蠕動增加、神經質及不安。

分泌調節（Secretion Regulation）

1. 若血液中甲狀腺激素的量低於正常值，或代謝率降低，或寒冷的天氣，在下視丘的化學感受器偵測出其變化後，即會刺激下視丘釋放促甲狀腺激素釋放激素（TRH），此釋放激素再刺激垂體腺體部分泌TSH，接著TSH就刺激甲狀腺分泌甲狀腺激素，直至代謝率回復正常為止（圖14-4）。
2. 若血液中甲狀腺激素濃度增加，可經由負回饋機轉抑制腦下腺前葉的TSH及下視丘的TRH分泌減少。
3. 若血循中動情素（estrogen）、雄性素（androgen）大量出現或壓力、老化、過度溫暖會使TSH分泌減少。

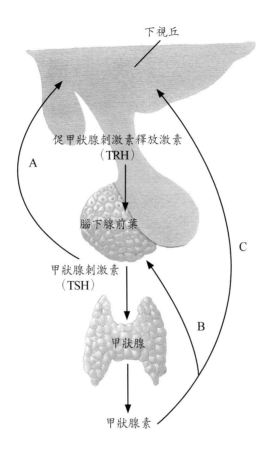

圖14-4　調節下視丘、腦下腺前葉和甲狀腺的負回饋作用。A.甲狀腺刺激素的濃度可回饋控制下
　　　　視丘；B.甲狀腺素的濃度可回饋控制腦下腺前葉；C.甲狀腺素濃度可回饋控制下視丘。

功能失調（Disorder）

　　甲狀腺功能失調有兩種情況，若分泌過多會造成功能亢進；若分泌過少會造成功能
低下。

功能亢進

　　最常見的是格雷氏病（Grave's disease）又稱突眼甲腺腫。

　　格雷氏病可發生於任何年齡，但最常發生在30～50歲的女性，它是一種自體免疫疾
病，病人體內的T淋巴球被甲狀腺中的抗原活化，轉而刺激B淋巴球製造對抗抗原的抗體
循環全身。

　　格雷氏病是導致甲狀腺毒症最常見的原因，其特徵有三：

1. 甲狀腺機能亢進症狀：如代謝率增加、體溫上升、脈搏速率增加、皮膚潮紅、體
   重減輕、易激動、手指顫抖、甲狀腺腫至原有的2～3倍等。
2. 浸潤性眼病：甲狀腺球蛋白－抗甲狀腺球蛋白及其他的甲狀腺免疫複合體沉積於
   眼球外肌肉內，產生炎症反應而形成突眼症。

3. 浸潤性皮病：常發生於足部或腿的背面，稱為脛前黏液水腫（pretibial myxedema）。

通常使用藥物來抑制甲狀腺激素的合成，或以外科手術摘除部分甲狀腺的方式治療。

功能低下

1. 在成長期間甲狀腺激素分泌不足，或懷孕時母親飲食缺碘，會造成呆小症（cretinism），主要的明顯症狀是侏儒症與經神遲滯。除此外尚有性發育遲緩、臉圓、鼻子變厚、舌頭外突、腹部鼓起、體溫低、嗜眠、心跳速率變慢等症狀。

2. 在成年時因甲狀腺疾病、腦下腺或下視丘病變，造成甲狀腺激素分泌不足而發生黏液性水腫（myxedema），患者臉圓肥腫、心跳變慢後心肥大、體溫低、肌肉無力、嗜眠、神經反應性遲鈍等症狀。女性的發生率是男性的8倍。

副甲狀腺（Parathyroid Gland）

解剖學（Anatomy）

副甲狀腺是人體內最小的內分泌腺體，埋在甲狀腺兩側葉之後，約綠豆大小，排成上下兩對。如圖14-5。上兩個位在環狀軟骨高度，由甲狀腺上動脈支配；下兩個位在甲狀腺側葉下端，由甲狀腺下動脈支配。

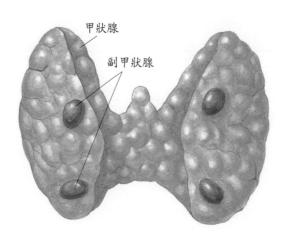

甲狀腺

副甲狀腺

圖14-5　副甲狀腺

顯微構造（Microscopic Structure）

副甲狀腺中含有兩種不同型態的上皮細胞，數目較多的是主細胞（chief cells），可合成副甲狀腺素（parathyroid hormone, PTH）；另一種是體積較大的嗜酸性細胞（oxyphil cell），功能不明顯，數目會隨年齡增加。

副甲狀腺素（Parathyroid Hormone, PTH）

功能（Functions）

副甲腺素可控制血液中鈣離子濃度，會作用在骨骼、腸道、腎臟，以促進血液中鈣離子的增加，故有升鈣素之稱。

1. 可活化維生素D，增加鈣與磷酸根由十二指腸吸收。
2. 增加蝕骨細胞的活性，使骨組織分解，並將鈣、磷酸釋入血液中。
3. 可增加血液中來自骨骼的鹼性磷酸酶。
4. 能增加近曲小管對鈣的再吸收，抑制近曲小管對磷酸根的再吸收，維持血液中鈣與磷的反比關係。

所以PTH的整體作用是升高血鈣、降低血磷含量，且在調節血鈣濃度上與降鈣素是互為拮抗的。

副甲狀腺素與降鈣素的比較

比較項目	副甲狀腺素（PTH）	降鈣素（CT）
分泌器官	副甲狀腺	甲狀腺
分泌細胞	主細胞	濾泡旁細胞
對鈣、磷的影響	升鈣、降磷	降鈣、降磷
作用機轉	・增加蝕骨細胞的活性 ・增加十二指腸對鈣的再吸收 ・增加近曲小管對鈣的再吸收但抑制對磷的再吸收	・抑制蝕骨細胞活性 ・增加骨骼對鈣的吸收 ・增加鈣、磷自尿中排泄

分泌調節（Secretion Regulation）

副甲狀腺素的分泌不受垂體控制，而是受血鈣濃度調節的負回饋作用。當血鈣濃度下降時，會促進副甲狀腺素的分泌；而血鈣濃度上升時，會抑制副甲狀腺素的活性及分泌（圖14-6）。

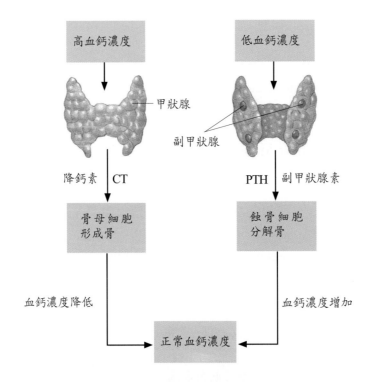

圖14-6　副甲狀腺素的分泌調節

功能失調（Disorder）

功能亢進

囊狀纖維性骨炎（osteitis fibrosa cystica）又稱褐色腫瘤。

副甲狀腺長腫瘤造成機能亢進，會引起骨骼礦物質排除過多，使骨組織空腔被纖維性組織取代，由於高血鈣、骨質疏鬆，骨骼易變形、骨折，且易腎結石。

功能低下

鈣離子缺乏症。

若患者行甲狀腺切除術時，不慎連副甲狀腺也切除了，或放射線照射下，使副甲狀腺機能過低，引起鈣離子缺乏症，導致神經元在沒有正常刺激下也會去極化，使神經衝動增加，造成肌肉扭曲、手足抽搐（tetany）。

腎上腺（Adrenal Gland）

解剖學（Anatomy）

　　腎上腺位於左、右腎臟的上方各一個（圖14-7），在後腹腔，外有腎筋膜覆蓋與腎臟一起被包住。左邊腎上腺較右邊大。血液則由源自膈下動脈的腎上腺上動脈、源自腹主動脈的腎上腺中動脈及源自腎動脈的腎上腺下動脈所供應。

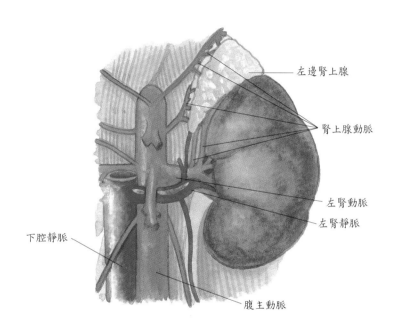

左邊腎上腺

腎上腺動脈

左腎動脈

左腎靜脈

下腔靜脈

腹主動脈

圖14-7　腎上腺位置及切面圖

顯微構造（Microscopic Structure）

　　每一個腎上腺長5公分，寬3公分，厚1公分，皆含有外層的皮質與內層的髓質，兩者功能不同，是因腎上腺髓質源於神經外胚層；皮質則源於中胚層。

皮質（Cortex）

　　皮質約占腎上腺的80～90%，約有5～7公克，是生命所必須的腺體。細胞均分泌皮質固醇（corticosterone），依細胞的排列與組成可分成三層構造，由外往內排列為（圖14-8）：

1. 絲（小）球帶（zona glomerulosa）：約佔皮質15%，其細胞排列呈圓球形，可分泌礦物質皮質酮（mineralocorticoids）。

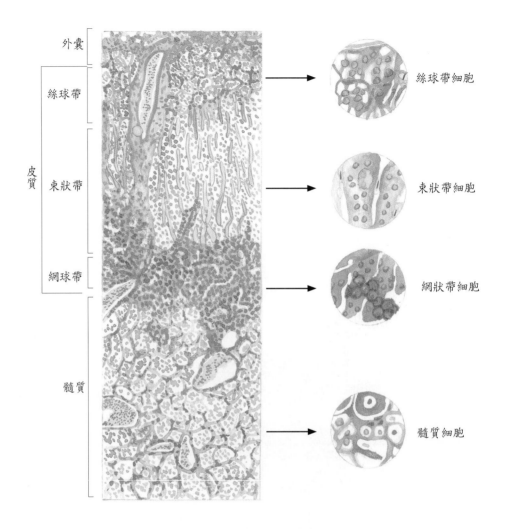

絲球帶細胞

束狀帶細胞

網狀帶細胞

髓質細胞

外囊

絲球帶

皮質

束狀帶

網球帶

髓質

圖14-8　腎上腺的顯微構造

2. 束狀帶（zona fasciculata）：約佔皮質的70～80%，是最寬的一層，細胞排列呈雙排的索狀，可分泌糖皮質酮（glucocorticoids）。膽固醇是類固醇的前趨物質，束狀帶所含的類固醇濃度較高。

3. 網狀帶（zona reticularis）：細胞排列成不規則的網狀，是最薄的一層，主要合成少量的性激素，尤其是雄性激素－睪固酮。

髓質（Medulla）

　　髓質佔腎上腺實質的20～30%，是節後神經元失去軸突而保留具分泌功能的嗜鉻細胞（chromaffin cells）所組成，它直接受交感神經支配。嗜鉻細胞在形態上可分成佔80%的腎上腺素細胞及佔20%的正腎上腺素細胞。

腎上腺皮質激素（The Hormone of Adrenal Cortex）

礦物質皮質酮（Mineralocorticoids）

功能（Functions）

礦物質皮質酮具有調節體內水分與電解質的恆定，尤其是鈉、鉀離子。礦物質皮質酮至少有三種，其中以分泌最多，活性也最大的醛固酮（aldosterone）為代表。它作用於遠曲小管、集尿管，增加對鈉離子及水的再吸收，加速鉀及氫離子的排泄作用。

由於水及鈉離子保留下來，使尿液量減少；又因為鈉離子與鉀離子進行交換，所以醛固酮會降低細胞外液鉀離子的濃度。血管收縮素II（angiotensin II）會刺激腎上腺皮質製造更多醛固酮（留鹽激素），使鈉離子與水再吸收增加。所以醛固醇分泌受到血管收縮素II及細胞外液鉀離子濃度增加的刺激而影響。

功能失調（Disorder）

1. 由於腎上腺皮質腺瘤使醛固酮分泌過多，造成醛固酮過多症（aldosteronism）或稱Conn氏症候群，因為鈉、水的過度滯留造成高血壓、水腫；鉀離子排除過多，使神經元無法去極化而造成肌肉無力。
2. 若腎上腺皮質功能不足，導致醛固酮分泌不足（hypoaldosteronism），會造成低血鈉、低血壓、高血鉀、代謝性酸中毒。

糖皮質酮（Glucocorticoids）

功能（Functions）

糖皮質酮是影響糖類代謝及壓力抵抗有關的一群激素。它有皮質固醇（cortisol）、可體松（cortisone）及皮質脂酮（corticosterone）三種；其中以皮質固醇最多，負責了糖皮質酮95%的活性，故以皮質固醇為代表。

這些激素在ACTH刺激下分泌能促進胺基酸在肝臟中進行糖質新生的作用或由胺基酸重新組合成新的蛋白質；或必要時將脂肪酸轉變成葡萄糖，使血糖上升與促進肝臟合成肝糖。也能減少發炎物質及內生性熱原的產生。並減少肥胖細胞的數目，並抑制其釋放組織胺，減少過敏反應。

功能失調（Disorder）

分泌過多糖皮質酮會引起庫欣氏徵候群（Cushing's syndrome），其特徵為脂肪重新分布，造成梭形腿、月亮臉、背部水牛峰、腹部下垂；蛋白質分解過度造成肌肉發育不良、傷口癒合慢、易瘀血、四肢無力等；因糖質新生造成抗胰島素的糖尿病；骨質疏鬆易發生骨折。

分泌過少糖皮質酮會引起愛迪生氏症（Addison's disease），其臨床症狀包括：精神遲滯、體重減輕、低血糖導致肌肉無力；高血鉀、低血鈉、黑色素沉積皮膚成古銅色及

脫水。

性腺皮質酮（Gonadocorticoids）

功能（Functions）

腎上腺皮質的網狀帶分泌男、女性性腺皮質酮，亦即動情素及雄性素，其中以雄性素－睪固酮為主。在成年人的腎上腺所分泌的性腺皮質酮濃度很低，以致作用不明顯。

腎上腺髓質激素（The Hormone of Adrenal Medulla）

腎上腺髓質在腎上腺體中央，約佔30%的體積，是節後神經軸突退化的交感神經節，受交感神經刺激會釋出80%的腎上腺素（epinephrine, E）和20%正腎上腺素（norepinephrine, NE）於血液中，兩者釋出的比例約4：1。

功能（Functions）

腎上腺素與正腎上腺素的作用具擬交感神經性（sympathomimetic），包括了：

1. 增加心臟肌肉的收縮力，使心輸出量與心跳速率增加，引起血壓上升。
2. 使冠狀動脈擴張，有足夠血流供應心肌活動。
3. 增加肝糖分解及糖質新生，使血糖上升。
4. 提高代謝速率，升高體溫。
5. 使腎絲球的輸入小動脈收縮，腎絲球過濾率下降。
6. 使近腎絲球器分泌腎活素的作用增加。

胰臟（Pancreas）

胰臟是長12～15公分的扁平器官，位於胃後下方，十二指腸旁，分成頭、體、尾三個部分，沒有被腹膜蓋住，屬腹膜外器官。其內分泌部分含有散布的細胞群，稱為蘭氏小島（islet of Langerhans），主要分布於胰臟的體和尾部。以顯微鏡觀察，蘭氏小島中大多數的細胞是分泌升糖素（glucagon）的 α 細胞及分泌胰島素（insulin）的 β 細胞；其他尚有一些分泌體制素（somatostatin）的 δ 細胞，可抑制升糖素及胰島素的分泌。

升糖素（Glucagon）

功能（Functions）

升糖素的主要生理功能是增加血中葡萄糖含量。

1. 肝糖分解：促進肝內的肝糖轉變為葡萄糖，以升高血糖。
2. 糖質新生：能將肝內的其他營養物質如胺基酸、甘油、乳酸等轉變成葡萄糖，以

升高血糖量。

3. 可促使細胞利用脂肪速度增加作為能量來源，減少葡萄糖的利用，以升高血糖，但脂肪分解加快具有產酮作用，故升糖素又稱為產酮效應激素。

分泌調節（Secretion Regulation）

升糖素分泌直接受血糖量的負回饋控制。當血糖降至正常以下，胰島的 α 細胞內的化學感受器就刺激 α 細胞分泌升糖素；當血糖升高後，細胞就不再受刺激，停止製造升糖素。如圖14-9。

胰島素（Insulin）

功能（Functions）

胰島素最主要的功能是對抗升糖素，以降低血糖量。

1. 促進肝糖生成（glycogenesis）。
2. 促進葡萄糖由血液運到細胞中，但標的細胞必須有胰島素接受器才能進入。
3. 減少肝糖分解及糖質新生。
4. 刺激蛋白質及脂肪的合成。

分泌調節（Secretion Regulation）

其分泌調節也是直接受血糖量的負回饋控制（圖14-9）。

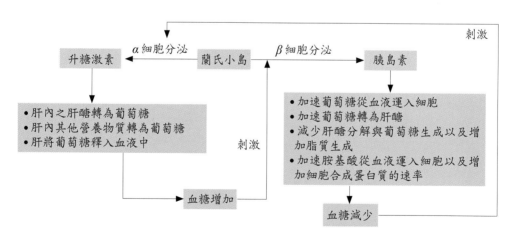

圖14-9　升糖素與胰島素的分泌調節

如果蘭氏小島長瘤使胰島素分泌過多（hyperinsulinism），血糖過低引起腎上腺素、生糖素及生長激素的分泌，結果造成不安、流汗、顫抖、心跳加速、衰弱等。若腦細胞無足夠的葡萄糖供其有效地執行功能，易造成眩暈、昏迷、休克，最後死亡。

如果胰島素分泌不足即會導致血糖過高及糖尿病（diabetes mellitus），只要血糖值超過180mg%，就會出現糖尿。糖尿病有三多症狀，即多吃、多喝、多尿。除此外，尚易有酸中毒、傷口不易癒合、動脈粥狀硬化等問題。

臨床指引：

糖尿病，身體血糖是由升糖素和胰島素共同調節的。當兩者失去平衡時，血液中葡萄糖含量上升超過腎臟回收的極限時，葡萄糖隨尿流出，所以稱為糖尿病（diabetes mellitus）。

由於糖本身滲透壓高，糖從尿中排出時，會伴隨水分和電解質的流失，使細胞脫水，所以會出現尿多、口渴、多吃、疲倦、體重下降的典型症狀。

正常空腹血糖<140mg/dl，飯後2小時血糖<140mg/dl。若有兩次空腹血糖>140mg/dl；飯後2小時血糖>200mg/dl就可稱為糖尿病。

當身體不能分泌胰島素，稱為胰島素依賴型糖尿病（DM1）。人體內細胞對胰島素反應不佳時，稱為非胰島素依賴型糖尿病（DM2）。

因糖尿病死亡率逐漸上升，居十大死因第二位（次於癌症）。事實上，中風、心臟病及高血壓、腎臟病等十大死亡原因均與糖尿病有關，值得所有人對糖尿病予以重視。

體制素（Somatostatin）

由胰臟蘭氏小島中的δ細胞分泌的體制素相當於下視丘分泌的生長激素抑制因子（GHIF）。它的功能是：
1. 抑制生長激素分泌。
2. 抑制升糖素、胰島素的分泌。
3. 抑制胃酸分泌及胃蠕動。
4. 抑制胰臟分泌和膽囊收縮。

胸腺（Thymus）

胸腺是一扁平雙葉狀構造，位於前縱膈腔內，在主動脈的前面和胸骨柄的後方，有豐富的血管供應，但只含少量的神經纖維，它會隨年齡而長大，至青春期後就開始退化並被大量脂肪組織取代。

胸腺是產生T細胞的地方，T細胞屬於淋巴球，可參與細胞性的免疫。除了產生T細

胞外，胸腺也分泌胸腺素（thymosin）、胸腺生成素（thymopoietin）等激素，可在T細胞離開胸腺後，刺激T細胞成熟。

表14-4　T細胞與B細胞的來源及功能

	T 細胞	B 細胞
分化來源	胸腺	扁桃體 迴腸黏膜下層的培氏斑 闌尾
免疫功能	與細胞性免疫有關	與體液性免疫有關

松果腺（Pineal Gland）

松果腺又稱腦上腺（epiphysis），位於第三腦室的頂部（圖14-1），外由軟腦膜包圍，由神經膠細胞及具分泌功能的松果腺細胞組成。嬰幼兒時期松果腺很大，細胞常排列成腺泡狀。在青春期後，松果腺開始鈣化。

松果腺的主要激素是褪黑激素（melatonin），經由下視丘的視交叉上核刺激交感神經元活化松果腺，引起褪黑激素的製造與分泌。視交叉上核的活化和褪黑激素的分泌在夜晚時達最高，光線一進入眼球，褪黑激素就停止生產。而褪黑激素的減少，可促使性腺成熟。

生殖系統荷爾蒙（Reproductive Hormone）

卵巢（Ovaries）

女性的生殖腺位於骨盆腔的卵巢，它製造女性性激素——動情素（estrogen）和黃體素（progesterone），負責女性性徵的發育和維持，並與垂體的性腺激素共同調節月經週期或維持妊娠，使乳腺作好泌乳準備。卵巢與胎盤也製造鬆弛素（relaxin），它可使恥骨聯合鬆弛，並在妊娠晚期協助子宮頸舒張，且能增進精子活力。

睪丸（Testes）

男性的生殖腺位於陰囊內的睪丸，它製造男性性激素——睪固酮（testosterone），以刺激男性性徵的發育和維持；睪丸也分泌抑制素（inhibin）可抑制FSH的分泌。

卵巢和睪丸的解剖構造和功能，及其相關分泌的激素，將於下一章生殖系統討論。

自我測驗

一、問答題

1. 荷爾蒙依其化學性質可分成那幾類？並舉例說明之。
2. 何謂回饋系統？舉例說明正、負回饋的情形。
3. 腦下垂體前葉可分泌那些荷爾蒙？其生理功能如何？
4. 腦下垂體後葉可分泌那些荷爾蒙？其生理功能如何？
5. 簡述下視丘和腦下垂體之間的關係。
6. 簡述甲狀腺和副甲狀腺間如何調節血鈣濃度？
7. 簡述腎上腺皮質分泌荷爾蒙的類型及其功能。
8. 請簡述生長激素、升糖素、胰島素及糖皮質酮在體內調節血糖的機制。
9. 請例表說明各種激素分泌失調時所產生的情況。

二、選擇題

( ) 1. 下列何種構造不會產生激素？

(A) 心臟　(B) 腎臟　(C) 脾臟　(D) 胎盤

( ) 2. 下列對內分泌系統的描述，何者正確？

(A) 它是無管腺體　(B) 它與神經系統無關　(C) 它是靠正回饋來維持平衡
(D) 它所分泌的激素不經由血液循環帶到標的器官

( ) 3. 蛋白質類的荷爾蒙之細胞接受器位於：

(A) 細胞質　(B) 細胞核　(C) 細胞膜　(D) 粒線體

( ) 4. 下列何者之分泌可影響其他內分泌腺的活化激素？

(A) 腦下垂體前葉　(B) 腦下垂體後葉　(C) 甲狀腺　(D) 副甲狀腺

( ) 5. 下視丘所分泌的激素直接控制的器官是：

(A) 卵巢　(B) 腦下垂體　(C) 子宮　(D) 甲狀腺

( ) 6. 下列何者是厭色細胞分泌的激素？

(A) TSH　(B) ACTH　(C) FSH　(D) LH

( ) 7. 腦下垂體受損時，性腺會有何變化？

(A) 增大　(B) 不受任何影響　(C) 萎縮　(D) 消失

( ) 8. 泌乳激素（Prolactin）是由下列何者所分泌？

(A) 卵巢　(B) 下視丘　(C) 腦下垂體前葉　(D) 腦下垂體後葉

( ) 9. 下列何者能正確敘述褪黑激素（melatonin）在血中濃度的變化？

(A) 中午時濃度過高　(B) 黑夜時濃度較白天的高　(C) 白天的濃度較黑夜的

高　(D) 日夜無差異

（　）10.下列激素中，何者會引起小動脈收縮並使血壓升高？

(A) ADH　(B) GH　(C) TSH　(D) PTH

（　）11.最能影響基礎代謝率的激素是：

(A) GH　(B) TH　(C) ACTH　(D) Androgen

（　）12.副甲狀腺素，主要維持細胞外液中何種物質的濃度於恆定？

(A) 碘離子　(B) 鈣離子　(C) 鈉離子　(D) 鉀離子

（　）13.腎上腺皮質所分泌的激素不包括：

(A) 皮質固醇　(B) 腎上腺素　(C) 雄性素　(D) 醛固酮

（　）14.調節血鉀濃度的主要激素是：

(A) PTH　(B) Estrogen　(C) ADH　(D) Aldosterone

（　）15.Cortisol 可以產生下列那一項作用？

(A) 可避免身體所承受的壓力　(B) 可降低血糖　(C) 可增加耗氧量　(D) 可降低腎絲球透析率（GFR）

（　）16.Cushing's 疾病是因為下列何種原因所造成？

(A) 副甲狀腺機能低下　(B) 甲狀腺機能亢進　(C) 腎上腺機能低下　(D) 腎上腺機能亢進

（　）17.Addison's Disease 時，身體的：

(A) 水喪失　(B) 水增加　(C) 水及鹽皆喪失　(D) 水及鹽皆增加

（　）18.Epinephrine是由下列何處分泌？

(A) 腎上腺皮質部　(B) 腎上腺髓質部　(C) 腦下垂體前葉　(D) 腦下垂體後葉

（　）19.當人類應付緊急情況時，那種內分泌腺的分泌會增加？

(A) 副甲狀腺　(B) 性腺　(C) 腎上腺髓質　(D) 胸腺

（　）20.下列何者為腎上腺素之擬交感神經性作用？

(A) 汗腺分泌減少　(B) 血糖下降　(C) 睫狀肌收縮　(D) 血糖上升

（　）21.胰島素是由胰臟那一種細胞分泌？

(A) α細胞　(B) β細胞　(C) γ細胞　(D) δ細胞

（　）22.蘭氏小島的α細胞主要分泌：

(A) 胰島素　(B) 升糖激素　(C) 降血鈣素　(D) 血管加壓素

（　）23.胰島素的功能是：

(A) 抑制葡萄糖進入骨骼肌　(B) 促進肝糖形成　(C) 促進脂肪分解　(D) 抑制胺基酸進入肝細胞

（　）24.能幫助子宮頸擴張以利生產的是：

(A) Estrogen　(B) Progesterone　(C) Relaxin　(D) Androgen

(　) 25.性腺所產生的激素，可引起：

(A) 第一性徵　(B) 第二性徵　(C) 第三性徵　(D) 第四性徵

解答：

1.(C)　2.(A)　3.(C)　4.(A)　5.(B)　6.(B)　7.(C)　8.(C)　9.(B)　10.(A)

11.(B)　12.(B)　13.(B)　14.(D)　15.(A)　16.(D)　17.(C)　18.(B)　19.(C)　20.(D)

21.(B)　22.(B)　23.(B)　24.(C)　25.(B)

第十五章　生殖系統

本章大綱

　　生殖系統的功能及其複雜的控制機轉，除了維持了個體的生命，也能確保種族的延續。兩性的性腺均能產生生殖細胞及性激素，不但能產生及維持性特徵，還能調節生殖系統的生理作用，以確保受精及胚胎發育生長的環境，最後將胎兒送出體外。

男性生殖系統（Male Reproductive System）

男性的生殖系統包括（圖15-1）：

1. 性腺——睪丸（testes）：能產生精子（sperm）並分泌荷爾蒙。
2. 生殖管道——附睪（儲存精子），輸精管、射精管、尿道則是將精子輸送出體外的管道。
3. 附屬腺體：包括了精囊、前列腺及尿道球腺，可產生精液。
4. 支持構造——陰囊（scrotum）、陰莖（penis）及成對的精索（spermatic cords）。

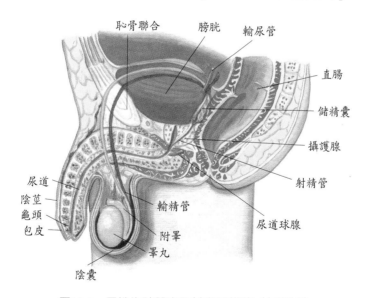

圖15-1　男性生殖器官及其周圍構造（矢狀切）

睪丸（Testes）

　　睪丸是男性的性腺，為成對的卵圓形腺體，位於陰囊內。在胚胎發育時期，是在後腹壁較高位置形成，至胚胎7個月後期開始下降，離開腹腔通過腹股溝管，至出生時已降至陰囊（scrotum）內。通常睪丸左邊較右邊低。

　　發育中的睪丸能分泌睪固酮刺激睪丸下降，若分泌不足，會使單或雙邊的睪丸未下降至陰囊，稱為隱睪症（cryptorchidism）。隱睪症可於青春期前藉由簡單手術矯治，若

未矯治，腹腔內較高的溫度會抑制精子的成熟，造成不孕。

睪丸的外面包有一層稱為白膜（tunica albuginea）的緻密白色纖維組織，它向內延伸將睪丸分成200～400個睪丸小葉，每一個睪丸小葉內含有1～3條緊密纏繞的曲細精管（seminiferous tubule），可產生精子，在曲細精管間的間質細胞（interstitial cells）可分泌睪固酮（testosterone）。

曲細精管彼此連接成一系列的直小管，然後在睪丸後上方會形成睪丸網（rete testis），再由此分出幾條輸出小管至附睪（圖15-2a）。

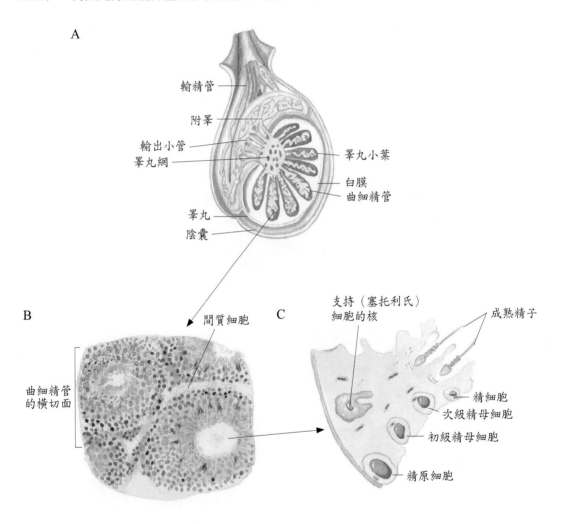

圖15-2　睪丸構造的矢狀切面

曲細精管（Seminiferous Tubule）

由曲細精管的橫切面中可見其內有各種不同發育階段的細胞（圖15-2b、c），在最外

圍靠近基底膜上的是最不成熟的精原細胞（spermatogonia），越往管腔細胞越成熟，依序為初級精母細胞（primary spermatocytes）、次級精母細胞（secondary spermatocytes）、精細胞（spermatids）、成熟的精子（sperm）。

　　大的塞托利氏支持細胞（Sertoli cells）附著於曲細精管外被上，由基底膜延伸至管腔，精細胞埋於支持細胞中發育。支持細胞可控制物質進入曲細精管，以確保精子生成所需的安定環境，它除了可維持血液－睪丸障壁（blood-testis barrier）外，並圍繞和保護精細胞，以提供營養並促進發育成精子。支持細胞還能分泌抑制素（inhibin），抑制腦下垂體FSH的生成，降低曲細精管內精子的生成速率。當支持細胞的數目隨著年齡的增長而減少的時候，不孕症的比例也隨著增加。

精子構造（Structure of Spermatozoon）

　　精子分成頭部、頸部、中板及尾部四個部分（圖15-3）。精子是人體最小的細胞之一，由頭到尾的長度只有0.05毫米。

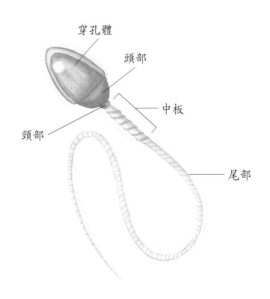

穿孔體
頭部
中板
頸部
尾部

圖15-3　精子構造

1. 頭部：內含DNA及單套染色體的細胞核緊縮變成精子的頭部，大部分的細胞質皆以殘留體被拋棄，然後被支持細胞吞食；高爾基體集中於精子的前端形成尖體，又稱穿孔體（acrosome），內含蛋白酶（proteinase）及玻尿酸酶（hyaluronidase），可分解圍繞卵子的層層構造，助精蟲穿過卵細胞膜。

2. 頸部：含有近側及遠側兩中心粒移至核後方位置，遠側中心粒沿精子長軸排列，

其微小管延伸至尾部而形成鞭毛。

3. 中板：內含許多粒線體，螺旋纏繞於遠側中心粒，可進行代謝作用，提供精子運動的能量。

4. 尾部：是一條鞭毛，可推動精子前進。

間質細胞（Interstitial cells）

在曲細精管間的間質細胞（Leydig cells），在間質細胞刺激素（ICSH）的作用下，會分泌睪固酮（testosterone），它是主要的雄性激素（androgen），它對人體有下列作用：

1. 在胎兒出生前，助睪丸下降到陰囊內。

2. 控制男性生殖器官的發育、生長與維持。

3. 刺激骨骼的生長及蛋白質的同化作用。

4. 與精子的產生、性慾及性行為的表現有關。

5. 可助性器官輔助腺體的形成與分泌，如前列腺。

6. 助男性第二性徵的發育，如肌肉骨骼的發育、胸寬窄臀的體形、喉結的出現、聲音變低沉等。

7. 若睪固酮過多，會使骨骺板提早變成骨骺線，限制骨骼生長，此時即會經由負回饋機轉減少睪固酮的產生。

男性生殖管道（The Male Reproductive Tract）

精子產生後，由曲細精管游動至直小管（straight tubules）、睪丸網，有的睪丸網內襯細胞有立體纖毛助精子移動，經輸出小管至附睪的附睪管，這時精子形態上已成熟，再經由輸精管、射精管，由尿道排出體外（圖15-1、15-2）。

附睪（Epididymis）

附睪位於睪丸頂端及後緣，主要由接在睪丸網輸出小管後之纏繞的附睪管所組成。附睪管襯有偽複層纖毛柱狀上皮，管壁內含平滑肌。

功能：

1. 是精子成熟活化的場所。

2. 是儲存精子的地方，在此可儲存四週，之後則被分解吸收。

3. 射精時，管壁平滑肌的蠕動收縮可將精子送至尿道排出體外。

4. 可分泌部分精液。

輸精管（Vas Deferens）

附睪管的尾端漸趨平直，且管壁加厚、管徑變大而成輸精管，長約45公分，沿著睪丸後緣上升，經腹股溝管進入骨盆腔，越過膀胱頂端而下行至膀胱後面，與精囊管會合而成射精管（ejaculatory duct）。在到達精囊的位置之前，輸精管變得膨大形成壺腹，是精子在射精前儲存的位置。

輸精管襯有複層纖毛柱狀上皮，管壁有三層平滑肌層，有骨盆神經叢的交感神經分布，刺激神經使平滑肌層的蠕動收縮，可將精子送至尿道。輸精管可儲存精子長達數月，且不喪失其受精能力。

輸精管結紮是男性避孕方法之一，此手術是在局部麻醉下由陰囊開刀，將每條輸精管兩頭紮起，中間切斷，雖然睪丸仍可製造精子，卻無法排出體外而退化。同時也不會影響性慾和性行為。

射精管（Ejaculatory Duct）

射精管是由輸精管壺腹和精囊管會合而成，長約2公分，穿入前列腺肌肉層並融合於腺體中，開口於前列腺尿道，輸送的精子可經過前列腺送至前列腺尿道。如圖15-4。

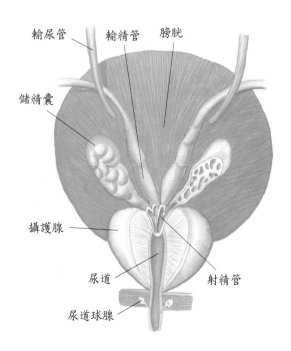

圖15-4　輸精管

尿道（Urethra）

男性尿道是生殖管道的最後部分，以尿道外口通往體外，是精液和尿液的共同管

道。它分成三部分：

1. 前列腺尿道：長約2.5公分，由膀胱底部開始貫通前列腺，射精管開口於此，同時
   接受前列腺與射精管的分泌物。
2. 膜部尿道：是尿道通過泌尿生殖膈的部位，最窄、最短的部分，約0.5公分，最易
   受傷。尿道球腺，尿道外括約肌皆位於膜部尿道。
3. 陰莖尿道：長約15公分貫穿陰莖，直到龜頭頂點的尿道外開口，尿道球腺導管開
   口於此，是尿道最長的部分。

精索（Spermatic Cord）

在陰囊內伴隨輸精管上升的有睪丸動脈、自主神經、睪丸靜脈、淋巴管及其由腹壁
所延伸下來含提睪肌的覆蓋物，這些構造構成了精索。圍繞睪丸的提睪肌受到性刺激或
過冷時，會收縮將睪丸上提。

附屬腺體（Accessory Glands）

在輸精管通過膀胱附近之後，有精囊、前列腺、尿道球腺之附屬腺體分泌物與精子
混合後形成精液。

精囊（Seminal Vesicles）

成對的精囊是一個長約15公分的管狀腺體，位於輸精管壺腹的旁邊，如圖15-4。精囊
壁由外至內的組成是：結締組織層、肌肉層及黏膜層，黏膜層含有外凸及皺摺，以使立
方上皮具有較大的分泌表面積。所以，鹼性分泌物是由精囊內緣的黏膜產生，在性亢奮
及射精時精囊受交感神經刺激，精囊平滑肌肉層收縮將其分泌物排入射精管，以供應精
子所需的能量及助中和陰道內自然的酸性。

前列腺（Prostate Gland）

前列腺位於膀胱的下方，是一胡桃狀的肌肉型器官，長約4公分，寬約3公分，深約
2公分，包圍著離開膀胱的尿道。前列腺的平滑肌收縮時能將前列腺似海棉般被壓縮，分
泌物即經由微小的開口被壓出來進入尿道，此分泌物能使精子具有活動力，也能中和陰
道內的酸性。

前列腺是由一層薄而強韌的結締組織與平滑肌構成的包囊所圍繞，內部是由許多個
別的腺體構成，經由個別的管道將其分泌物釋入前列腺尿道。前列腺內部的三個腺體分
述如下：

1. 最內的黏膜層腺體分泌黏液。當老年人罹患前列腺炎時，這些小的腺體會發炎而
   膨脹，對尿道產生壓迫而出現排尿困難。
2. 中間的黏膜下層腺體

3. 主要的前列腺腺體靠近外部，提供分泌物中的大部分。分泌物中含有水、酸性磷酸酶、膽固醇、緩衝的鹽類及磷脂質。常見的前列腺癌就常發生於此處腺體。

尿道球腺（Bulbourethral Glands）

形狀如豌豆大小的成對尿道球腺，位於前列腺的下方及膜部尿道的兩側各一，如圖15-4。每一個尿道球腺各有一條管道通往陰莖尿道。

在性興奮開始時，尿道球腺分泌澄清的鹼性分泌物進入尿道，以中和尿道中殘餘尿液的酸性。此分泌物亦具有潤滑劑的功能，以助射精時的精子能順利通過尿道，並於性交時可潤滑陰莖頭部。

精液（Semen）

精液是精子與精囊、前列腺、尿道球腺及附睪分泌物之混合液體。表16-1。精子只占精液的百分之一。每次射精的精液量平均約2～6ml，每ml約含五千萬至一億五千萬個精子。若每ml精液所含之精子少於二千萬個，就會造成不孕。

精液中超過90%是水分，並富含能量的果糖、維生素C與肌醇，包含鈣、鋅、鎂、銅及硫等礦物質。精液的氣味是睪丸所製造的胺類物質所形成。精液的濃度變化很大，較稀薄的精液通常是射精頻繁的結果，但也有個別差異。

精液呈弱鹼性，酸鹼值約7.20～7.60。前列腺的分泌物使精液看起來似牛奶，而精囊、尿道球腺的分泌物使精子具有黏性。精液提供了精子的運輸介質和營養，也能中和男性尿道和女性陰道的酸性環境。精液中含有酶，射精後可活化精子；亦含有精液漿素（seminal plasmin），可控制精液中和女性陰道中的細菌，幫助受精作用的進行。

前列腺分泌物中的凝集蛋白會使液態精液射入陰道後呈凝集狀，但隨後纖維溶解素（fibrinolysin）的水解作用可使精液再恢復為液態，使精子易於活動。如果男性在性交時沒有射精，女性仍有可能懷孕，因為在射精之前的附睪與尿道球腺的分泌中可能有精子存在。

表16-1　精液來源及說明

腺體	位置	分泌量	pH值	內含	功能
精囊	膀胱的後下方，直腸的前方（圖15-4）	60%	弱鹼性	果糖	提供精子運動的能量
前列腺（攝護腺）	膀胱正下方圍著尿道上部	33%	弱酸性	前列腺素	刺激子宮收縮，減短精子受精前的路程
尿道球腺	前列腺下方，膜部尿道兩側		鹼性	黏液	有潤滑作用可中和尿道酸性環境

外生殖器（External Genitalia）

陰囊（Scrotum）

陰囊是由腹部下方的皮膚向外延伸形成囊袋構造，內有中膈分成左右兩個囊，每一囊內各含一個睪丸，其皮下組織為平滑肌纖維所構成的皮膜（dartos），可使陰囊表面形成皺摺，所以陰囊是睪丸的支持及保護構造。

可藉由陰囊的位置與提睪肌、陰囊皮膜肌的收縮來調節睪丸溫度。由於陰囊位於體腔外，可提供比體溫低3℃的環境，以利精子的產生與生存。天氣冷時，提睪肌與陰囊皮膜肌的收縮可將睪丸往上提，使睪丸接進體腔。

陰莖（Penis）

陰莖含尿道，是尿液和精液的共同通道，性交時陰莖也是交接器，能將精子導入陰道內。陰莖是圓柱狀的構造，包括根部（將陰莖連於體壁）、體部（含有勃起組織的管狀結構）和龜頭（圍繞尿道開口的膨大部分）三個部分（圖15-5）。

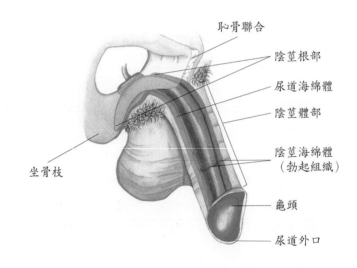

圖15-5　陰莖的前側面觀

陰莖的體部是由三個圓柱狀海綿體構成，兩個是位於背外側的陰莖海綿體，一個是位於腹側中央的尿道海綿體，三個各被纖維組織的白膜分隔開。海綿體含有血竇（blood sinuses），為勃起組織。陰莖的體部外面包有筋膜及寬鬆的皮膚。如圖15-6。

陰莖根部由是尿道海綿體基部的膨大部分及陰莖海綿體近側端彼此分離的部分所組成（圖15-6a）。

尿道海綿體的末端較陰莖海綿體長，尿道海綿體末端膨大的部分形成龜頭，因其狀

似烏龜的頭而得名，其邊緣為陰莖頭冠（corona），有許多神經末梢分布，是相當敏感的區域。龜頭外面覆有鬆弛皮膚摺疊而成的包皮（prepuce）。在青春期時，位於包皮及龜頭腺體會製造油性分泌物。此分泌物會與死亡的上皮細胞形成一種乳酪狀物質稱為包皮垢；包皮垢若久未清理易造成細菌滋生引起龜頭炎。所以有的西方國家為了衛生或宗教原因會行包皮切除術（circumcision），以減少陰莖癌的發生。

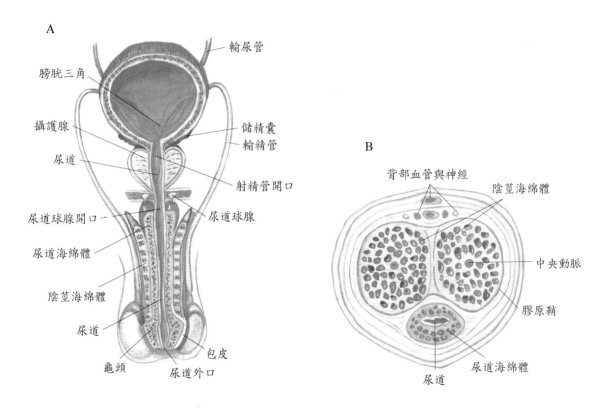

圖15-6　男性的生殖系統及陰莖構造

男性高潮（Male Excitation）

　　當男性受到生理或心理的性刺激時，副交感神經的衝動會引發陰莖海綿體內小動脈的擴張，使大量血流流入勃起組織的血竇內，當勃起組織充血且陰莖變得腫脹時會阻斷部分靜脈血回流而更促進勃起（erection）。當性刺激達到高潮時，交感神經的衝動會引起管狀系統的蠕動收縮、精囊和前列腺的收縮，使精子及精液排入尿道，並經陰莖根部肌肉的節律性收縮，由尿道排出，這種經由交感神經所引起的反射作用即為射精（ejaculation）。射精時，由於尿道海綿體充血壓迫尿道使壓力上升，於是膀胱底部的膀胱內括約肌收縮，所以射精時尿液不會排出，精液也不會流入膀胱內。射精後，交感

神經使陰莖動脈收縮，減少血液供應且降低對靜脈的壓力，使陰莖過多的血液引流入靜脈，使陰莖恢復至原來弛軟的狀態，若要再度勃起，需經10～30分鐘或更長的時間。所以男性的性功能是由交感神經及副交感神經的協同作用完成。

柔軟的陰莖與勃起的陰莖兩者的大小並無多大關係，較小的柔軟陰莖勃起後增大的比例要比較大的柔軟陰莖勃起後所增大的比例為多。陰莖大小的變化在於勃起陰莖的周圍寬度，而不是長度。

女性生殖系統 （The Female Reproductive System）

女性生殖系統包括（圖15-7）：

1. 性腺：卵巢能產生卵子並分泌荷爾蒙。
2. 內生殖器官：輸卵管、子宮、陰道。
3. 外生殖器官：大陰唇、小陰唇、陰蒂。

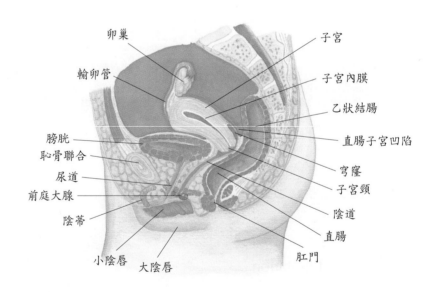

圖15-7　女性生殖器官和周圍構造

卵巢（Ovaries）

構造（Structure）

　　卵巢是成對的生殖腺，位於子宮兩側，藉骨盆帶的韌帶固定於腹腔中。例如：卵巢以卵巢繫膜（mesovarium）附著於子宮闊韌帶；以卵巢韌帶（ovarian ligament）固定於子宮的上外側；以懸韌帶（suspensory ligament）附著於骨盆壁。如圖15-8。闊韌帶是與子宮相連的雙層腹膜；卵巢繫膜是一種腸繫膜，含有靜脈、動脈、淋巴組織和神經在卵巢門處進出，其外緣變厚的部分即是卵巢韌帶。

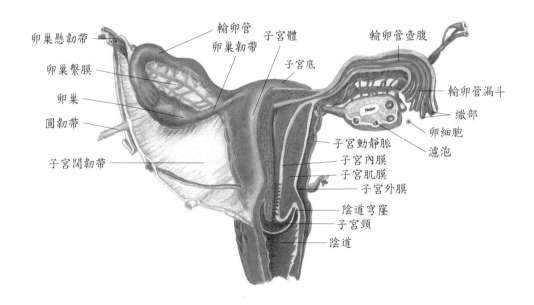

圖15-8　子宮、輸卵管和卵巢解剖圖

　　卵巢外圍由單層立方的生發上皮（germinal epithelium）覆蓋，是卵濾泡的來源；生發上皮的下面是緻密結締組織的白膜（tunica albuginea）；白膜內的結締組織是基質，由緻密的皮質及疏鬆的髓質所構成；皮質中含有各種不同發育時期的濾泡（follicle）、退化的黃體（corpus luteum）、白體（corpus albicans）（圖15-9）。濾泡是卵子形成的中心，每一個濾泡都含有一個稱為初級卵母細胞的不成熟卵。

　　出生時，每個卵巢約含有二十萬個初級卵母細胞，青春期時每月生殖週期中會有一個卵發育成熟排出，經輸卵管到達子宮，若與精子結合成受精卵則著床於子宮；若沒有與精子受精，則原先預留給受精卵營養而增厚的子宮壁會剝落而月經來潮。

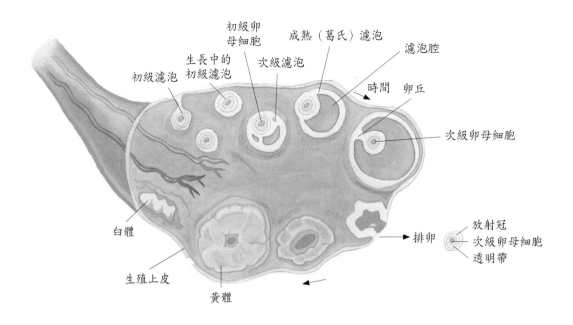

初級卵母細胞

生長中的初級濾泡

初級濾泡

次級濾泡

成熟（葛氏）濾泡

濾泡腔

時間　卵丘

次級卵母細胞

白體

生殖上皮

黃體

排卵

放射冠
次級卵母細胞
透明帶

圖15-9　卵和濾泡發育的階段

　　濾泡可分為原始濾泡與葛氏濾泡，原始濾泡是尚未成長的濾泡，而葛氏濾泡是已準備將其中之次級卵母細胞釋出，此釋出的過程即為排卵。濾泡的位置通常在卵巢皮質，一旦開始發育會逐漸向內層髓質方向移動，髓質含有多層柔軟的基質組織，富含血管、神經及淋巴組織。濾泡具有分泌動情素的功能。當次級卵母細胞被釋出後，濾泡的外層向內生長形成黃體，黃體是分泌女性性激素的暫時性內分泌組織。

　　黃體可分泌動情素（estrogens）與黃體素（progesterone），這些激素會終止進一步的排卵並刺激子宮壁的增厚與乳腺的發育，以做為懷孕的準備。血中高濃度的黃體素能阻止子宮壁的收縮。若是在黃體形成的14天內未懷孕，黃體即會退化成疤痕組織，是為白體，隨後月經發生。若是懷孕，黃體可持續2至3個月直至胎盤替代其功能後，黃體便逐漸萎縮。

輸卵管（Uterine Tubes）

　　輸卵管由子宮體向兩側延伸，長約10～13公分，位於子宮闊韌帶的雙層皺襞間，末端有一漏斗狀朝向腹腔的開口，稱為漏斗（infundibulum）。漏斗很接近卵巢，但並未附在卵巢上，且被稱為繖（fimbriae）的指狀突起圍繞（圖15-8）。輸卵管由漏斗向內下方延伸附著於子宮的上外側角，其外側三分之二較寬處為壺腹（ampulla）是精子與卵子的受精處，受精卵如在此處著床，稱為子宮外孕；內側的三分之一是較狹窄、管壁較厚的峽部（isthmus），開口於子宮。

　　輸卵管壁是由三層構造組成，由內至外的排列順序是：黏膜層、肌肉層和漿膜層。黏膜層含纖毛柱狀上皮和分泌細胞，可助卵子運動及提供其營養；肌肉層是由裡面較厚的環肌層及外面較薄的縱肌層兩層平滑肌組成，藉由肌肉層的蠕動收縮及纖毛的擺動，可將卵子送往子宮。

　　每個月在排卵時，繖部纖毛會在輸卵管與子宮間的空隙掃動將卵子移入輸卵管，少數卵子會在這個過程中掉入腹腔。卵子在輸卵管中的移動是靠管壁肌肉的蠕動及黏膜層上纖毛的擺動。受精作用可發生於排卵後24小時內，且常發生於輸卵管的壺腹，七天內達子宮，未受精的卵則被分解掉。

子宮（Uterus）

　　子宮位於直腸和膀胱之間，外形像倒置的梨，約7.5公分長5公分寬，是形成月經、受精卵著床、胎兒發育及生產時送出胎兒的地方。正常扁平的子宮向前靠在膀胱上面，而與陰道垂直。

可固定及維持子宮正常位置及適度前傾的姿勢，是靠下列四種韌帶：

1. 子宮闊韌帶（broad ligaments）：是腹膜壁層所形成的成對皺襞，能將子宮附著在骨盆側壁，子宮的血管、神經行走於此韌帶的雙層腹膜間。
2. 子宮薦韌帶（uterosacral ligaments）：是成對的腹膜皺襞，在直腸兩旁，可將子宮連到薦骨，以預防子宮過度前傾或往下。
3. 樞紐韌帶（cardinal ligaments）：又稱子宮頸側韌帶（lateral cervical ligaments），在骨盆壁與子宮頸、陰道間，以防止子宮脫垂掉入陰道的主要韌帶。
4. 子宮圓韌帶（round ligaments）：為纖維結締組織帶，起始於子宮上外側角輸卵管的正下方，將子宮的位置拉近靠在膀胱的上方，以預防子宮後傾。

子宮可分成四個部分：

1. 子宮底（fundus）：是輸卵管水平以上的圓頂狀部分，亦即上側寬大部分。
2. 子宮體（body）：中央的主要部分，內部的空間是子宮腔（uterine cavity）。未懷孕的子宮呈扁平狀，子宮腔只是一條細縫大小。
3. 子宮頸（cervix）：為下方狹窄，開口於陰道的部分。內部空間稱子宮頸管（cervical canal），有內口通子宮腔，外口通陰道。
4. 峽部（isthmus）：在子宮體與子宮頸間的狹窄部分，長約1公分。

子宮壁的三層組織：

1. 子宮外膜（perimetrium）：位在最外層，為漿膜，是腹膜壁層的一部分，但沒有蓋住整個子宮，與前面膀胱形成子宮膀胱陷凹（vesicouterine pouch），與後面直腸形成直腸子宮陷凹（rectouterine pouch），又稱道格拉氏陷凹（Dougla's

pouch），是骨盆腔解剖最低點（圖15-7）。

2. 子宮肌層（myometrium）：構成子宮壁的主要部分，在子宮底最厚，子宮頸最薄，是由各種不同走向的平滑肌構成，有助於生產時，將胎兒擠向陰道及體外。

3. 子宮內膜（endometrium）：在最內層，是特化的黏膜構成，含有豐富的血管及簡單的有管腺，並參與胎盤形成。它由二層構成：

    (1)功能層：每次月經來潮時會脫落排出體外。月經週期的分泌期後期血中黃體素和動情素濃度下降，引起螺旋小動脈收縮，導致功能層缺血壞死，造成血液與腺體分泌物一起經由子宮頸管及陰道排出，即為月經。

    (2)基底層：貼近子宮壁，是永久的構造，動情素在月經後會刺激基底層產生新的功能層。

子宮的血液供應

子宮的血液供應來自子宮動脈（uterine artery），它是髂內動脈的分支，而卵巢動脈及陰道動脈亦與子宮動脈吻合。子宮動脈分出弓動脈（arcuate artery）環繞於子宮肌層的外圍；弓動脈又分出放射狀動脈（radial artery）伸入子宮肌層內；最後再分成直小動脈終止於基底層，螺旋小動脈終止於功能層。

陰道（Vagina）

陰道位於直腸前，膀胱、尿道之後，以45度向前斜且前壁較後壁短，是由子宮頸延伸至外陰前庭，長約8～10公分的內質管狀器官（圖15-7、8），它是經血排出的通道、性交時容納陰莖的部位、產道的下半部。陰道頂部圍繞子宮頸下部的空間稱為陰道穹窿（fornix），要避孕時可置放避孕隔膜（contraceptive diaphragm）於此處。

陰道的黏膜層是子宮內膜的延續，由複層鱗狀上皮及結締組織所構成，並形成橫走的皺襞，在性交時，陰道的潤滑液大部分來自其上皮所分泌的黏液。陰道的肌肉層是由縱走的平滑肌構成，具有相當的延展性，能容納性交時勃起的陰莖及生產時可讓胎兒通過。陰道下端的開口是陰道口（vaginal orifice），周圍有一層薄的血管性黏膜皺襞是處女膜（hymen），封閉部分陰道口。

陰道黏膜含有大量的肝糖，經分解後會產生有機酸，使陰道成為酸性環境（pH3.5-4），可抑制微生物的滋長。但是酸性環境對精子有害，此時需靠精液來中和陰道的酸性，才能確保精子的生存。

外生殖器（External Genitalia）

女陰（Vulva）

女陰是女性外部生殖器的總稱，它包括了下列各部分（圖15-10）。

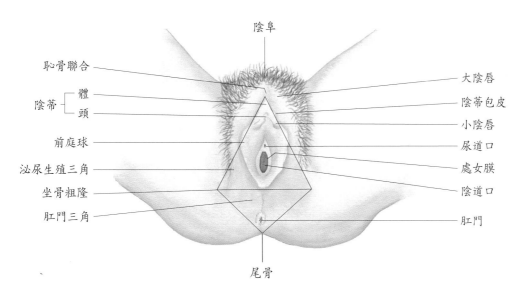

圖15-10 女性的外部生殖器官及會陰部

1. 陰阜（mons pubis）：是指覆蓋在恥骨聯合的部位，由外覆皮膚的脂肪墊所構成，至青春期時，此處會有粗的陰毛長出。男性的陰毛上緣可達到肚臍，而女性的陰毛上緣通過下腹部呈現橫向排列。

2. 大陰唇（labia majora）：是由陰阜往下後方延伸的兩片縱走的皮膚皺摺，含有大量的脂肪組織、皮脂腺、汗腺，其外側面覆有陰毛。是男性陰囊的同源構造。

3. 小陰唇（labia minora）：在大陰唇內側的兩片變形的皮膚皺摺，不長陰毛，不含脂肪，只有少量的汗腺，卻有大量的皮脂腺。大、小陰唇在上方會合，形成陰蒂的包皮。

4. 陰蒂（clitoris）：長度不超過2.5公分，直徑約0.5公分，是由勃起組織和神經組織所組成的小圓柱體，在小陰唇前面會合的正後方，有包皮蓋住陰蒂體，露於外的是陰蒂頭。陰蒂與男性的陰莖屬同源構造，受到觸覺刺激會膨大勃起。

5. 前庭（vestibule）：是指小陰唇間的裂縫，含有陰蒂、處女膜、陰道口、尿道口及一些導管的開口。

6. 陰道口（vaginal orifice）：位於尿道口的後方，邊緣有處女膜。

7. 尿道口（urethral orifice）：位於陰蒂與陰道口之間。

8. 前庭大腺（greater vestibular glands）：又稱巴氏腺體（Barthalin's gland）分泌黏液幫助性交時的潤滑作用，開口於會陰淺層、陰道口兩側，亦即處女膜與小陰唇間，與男性的尿道球腺為同源構造。

9. 前庭小腺（lesser vestibular glands）：埋於尿道壁，導管開口於尿道兩側，是一群

　　小黏液腺。

10. 尿道旁腺（paraurethral glands）：為黏液腺，分泌黏液，相當於男性的前列腺，導
　　管開口於尿道兩側。

會陰（Perineum）

　　會陰是指兩邊臀部與大腿間，前面以恥骨聯合、兩側以坐骨粗隆、後面以尾骨為界
的菱形區域。在兩坐骨粗隆間連一橫線，可將會陰分成前面含外生殖器的泌尿生殖三角
（urogenital triangle）及後面含肛門的肛門三角（anal triangle）（圖15-10）。

　　女性介於陰道和肛門間的部分稱為臨床會陰或稱產科會陰（obstetrical perineum）。
若陰道太小，在分娩時無法讓胎兒頭部通過，常會使臨床會陰的皮膚、陰道上皮、皮下
脂肪、會陰淺橫肌撕裂，甚至撕裂至直腸。為了避免造成會陰部的傷害，常在生產前行
女陰切開術（episiotomy），將會陰的皮膚及皮下組織作一小切口，生產後再將切口分層
縫合。

女性高潮（Female Excitation）

　　女性高潮如男性般，在性刺激下，副交感神經讓陰蒂勃起變大與增加敏感度，並使
前庭腺與陰道黏液分泌增多。在性交中，藉女性性器官的觸覺及其他刺激，增加陰蒂刺
激興奮使陰道收縮，並藉陰部神經刺激使骨盆肌肉節律性收縮而達到高潮，並引發子宮
及陰道收縮。

乳腺（Mammary Glands）

　　初生嬰兒需藉由母親乳腺所分泌的乳汁來獲取營養，乳腺位於女性的成對乳房中，
是變形的頂端分泌汗腺，具製造及分泌乳汁的功能。乳房位於覆蓋胸大肌與胸小肌的深
層筋膜上方。每個乳房由胸骨側面向腋部的中央延伸。乳房有懸韌帶支持，含有不等程
度的脂肪組織，脂肪組織的量可決定乳房的大小，但乳腺組織的量卻不會隨著個體的不
同而有很大的差異。

　　女性在青春期乳房開始發育，懷孕時因動情素和黃體素使乳房進一步的發育。每個
乳房上的圓錐狀突出物視乳頭（nipple），是乳腺開口於體表的位置。圍繞乳頭的淡紅棕
色皮膚為乳暈（areola），此處皮下有大的脂肪腺體，使乳暈表面顯得粗糙，且於懷孕時
顏色會加深。

　　每個乳腺是由15～20個以乳頭為中心作放射狀排列的腺泡小葉所構成，腺泡看起來
像一串葡萄，其產生的乳汁經輸乳管（lactiferous duct），在靠近乳頭處形成了一擴大的
腔室是輸乳竇（lactiferous sinus）。15～20個輸乳竇開口於乳頭。圍繞輸乳竇周圍的結締
組織與脂肪組織形成腺泡小葉的分隔。

乳房含有許多淋巴管構成的廣泛管道系統，所以惡性腫瘤細胞易由淋巴系統轉移出去，因此應常檢查乳房有無硬塊，以能在轉移出去前發現腫瘤的位置。

生殖細胞的形成（Formation of Sex Cells）

精子的形成（Spermatogenesis）

精子生成開始於曲細精管最外層的含雙套染色體之精原細胞，經有絲分裂增殖生長，並向管腔移動發育成體積較大的初級精母細胞。每個初級精母細胞經減數分裂I（meiosis I），產生兩個含單套染色體的次級精母細胞。每個次級精母細胞再經減數分裂II（meiosis II）即可產生兩個含單套染色體的精細胞，每個精細胞成熟後即成為精子。也就是一個精原細胞可生成四個精子（圖15-11）。整個生成過成需時三週，並以每天三億個速度形成或成熟。精子一旦進入女性生殖道內其壽命約48小時。

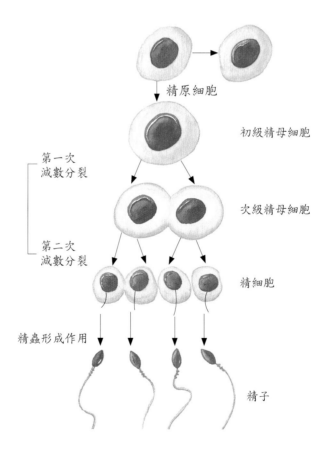

第一次減數分裂

第二次減數分裂

精蟲形成作用

精原細胞

初級精母細胞

次級精母細胞

精細胞

精子

圖15-11　精子生成

卵子的形成（Oogenesis）

　　卵子的生成與精子的生成過程上很相似，包括有絲分裂、生長、減數分裂及成熟等幾個過程（圖15-12）。

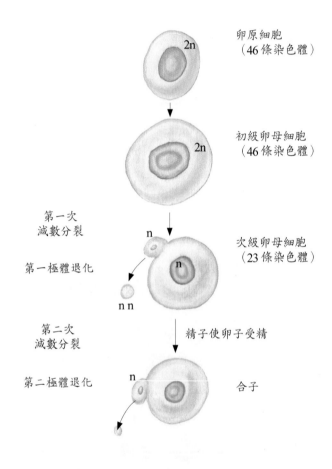

卵原細胞
（46條染色體）

初級卵母細胞
（46條染色體）

第一次
減數分裂

第一極體退化

次級卵母細胞
（23條染色體）

第二次
減數分裂

第二極體退化

精子使卵子受精

合子

圖15-12　卵子生成作用。減數分裂時期。

　　一個含雙套染色體的卵原細胞（oogonium）在胚胎早期進行有絲分裂而增殖，此增殖能力會隨胚胎的發育而消失。在胚胎三個月時，卵原細胞發育成較大的初級卵母細胞（primary oocyte），此初級卵母細胞在出生前便開始進行減數分裂I，但一直停留在前期I，直至青春期時受到下視丘的促性腺激素釋放因子（GnRF）及腦下垂體前葉FSH的作用才陸續完成其餘的分裂步驟，分裂後產生含單套染色體的一個次級卵母細胞（secondary oocyte）和一個極體（polar body）。而後，在排卵時，次級卵母細胞及極體進入輸卵管開始進行減數分裂II，但一直停留在中期的階段，除非精子進來發生受精作用，此次分裂才能繼續完成。次級卵母細胞產生一個成熟的卵子及一個極體，原先的極體經過減數分裂

II，產生兩個極體，最後被分解掉。所以一個卵原細胞只會形成一個卵子，而一個精原細胞則是形成四個精子。

懷孕（Pregnancy）

由精子與卵產生受精作用至成熟的胎兒出生間的過程稱為懷孕。通常女性每個月僅會排出一個卵，每次排出的卵是處於減數分裂II的次級卵母細胞，由纖毛帶進輸卵管，此時的次級卵母細胞外圍包覆有由蛋白質和多醣體組成的透明帶（zona pellucida）及由顆粒細胞構成的放射冠（corona radiata），需在排卵後12～24小時內與精子結合。

精子進入女性生殖道後，要經4～6小時，才有能力使卵受精。每個精子的體可分泌玻尿酸酶及蛋白酶，可使精子將透明帶分解以便進入卵子。只要第一個精子通過透明帶與卵的細胞膜融合，細胞膜即會產生許多變化以防止其他精子進入，可確保每個卵只能與一個精子結合。通常受精作用是發生在輸卵管的壺腹，此時次級卵母細胞會完成第二次減數分裂。

當精子進入卵的細胞質後，在12小時之內卵核膜消失，卵與精子的單套染色體結合形成雙套染色體的受精卵，或稱為合子（zygote）。受精後，合子進行快速分裂，第三天已形成一個具有16個細胞的實心球體，即為桑甚體（morula）。此桑甚體不斷分裂且向子宮移動，受精後第四天進入子宮腔，子宮腔內液體進入桑甚體而成中空的囊胚（blastocyst）；受精後第六天，囊胚與子宮壁接觸並嵌入厚的子宮內膜中，此為著床過程的開始，直至受精後7～10天，囊胚才完全埋入子宮內膜。此時的子宮內膜處於排卵後期。

囊胚細胞會分泌人類絨毛膜促性腺激素（human chorionic gonadotropin, HCG），此激素作用與LH相仿，可維持5～6週母體黃體的活性，並促進動情素和黃體素的產生，防止月經發生，因此胚胎可順利地植入子宮內膜發育、形成胎盤。懷孕的第5～6週後，黃體開始退化，此時胎盤成為主要性激素的分泌腺體，在胎盤發育完成時HCG開始降低，此時所分泌動情素的濃度比懷孕初期高100倍，並同時分泌大量黃體素，兩者比例初期為100：1，在胎兒足月時已接近1：1。

胎盤在分泌HCG的同時，也可分泌人類絨毛膜促體乳激素（human chorionic somatomammotropin, HCS），分泌量在第32週達到高點，並維持至生產為止。HCS可刺激乳腺的發育；促進蛋白質的同化作用，助胎兒發育；降低母體對葡萄糖的利用及促進脂肪分解。由最後一次月經來潮時起算，懷孕至生產的整個過程約280天。胎盤與卵巢亦可產生鬆弛素，以助胎兒的出生。

不孕與原因（Infertility and Cause）

不孕症是指一對夫婦在婚後某一特定期間（通常指一年）有正常的性生活，未採取任何避孕措施而仍然沒有受孕的情形。人類生殖器的高峰是在21～25歲之間，婦女在25歲時於六個月內受孕的機率是75%；接近30歲是47%；30歲以上是38%；接近40歲是25%；40歲以上是22%。在男性則沒有如此明顯下降的曲線。總之，年紀越大受孕機會越小。

不孕的原因很多，包括生理、心理上的因素，都會直接或間接影響到複雜而微妙的生殖過程。造成不孕的原因大致如下：

男性因素

佔不孕的30～40%，其中以精子因素佔最多。

1. 精子因素：精子的數量、形態、活動性及精液量皆有影響。
2. 性交困難、陽萎。
3. 精子抗體。
4. 陰莖、尿道異常（如尿道狹窄、尿道下裂）。
5. 其他因素：如營養不良、藥癮、酒癮、心理障礙等。

女性因素

1. 輸卵管因素：佔30～40%，包括輸卵管的狹窄、部分或完全性閉鎖、周圍組織發生黏連、失去節律蠕動的能力等。
2. 內分泌因素或卵巢因素：佔15～25%，包括月經不正常、不排卵、黃體機能不全等，其他如腦下垂體、甲狀腺、腎上腺機能異常。
3. 子宮頸因素：佔20%，不良的子宮頸狀況，如子宮頸黏液分泌不足、子宮頸口糜爛等。
4. 骨盆腔內病變：佔5%，包括子宮內膜異位、卵巢腫瘤、子宮先天性畸形、輸卵管卵巢炎、骨盆腔腹膜炎等。
5. 其他因素：如嚴重營養障礙、慢性疾病、外生殖器異常、陰道異常、情緒因素等。

兩性因素

性生活不協調、兩性生活環境的不適合、性交問題等。

節育（Birth Control）

控制生育的方法包括將性腺及子宮開刀拿掉或絕育、避孕、節慾。去勢、子宮切除術、卵巢切除術屬於絕對的避孕方法，但通常都是在這些器官發生疾病時才會進行此手術。

避孕則是包括所有能夠避免受精現象發生又不會破壞生育力，有下列四種方法：

1. 荷爾蒙製劑：有口服、注射、植入、貼布等方式的避孕藥使用，其目的在於抑制劑FSH及LH，使卵巢排卵功能及受精卵在子宮著床功能受到抑制。
2. 阻隔性避孕措施：子宮避孕器（IUD）子宮帽、保險套等隔絕精子與卵子結合，或使用殺精劑來殺死精子等。
3. 手術結紮：有女性輸卵管及男性輸精管結紮。
4. 其他：有性交中斷法、禁慾、測量基礎體溫等；但失敗率高。

臨床指床：

　　人工受孕（artifical insemination by a donor, AID）：是指夫妻身體異常造成不孕，而以其他方式代替的生育法。有下列幾種方式：

1. 子宮內受孕（intrauterine insemination, IUI）：在女性卵巢激素刺激後，將供應者正常精子置入子宮內來受孕。
2. 體外受精（in vitro fertilization, TUF）：將排出的卵子以吸管取出（或由陰道壁在超音波導引下，以針吸出卵子），然後將精子置入和女性生殖器系統相同的溶液中，當放入卵子即會受精。受精的卵子開始發育成胚胎後2～4天，置入子宮內著床。
3. 配子輸卵管內運送（gamete intrafallopian tramsfer, GIFT）：其方法幾乎和IUF相同，只不過受精卵會立即放入輸卵管中，其過程較簡單方便，費用低廉。

性交與傳染的疾病（Sexually Transmitted Disease；STD）

凡是經由生殖道、口交、肛門性行為而傳播的疾病，都可稱之為性傳染病。其菌種包括細菌性、病毒性、原蟲、黴菌、體外寄生蟲感染，且雙方皆會感染，有時會出現多種感染。

1. 細菌性：淋病（gonorrhea）、披衣菌感染（chlamydial infection）、梅毒（syphilis）。
2. 病毒性：生殖器泡疹（genital herpes）。
3. 原蟲：滴蟲病（trichomoniasis）。
4. 黴菌：念珠菌陰道炎（candidiasis）。
5. 體外寄生蟲感染：陰蝨感染（pediculosis pubis）。

生殖系統的老化

　　女性的生殖系統老化較明顯，因為在更年期時卵巢功能退化，使腦下垂體前葉分泌的FSH無法讓卵巢分泌性荷爾蒙，而造成月經停止。只要由最後一次月經算起，連續有一年沒有月經來潮即可診斷為停經，年齡約在50歲左右。此時陰道的長度與寬度減少，內緣也變得較不潮濕，易引起發炎與陰道分泌物的增加，子宮重量也減一半。

　　停經後由於動情素分泌不足而引發一連串的生理變化，其中最常見的是血管舒縮紊亂和泌尿生殖道的萎縮。血管舒縮紊亂會造成停經的熱潮紅；而泌尿道、陰道壁、陰道腺體萎縮會伴隨潤滑液分泌減少。也會有動脈硬化、心血管疾病的發生率上升，及漸進式骨質疏鬆症的形成增加。男性生殖系統的老化因無女性的週期性變化故不顯著。但年齡超過60歲後，女性易得乳癌與子宮頸癌，男性易得前列腺癌。

自我測驗

一、問答題

1. 請說明睪丸的構造及功能。
2. 精子由曲細精管開始經由那些生殖管道由尿道排出體外？
3. 說明卵巢的構造及功能。
4. 請述說男性精液的組成、pH值及功能。
5. 何謂受精作用，正常發生的位置在何處？
6. 請列出與懷孕有關的激素。
7. 請敘述男性興奮時，交感、副交感神經作用的情況。
8. 曲細精管內的支持細胞有何功能？

二、選擇題

（　）1. 隱睪症未矯正的後果是：　a.不能形成精子　b.男性女性化　c.易發生睪丸癌 d.易罹患BPH

　　　　(A) ab　　(B) cd　　(C) ac　　(D) bd

（　）2. 下列何處產生精子？

　　　　(A) 曲細精管　　(B) 直細精管　　(C) 輸精管　　(D) 附睪管

（　）3. 分泌雄性激素的間質細胞是位於：

　　　　(A) 睪丸　　(B) 副睪丸　　(C) 前列腺　　(D) 儲精囊

（　）4. 下列何者沒有皮質與髓質之分？

(A) 卵巢　(B) 睪丸　(C) 腎臟　(D) 腎上腺

（　）5. 構成睪丸血管障壁的是：

(A) 白膜　(B) 支持細胞　(C) 間質細胞　(D) 精母細胞

（　）6. 精子完全成熟於何部位？

(A) 附睪管　(B) 曲細精管　(C) 睪丸網　(D) 輸精管

（　）7. 具有尖體的細胞是：

(A) 成熟的卵　(B) 成熟的精子　(C) 睪丸中的支持細胞　(D) 紅骨髓中的幹細胞

（　）8. 性腺所產生的激素，可引起：

(A) 第一性徵　(B) 第二性徵　(C) 第三性徵　(D) 第四性徵

（　）9. 男子的生殖管道是由　a.直血管　b.輸出小管　c.曲細精管　d.睪丸網　e.附睪　　等組成，依據精子排出的通路順序應為：

(A) cadbe　(B) adcbe　(C) cabde　(D) abdce

（　）10.關於附睪的敘述，下列何者為誤？

(A) 接睪丸網的輸出小管　(B) 內襯上皮為具立體纖毛之偽複層柱狀上皮

(C) 精子可在此儲存達四週之久　(D) 是精子成熟的地方　(E) 射精時，立體纖毛擺動將精子送至尿道

（　）11.輸精管如何由陰囊內進入骨盆腔？

(A) 伴隨輸尿管進入　(B) 由恥骨聯合韌帶間隙進入　(C) 經由腹股溝管進入

(D) 由尿道兩側結締組織間隙進入

（　）12.下列何者開口於尿道前列腺部？

(A) 精囊　(B) 輸精管　(C) 射精管　(D) 尿道球腺的導管

（　）13.有關儲精囊的位置敘述，下列何者正確？

(A) 位於前列腺下　(B) 位於前列腺腹側面　(C) 位於膀胱後下方　(D) 輸精管壺之內側

（　）14.尿道球腺的位置是在：

(A) 膀胱頸的兩側　(B) 前列腺的前方　(C) 前列腺尿道的前方　(D) 膜部尿道的兩側

（　）15.下列何者不是由交感神經所控制？

(A) 射精　(B) 陰莖勃起　(C) 附睪的蠕動收縮　(D) 輸精管的蠕動收縮

（　）16.下列何者通過女性鼠蹊管？

(A) 闊韌帶　(B) 卵巢圓韌帶　(C) 子宮圓韌帶　(D) 卵巢懸韌帶

（　）17.關於卵子生成的敘述，下列何者正確？

(A) 胚胎時減數分裂形成單套染色體之次級卵母細胞　(B) 出生前完成減數分裂 I　(C) 青春期時減數分裂停於中期 II　(D) 排卵時減數分裂 II 已完成

（　）18.子宮正常的方向是：

(A) 前傾　(B) 前屈　(C) 後傾　(D) 前傾、前屈

（　）19.女性生殖系統的構造說明如下，何者錯誤？

(A) 輸卵管的卵巢繖能將卵子往子宮送　(B) 子宮分為子宮底、子宮體、子宮頸、子宮峽　(C) 子宮內膜的基底層會隨月經來潮而脫落　(D) 尿道開口於陰蒂後面、陰道口前面

（　）20.性週期後半期排卵後有下列那一種之分泌，可使體溫急速上升，可用來記錄基礎體溫，判斷是否有排卵？

(A) Estrogen　(B) Progesterone　(C) HCG　(D) FSH

解答：

1.(C)　　2.(A)　　3.(A)　　4.(B)　　5.(B)　　6.(A)　　7.(B)　　8.(B)　　9.(A)　　10.(E)

11.(C)　12.(C)　13.(C)　14.(D)　15.(B)　16.(C)　17.(C)　18.(A)　19.(C)　20.(B)

國家圖書館出版品預行編目資料

解剖學／袁本治，黃經著. ——初版.——臺
北市：五南，2016.03
　　面；　公分
　ISBN 978-957-11-8522-4（平裝）

1.人體解剖學

394　　　　　　　　　　105002083

5J69

解剖學

作　　者 ― 袁本治（185.2）　黃經

發 行 人 ― 楊榮川

總 編 輯 ― 王翠華

主　　編 ― 王俐文

責任編輯 ― 金明芬

封面設計 ― 斐類設計工作室

出 版 者 ― 五南圖書出版股份有限公司

地　　址：106台北市大安區和平東路二段339號4樓

電　　話：(02)2705-5066　　傳　　真：(02)2706-6100

網　　址：http://www.wunan.com.tw

電子郵件：wunan＠wunan.com.tw

劃撥帳號：01068953

戶　　名：五南圖書出版股份有限公司

法律顧問　林勝安律師事務所　林勝安律師

出版日期　２０１６年３月初版一刷

定　　價　新臺幣５００元